노벨상 시리즈 2

노벨상 물리 2

노벨상이 알려주는 우주 1

저자 | 이 종 호

Jinhan M&B

목차

1부

우주론

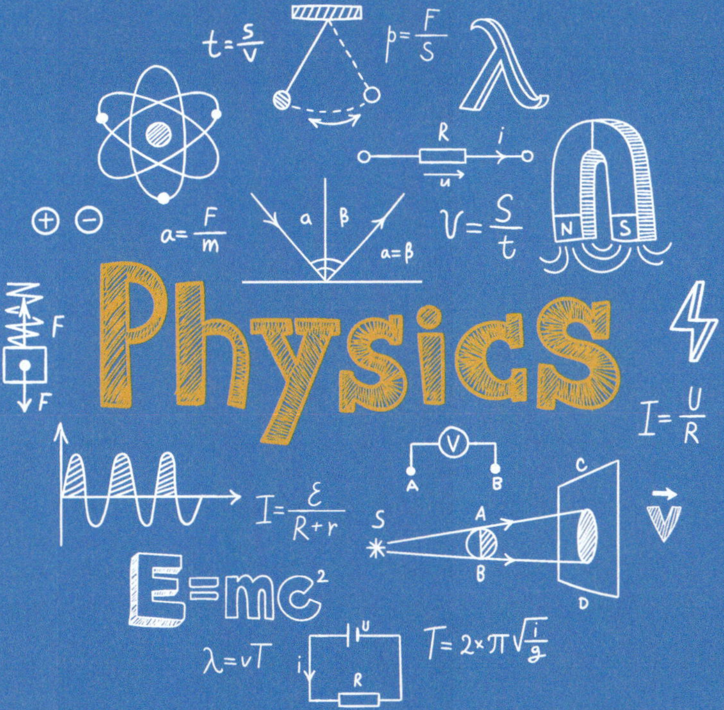

제1부 : 우주론

기독교에서는 신이 우주를 창조했다고 설명한다.

한 이교도가 이웃에 사는 기독교도에게 "신이 우주를 창조하기 전에는 무슨 일을 했는가?"라고 물었다. 그러자 질문을 받은 기독교도는 이렇게 대답했다.

"너 같은 이교도들을 위해 지옥을 만들고 계셨다."

이 말은 다른 교인들이 기독교인들을 상대로 조롱할 때에도 사용된다.

그러나 과학자들은 이런 류의 대답, 즉 모른다는 말과 우회적으로 빈정대는 것을 가장 싫어한다. 한마디로 그런 대답을 피하고 결정적인 증거를 찾으려는 자세가 과학적인 탐구를 위한 동기가 된다.

1900년대 전까지 대부분의 인간들은 경험을 바탕으로 우주를 바라봤다. 중력의 법칙, 시간의 일직선적인 흐름, 빛의 순간성, 그리고 밤에 보이는 은하수가 전체 우주이며 태양계가 우주의 중심이라는 것이다. 17세기 위대한 영국의 물리학자 아이작 뉴턴의 만유인력 이론에 기초한 것이다.

사실 이 당시까지만 해도 우주의 탄생에 대한 설명은 과거부터 내려온 신화보다 더 합리적이라고 볼 수 없다. 대다수의 사람들은 우리가 하늘에서 보는 것들은 불변이며 인류가 최초로 하늘을 관찰한 이래 여전히 그 자리에 있다고 생각했기 때문이다.

그러나 1900년경부터 대형 망원경의 등장으로 인간들이 드디어 밤하늘의 별들을 체계 있게 관측하는 과정에서 우주가 당시까지 생각하던 것과는 너무나 다르며 특히 상상할 수 없을 정도로 거대하다는 것을 발견했다. 또한 별들의 무리가 양탄자 또는 소용돌이 모양이라는 것이 알려지면서 수십만 개의 천체 집단들이 목록으로 작성되고 크기 및 밝기에 따라 분류되기 시작했다.

우리가 맨눈으로 볼 수 있는 범위를 넘어서자 우주에 얼마나 많은 별들이 있으며 이들이 무엇을 의미하는지에 대한 질문을 던지기 시작했다. 가장 큰 의문은 우리가 살고 있는 우주가 어디에서 와서 어디로 가고 있을까하는 점이다.

이에 대한 의문을 학자들이 서서히 밝혀가고 있는 것은 사실이지만 한마디로 우리가 현재 알고 있는 정보들은 20세기부터 등장한 근대의 과학적 성과로부터 시작되었다 볼 수 있다.

그런데 다소 놀라운 이야기지만 현재 천체물리학계는 혼동의 장으로 들어가고 있다고 설명된다. 과거에 우주는 정적으로 생각했다. 그런데 21세기에 들어서 대구경 천체망원경이 우주를 살펴본 후 우주가 팽창하고 있다는 것이 발견되었고 이는 우주 폭발 즉 빅뱅이라는 상상하기 어려운 결론을 도출했다. 약 138억 년 전 한 특이점에서 대폭발 즉 빅뱅이 일어나 현재와 같은 우주로 진화되었다는 설명인데 이에 발끈하여 프레드 호일경이 빅뱅의 모순점을 거론하며 정상우주론을 주장했다. 정상우주론은 천하의 아인슈타인도 동조한 사항이다.

그런데 천체물리학에서 측정장비들이 비약적인 발전을 보이자 드디어 빅뱅의 결정적인 증거인 우주배경복사를 찾아내는 등 빅뱅에 관련된 자료들이 축적되기 시작했다. 빅뱅과 한 치의 양보도 없이 혈투를 벌였던 정상우주론은 폐기처분될 궁지에 몰렸고 세계의 교과서는 빅뱅이론으로 점철되었다. 얼마 전만해도 과학계에서 현재의 우주는 빅뱅으로부터 태어났다고 설명되는 이유다.

그러나 보다 정교하고 효율적인 천체 측정장비들이 개발되어 하늘을 바라보자 빅뱅의 문제점들이 계속 제기되었다. 가장 단적인 예로 우리 우주가 하나가 아니라 수많은 우주로 구성되어 있다는 다중우주, 평행우주의 가능성도 열거된다. 헷갈리는 일이 아닐 수 없다.

그런데 인간들의 궁금증은 이러한 거대 우주에만 있는 것이 아니다. 한마디로 말하여 이렇게 거대한 우주가 어떻게 만들어질 수 있느냐는 원초적인 질문도 한이 없다. 어떤 입자, 어떤 힘 등이 소우주를 포함한 거대한 우주를 만들었느냐이다.

1885년 2월, 천문학자이자 수학자인 존스 홉킨스 대학의 사이먼 뉴콤(Newcomb)교수는 '공기보다 무거운 기구는 하늘을 날 수 없다'고 단정한 사람으로 유명한데 그는 천문학에 대해 다음과 같이 설명했다.

'일반인들은 천문학의 구체적인 내용에 대해 속속들이 알지 못한다. 하지만 천문학은 확실히 많은 사람들을 자극하고 끌어당기는 강한 흡인력을 갖고 있는 것 같다. 이 점이 바로 천문학을 이해하는 데 다소의 어려움이 있더라도 끝까지 흥미를 잃지 않게 만드는 결정적인 요인이다. 과학자가 아닌 보통 사람들은 천체 현상의 전체적인 개념을 주로 감각적으로 이해한다. (중략) 완전히 이해하지는 못한다 하더라도 나름대로 그것을 소화해내는 것이다.'

사실 아인슈타인이 상대성이론이나 양자역학에 대한 수많은 해설과 설명이 있지만 이를 정확하게 알고 있는 지구인이 몇 명일까에 대해서는 의문이다.[1)]

천문학 즉 우주에 관한 질문은 근원적인 질문이라 볼 수 있다. 그것은 우리가 살고 있는 우주를 탄생하게 만든 무언가가 반드시 존재한다는 것이다. 이 말에 꼬리에 꼬리를 물면 결론은 너무나 간단하게 도출된다. 잘 모른다는 대답이다.

하루가 달리 변하는 물리학과 천문학계이지만 이를 따라잡는 것이 간단치 않다는 것을 모르는 사람이 없을 것이다. 현 인간들이 이들 정보에 접근하는 자체가 미흡하기 때문이며 그들 정보도 '참'이라고 확정되는 것도 아니기 때문이다.

다행하게도 과학의 이런 문제 풀이에 다소 교과서적 교본이 있다는 것이야말로 위안이지 않을 수 없다. 바로 노벨상이다. 노벨상을 비롯하여 수많은 학자들로부터 얻어진 정보가 현대인들에게 가장 설득력있는 정보라는데 이론의 여지가 없을 것이다. 그러므로 우주에 관한 다소 어려운 부분을 집중적으로 분해하여 두 권으로 설명한다.

1) 『아름다운 우주 스토리』 낸시 훼더웨이, 세종서적, 1998

그러나 천하의 노벨상 수상자 등이 도출한 최신 정보라 하더라도 현재 인간들이 알고 있는 우주에 대한 지식에 한하며 이 역시 단편적이지 않을 수 없다는 점을 분명히 한다. 그러므로 이곳에서 설명하는 기본 개요는 분명하다. 현재까지의 대우주와 소우주를 기본으로 지금까지 알려진 새로운 정보를 가감없이 다루지만 이들 정보는 현재의 '참'에 한하며 앞으로 계속적인 연구로 업그레이드될 것이라는 점이다. 과거의 정보가 현재의 정보로 대체된다는 설명에 공감할 것이다.

제1장 : 우주는 왜 어두운가

인류는 우주의 신비를 캐내기 위해 끊임없이 노력했다.

낮의 밝음과 밤의 암흑, 해 뜰 무렵의 희미한 연자줏빛과 해가질 무렵의 붉은 노을 등 겉으로 볼 때는 전혀 다른 이질적인 현상을 논리적으로 이해하자는 것이다.[2]

그런데 해가 있는 낮이 밝다는 것은 이해하겠는데 해가 없다고 왜 밤이 어두우냐고 질문하면 선뜻 답할 수 있는 사람이 많지 않을 것이다. 이를 '밤하늘의 패러독스'라고 말하는데 이런 상식적인 질문에 우주의 근본에 대한 가장 심오한 원리가 들어있다는데 놀랄 것이다.

20세기 초까지 과학자들은 일반적으로 우주가 무한하고 정적이라고 생각했고 우리의 우주가 일정한 물리법칙에 따라 만들어진 아름답고 필연적이며, 유일무이한 것으로 생각했다. 그런데 놀랍게도 단 100여 년의 우주에

2) 『우주의 운명』, 트린 후안 트완, 시공사, 2002

대한 연구 결과에 불과함에도 현재 학자들은 10^{500}에 상당하는 우주가 존재한다고 믿는다.

현재 우주의 기원에 대해서는 확정된 것은 아니다.

얼마 전만해도 수많은 우주가 존재하게 된 이유로 많은 천문학자들이 우리 우주가 백 수십 억 년 전의 대폭발로 시작되어 그 후 팽창을 계속하여 오늘날의 모습이 되었다고 믿고 이를 정설처럼 이야기했다. 그런데 근래 천문학 장비들의 발전에 따른 새로운 증거들은 우리 우주가 실은 훨씬 더 크고 오래된 '전체 우주' 속의 작은 하나에 불과할지도 모른다는 견해를 내놓았다. 천문학 분야가 요동치고 있다는 것을 단적으로 보여주는 예이다.[3)]

원래 밤하늘의 패러독스는 요하네스 케플러(Johannes Kepler)가 지적했다. 그는 우주가 무한한지의 여부에 집중했다. 그는 만약 우주가 무한하다면 밝아야 한다고 확신했다. 무한 우주 속에는 어디에서 본다고 하더라도 별이 있을 것이기 때문이다.

영국의 핼리혜성으로 유명한 천문학자 에드문드 핼리도 이 문제를 지적했다. 그는 1720년에 발표한 두 개의 짧은 논문에서 밤하늘이 어두운 것은 먼 별에서 나온 빛이 너무 희미해서 육안으로 감지될 수 없다고 설명했다. 물론 이 설명은 틀린 것이다.

그런데 이런 밤하늘의 의문은 1826년 독일의 천문학자 올버스(Heinrich Wilhelm Matias Olbers)가 지적한 역설로 알려진다. 그는 우주가 한결같고 무한하다는 생각의 모순점을 일깨워 주었다. 우주가 공간상에 무한히 펼쳐

3) 「우주가 10^{500}개! 상상을 초래한다」『조선일보』 2004년 1월 27일

져 있는데다가 태양과 같은 밝은 별들이 균일하게 분포되어 있다면 왜 밤하늘이 어두우냐는 것이다. 그는 다음과 같이 지적했다.

① 지구로부터 일정한 거리에 있는 별 무리들로부터 받는 빛의 합은 거리와 무관하다.
② 모든 빛은 결국 별의 표면에서부터 출발한다.
③ 따라서 하늘은 별의 표면처럼 밝아야 한다.

올버스는 우주가 무한히 공간상에서 확장되고 지구로 향하는 모든 빛이 지구에 도달한다면 하늘이 완전히 밝아야 한다고 지적했다. 그러면서 올버스는 별빛이 우리와 별들 사이에 있는 흡수 매질에 의해 흡수된다면 그 문제가 해결될 수 있다고 주장했다. 우리 은하에는 소위 성간물질이라는 매질이 있는 것은 사실이다.

윌리엄 허셜은 올버스의 해답이 올바른 설명이 아니라고 밝혔다. 그는 매질이 별빛을 흡수하는 것은 사실이지만 그 매질은 곧 그 별빛을 재방출할 것이라고 주장했다.

우주 안에 무한개의 별이 있는 것이 아니라고 가정하면 올버스의 역설은 쉽게 풀린다. 올버스의 시대에는 별은 수억 개밖에 없고 그 너머는 빈 공간이라고 생각되었다. 그러나 이제 우리는 비록 별의 개수가 무한하지는 않아도, 올버스의 역설을 해결할 만큼 적은 숫자도 아니라는 것을 알고 있다.

20세기 초에는 우주 공간에 있는 먼지가 빛을 차단해 우리에게 도달하지 못하게 한다고 생각하기도 했다. 그러나 우주 먼지가 빛을 차단한다면 이 먼지는 열을 내게 될 것이고, 결국 언젠가는 빛을 내게 될 것이다. 결국 우주는 어두울 수 없는 것이다.

과학자들은 빛이 프리즘을 통과하면 무지개 색깔로 나뉜다는 사실을 오래전부터 알고 있었다. 흰색의 광선은 본질적으로 모든 색깔의 빛으로 이루어져 있으며 연속 스펙트럼이라는 것을 알려준다. 영국의 물리학자 윌리암 월라스톤은 태양의 연속 스펙트럼을 관찰한 결과 몇 개의 어두운 선들이 그 위에 중첩되어 있다는 것을 알고 그것들이 스펙트럼의 색깔들을 분리시키는 경계일 것으로 추정했다.

1850년대 독일의 구스타프 키르히호프와 로버트 분젠은 고온 버너를 사용해서 다양한 원소들을 뜨겁게 가열시킨 뒤 분광기를 통해 관찰했다. 놀랍게도 각 원소가 많은 밝은 색깔의 선들을 나타냈는데 특히 어떤 주어진 원소들은 이 밝은 선들의 위치가 항상 같다는 것을 발견했다. 그들은 자신들이 발견한 것으로 원소의 종류를 판명하는데 이용할 수 있다고 생각했다.

분젠등

분젠스펙트럼

그들은 태양이 스펙트럼을 준다면 별과 행성 그리고 성운도 스펙트럼을 갖고 있어야 한다고 생각했다. 1856년 영국의 천문학자이자 대부호였던 윌리암 허긴스(William Huggins)는 자신의 저택 지붕에 천문대를 설치하고 별들을 조사한 후 분광기를 사용하여 성운과 별들의 차이점을 찾아냈다. 그가 천문학상에 중요한 위치를 차지하는 것은 분광기와 함께 사진건판을 이용하여 천문학에 사진기술을 이용한 최초의 사람이기 때문이다.

오스트리아의 크리스티안 도플러(Christian Doppler)는 음파의 진동수가 음원이 멀어지느냐 다가오느냐에 따라 변한다는 사실을 알았다. 즉 관측자가 움직이고 음원이 정지해 있다고 해도 같은 변화가 있었다.

이것은 앰뷸런스가 내는 경보음 소리로 설명해 보자. 앰뷸런스가 우리 쪽으로 다가오면서 경보음을 울리면 그 음이 고음으로 들리고 멀어져 가면서 경보음을 내면 그 음이 저음으로 들린다. 소리를 내는 물체가 듣는 사람으로부터 멀어질 때 음파의 파장이 늘어나기 때문이다. 도플러는 1842년에 이 효과를 수학적으로 해석했다.

도플러는 그러한 변화가 음파에서 일어난다면 광파에서도 일어나야 한다고 생각했다.

음파의 경우 음원이 움직일 때나 음을 청취하는 사람이 움직일 때 혹은 음을 전달하는 매체가 움직일 때 그 음파의 파장이나 주파수의 변화가 달라지나 광의 경우는 광원과 수(受)광자의 상대속도에만 의존한다. 즉 관측자로부터 멀어져 가고 있는 광원의 스펙트럼이 적색 쪽으로 편향되며 가까워질 때는 청색 쪽으로 편향된다.[4]

이것을 구체화시킨 사람이 빛의 속도를 측정한 아만드 피조이다. 그는 1948년에 빛의 스펙트럼에 있는 선들이 광원(또는 수신자)이 상대적으로 움

4) 『물리학의 진로를 바꾼 40가지 위대한 실험』, 김기태, 하늘아래, 2009

직일 때 위치를 옮긴다는 것을 증명했다. 자동차 속력 위반 탐지나 보안 경보 장치에 사용하는 '도플러 레이더' 장치는 도플러 효과를 이용한 것이다.

특히 그것들은 광원이 수신자로부터 멀어질 때는 스펙트럼의 붉은색 쪽으로 움직이며, 광원이 수신자에 가까워질 때는 푸른색 쪽으로 움직인다. 빛의 경우 광원이 관측자로부터 멀어지면 둘 사이의 거리가 넓어지기 때문에 그 사이에 있는 파장의 길이가 늘어나서 붉게 보이고 그 반대는 거리가 짧아지기 때문에 파장의 길이가 압축되어 청색으로 보인다. 이를 각각 적색변이(redshift)와 청색변이(blueshift)이라고 부른다.

1912년에 페르시발 로웰(Percival Lowell)이 만든 로웰 천문대의 베스토 슬라이퍼(V. Melvin Slipher)는 멀리 떨어진 곳의 성운의 스펙트럼을 측정하다 스펙트럼이 적색 쪽으로 쏠리고 있는 것을 발견했다. 이 현상은 성운이 지구로부터 멀어지고 있음을 알려준다.

적색이동의 정도로부터 성운이 지구로부터 멀어져 가는 속도를 산출할 수 있다. 이 작업에는 미국의 천문학자 허블(Edwin Powell Hubble, 1889년~1953)이 등장한다. 허블은 조지 엘러리 헤일(George Ellery Hale)이 건설한 윌슨 천문대의 100인치짜리 망원경으로 성운을 연구하여 이들이 셀 수 없이 많은 별들이 모여 있다는 것을 발견했다. 이것은 이전에 어떤 사람이 상상한 것보다도 훨씬 더 많은 은하들이 존재한다는 것을 의미했다.

허블이 천문학상에 큰 공헌을 한 것은 1929년 수십 개 성운의 스펙트럼을 관측한 결과 먼 성운일수록 적색 이동이 더 크다는 것, 즉 지구로부터 빠르게 멀어지고 있다는 것을 발견했다. 다시 말해서 은하의 후퇴 속도는 그 거리에 정비례했는데 이것은 우주가 팽창하고 있다는 것을 의미한다. 즉 허블의 법칙으로[5] 그것은 풍선에 찍은 점에 비유된다. 풍선을 입으로 불어 커질수록 점들은 위치에 상관없이 서로 멀어진다. 풍선같은 식으로 우주가 팽창한다면 모든 은하들이 서로 멀어지고 있다는 것이다.

고무풍선 부풀림으로 우주팽창을 비교

사실 우주의 팽창은 아인슈타인의 식에서 이미 예견되어 있었다. 1917년 러시아의 천문학자 알렉산드르 프리드만은 아인슈타인의 상대성 이론을 면밀히 검토한 결과 우주가 팽창한다고 추론했다. 물론 아인슈타인은 프리드만과 의견을 달리했다. 그러나 허블의 발견으로 프리드만이 옳다는 것이 입증되자 커다란 충격을 받았다고 알려진다. 프리드만, 허블에 대해서는 뒤에서 다시 설명한다.

은하들 사이의 거리는 오직 간접적으로만 측정할 수 있기 때문에 정확한

5) 『사이언스 오딧세이』 찰스 플라워스, 가람기획, 1998

값을 알 수 없다. 단지 우주가 10억 년마다 5~10퍼센트 크기로 팽창한다고 알려진다.[6)]

여하튼 1970년대 이전까지는 이에 대한 해결책으로 '우주의 팽창설'이 지배적이었다.

적색이동 때문에 먼 은하에서 나온 빛은 희미해진다. 충분히 먼 거리에서는 빛이 너무나 희미해져서 실질적으로 아무 빛도 우리에게 도달하지 못하므로 이 너머에서는 밤하늘이 어둡다는 것이다. 그러나 MIT대학의 E. R. 해리슨은 비록 이런 정황으로 얼마만큼 희미해질 수는 있겠지만 밤하늘을 어둡게 만들 정도로 그 감소율이 크지 않다고 말했다.[7)]

밤이 왜 어두우냐는 빅뱅이론이 등장하자 말끔하게 해소된다. 즉 현재의 우주론에서는 우주의 팽창보다 우주의 나이가 유한하기 때문에 밤하늘이 어두운 것은 당연하다는 설명이다. 별과 은하들로부터 오는 어둠을 밝혀주는 빛이 충분하지 않기 때문에 밤하늘이 깜깜한 것이다. 우주가 약 138~141억 년 전에 탄생했는데 이는 탄생한 후 일정한 양의 빛이 별과 은하들로부터 우리에게 도달할 수 있었다는 것을 뜻한다. 그런데 천체도 수명이 제한돼 있으므로 우리에게 빛이 도달할 수 있는 별들의 수 역시 한정된다. 시간에 차이는 있지만 별들도 종말이 있기 때문이다.

6) 『물리법칙으로 이루어진 세상』, 정갑수, 양문, 2007
7) 『대폭발과 우주의 탄생』, 배리 파커, 전파과학사, 1996

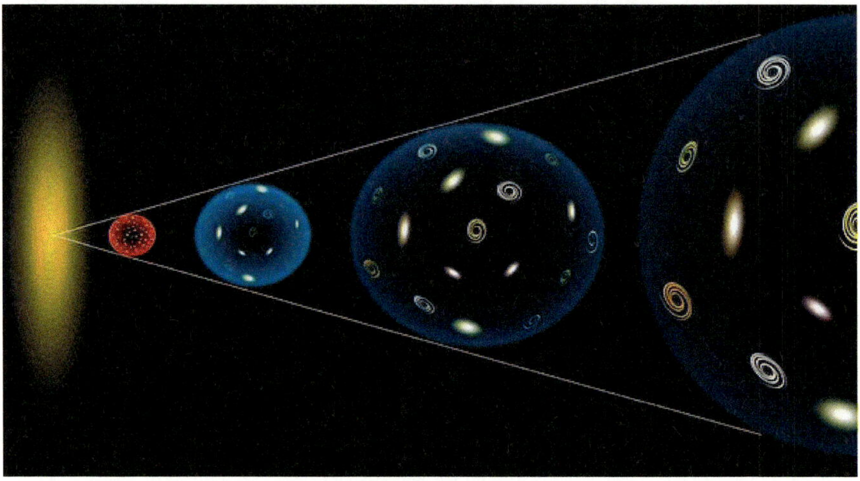

우주팽창 과정 모형

학자들은 우주의 팽창에 의해 차차 멀어져가는 은하로부터 오는 빛은 도플러효과에 의해 점차 더 낮은 에너지, 다시 말해 낮은 세기로 이동된다고 설명한다. 즉, 우주의 팽창은 유한 우주로부터 지구에 도달하는 빛이 거리의 제곱에 반비례하는 것보다 더 빠르게 어두워진다는 것이다. 이 효과가 일부 작용하는 것은 사실이다.

그런데 자세히 계산해보면, 태양 정도의 밝기를 갖는 밤하늘이 되는 올버스의 파라독스가 만족되려면 우주의 크기가 약 10^{16} 광년이 되어야 한다. 우주의 나이를 138~141억 년으로 보면 그 크기는 대략 10^{10} 광년으로 올버스의 파라독스가 일어날 크기보다 훨씬 작다. 즉, 우리가 유한한 나이를 가진 것이 올버스의 파라독스를 해결하는 열쇠가 되는 것이다.

올버스가 올바른 대답을 제시한 것은 아님에도 불구하고 밤하늘이 어두운 것을 올버스 파라독스라고 말하는 것 자체가 우주론에서 올버스처럼 행운아는 없다는 설명도 있다.

그런데 이 역시 결국 우주팽창으로부터 도출되는 빅뱅우주론으로 귀결된다. 이를테면 만약 우주의 나이가 10^{16}이 되면 올버스의 파라독스가 일어날 것인가 하는 것이다. 학자들은 밀도감소 때문에 파라독스는 일어나지 않는다고 설명한다.

그런데 천체과학의 정보가 상상할 수 없을 정도로 축적되자 세계 천체학계의 분위기는 극적으로 변하고 있다. 이를 단적으로 알려주는 것은 학자들이 현재 우주는 팽창우주 즉 빅뱅우주만 '참'이 아니라 정상우주나 팽창하는 정상우주라는 주장도 있음을 감안해야한다고 설명하기 때문이다.

사실 얼마전만해도 빅뱅우주가 그동안의 정상우주와의 혈투에서 완승을 거두었다고 설명되었다. 그런데 근래 천문학은 빅뱅의 완승에 이의를 제기하고 있는 중으로 이를 보면 밤하늘이 어둡다는 것을 우주 팽창이라는 시각으로만 설명할 것은 아니라는 뜻도 가능하다. 밤하늘이 어둡다는 것을 푸는 것 자체가 우주의 원천적인 원리를 이해하는 요인이라는데 우주 과학의 어려움을 알 수 있을 것이다.[8)9)10)]

8) 「밤하늘이 어두운 이유」, hiafrica, www.scieng.net, 2004.07.22
9) 『21세기에 풀어야 할 과학의 의문 21』, 존 말론, 이제이북스, 2003
10) 『열정의 과학자들』, 존 판던 외, 아이세움, 2010

참고문헌

「20세기 대우주탐험가 에드윈 허블」, 김지현 외, 과학동아, 2000년 12월

「우주가 10^{500}개! 상상을 초래한다」, 조선일보, 2004.01.27

「밤하늘이 어두운 이유」, hiafrica, www.scieng.net, 2004.07.22.

『대폭발과 우주의 탄생』, 배리 파커, 전파과학사, 1996

『사이언스 오딧세이』, 찰스 플라워스, 가람기획, 1998

『우주의 운명』, 트린 후안 트완, 시공사, 2002

『21세기에 풀어야 할 과학의 의문 21』, 존 말론, 이제이북스, 2003

『물리법칙으로 이루어진 세상』, 정갑수, 양문, 2007

『물리학의 진로를 바꾼 40가지 위대한 실험』, 김기태, 하늘아래, 2009

『열정의 과학자들』, 존 판던 외, 아이세움, 2010

제2장 : 태초 이전 우주

'과거를 뒤돌아보면 우주는 갈수록 작아진다. 그러다가 빅뱅을 앞둔 어느 시점에서 시간은 아예 존재하지 않는다.'

이 설명은 우주가 언젠가의 '빅뱅'에 의해 태어났다는 것을 의미하며 시간도 빅뱅과 함께 시작되었다는 것을 뜻한다. 그러므로 위에 설명되는 말을 다음과 같이 설명하기도 한다.

'우주는 과거 특정 시점에 탄생했고 그 이후 계속 팽창하고 있다.'

위의 설명은 빅뱅을 기반으로 하지만 현재 빅뱅 이론에 상당한 이의가 제기된 상태이다. 현 과학의 발전을 볼 때 우주의 탄생을 '빅뱅'만으로 설명하는 것에 문제점이 지적되는 것은 사실이다. 더불어 그동안 세계인의 거의 대부분이 빅뱅을 '참'으로 교육받은 것도 사실이다.

앞으로 계속적인 새로운 우주의 정보로 인해 우주의 시초도 명쾌하게 알려질 것으로 생각하며 이곳에서는 일단 빅뱅으로 우주의 단초를 설명한다.

빅뱅에 의해 우주가 단순간에 태어났다고 생각한다면 우주가 거대한 규모에서 매우 균일한 것을 감안할 때, 더 작은 규모에서 은하계나 우리 자신 같은 덩어리들이 존재하는 것을 어떻게 설명할 수 있을까라는 질문이 제기된다. 어떻게 무(無)에서 우주가 시작되었을까하는 질문이다.

결론부터 말한다면 이 질문은 성립되지 않는다. 이는 마치 절대온도 0보다 더 추운 온도는 없느냐는 질문과 같다. 스티브 호킹 박사는 이런 문제들을 푸는 데 '허수시간(imaginary time, 일반적으로 시간이 흐르는 방향에 직각으로 흐르는 시간을 의미)'을 도입하기도 했지만 이를 단정하기는 아직 인간들의 지식이 모자람은 사실이다.[11]

일반적으로 잘 알려진 설명은 '북극에선 북쪽이 없다(There is no north direction at the north pole)'라는 말이다. 이 역시 스티브 호킹이 말한 것으로 북극에선 북쪽이 없다는 것은 매우 깊은 의미를 갖는다.

우리가 지구상에서 북쪽으로 계속가면 언젠가 북극에 도달한다. 하지만 북극에 도달하는 순간 우리는 더 이상 북쪽으로 갈 수 없다. 즉 우리가 과거로, 과거로 거슬러 올라가면 언젠가는 태초에 도달한다. 하지만 태초에서 더 먼 과거는 없다는 뜻이다. 북극에서는 오직 남쪽밖에 없으며, 북극에 서 있는 사람은 어느 쪽으로 넘어져도 남쪽인 것이다. 마찬가지로 태초에서는 미래라는 시간의 방향만이 존재한다.

그는 또 태초보다 10분 전의 시간에 대해 묻는 것도 지구의 북극에서 북쪽으로 1km 간 지점이 어디냐고 묻는 것과 같다고 풀이했다. 빅뱅이란 공간의 시작일 뿐만 아니라 시간의 시작이기도 하기 때문이다. 즉 우리가 과거로 거슬러 올라가면 언젠가는 태초에 도달하지만, 태초에 도달하면 더 이상 과거는 없고 미래만이 존재할 뿐이라는 것이다.[12]

이 질문에 라대일 박사는 다음과 같이 설명한다.

'대폭발 이전의 시기는 현대과학이 도저히 설명할 수 없는 하나의 미스터

---

11) 『과학과 기술로 본 세계사 강의』, 제임스 E. 매클렐란 3세 외, 모티브, 2006
12) 「태초에 神이 있었나 빅뱅이 있었나」, 김형자, 주간조선, 2010.09.27. 제2124호

리 시기로 알려졌지만 물리적으로 전혀 설명이 불가능하다는 것은 아니다. 정확히 말해서 대폭발 이전의 시기란 또는 우주 소멸 이후의 시기란 시간의 흐름이 정지하고 공간의 부피 개념이 소멸된 상태라고 할 수 있다.'

라대일 박사는 시간의 흐름이 없는 상대란 마치 상영되던 영화가 갑자기 정지할 때, 즉 정지된 화면이 보여주는 그러한 상태라고 설명한다. 또한 공간의 부피가 없어지는 상태란 소립자중 전자가 갖는 이상한 특성을 통해 유추할 수 있다고 설명했다.

'동네 비디오점에서 전자가 주인공인 영화를 빌려오라. 그 다음에 집에 와서 그 영화를 보다가 전자가 나오는 장면에서 비디오를 정지시켜라. 그때 화면에 나오는 전자의 위치가 바로 시공간이 한 점에 응축된, 대폭발 이전의 상태, 또는 우주 종말점(Bic Crunch)의 상태에 해당한다.'

근래 비디오 점을 어디에서 찾을 수 있느냐는 지적이 있을 수 있지만 학자들은 이 시기를 '아무것도 아닌 시기(the state of nothing)'로 부른다. 만약에 이 시기에 누군가가 우주만물의 진리를 설명하는 방정식을 쓴다면 다음과 같다.[13)]

0=0

현재 천문학자들은 어떤 미래가 우주의 운명인지 알지 못한다. 그러나 상식적으로 우주는 대부분 수소와 헬륨으로 구성돼 있는데 끊임없는 별의 핵융합 과정으로 인해 언젠가는 수소와 헬륨이 고갈될 것으로 추측한다. 이 때가 되면 별의 탄생은 더 이상 일어나지 않고 별들의 '시체'만 지낼 것으로

13) 「대폭발이론이 태어나기까지」, 라대일, 과학동아, 1992년 12월

본다. 앞으로 약 1조년 뒤의 일이다.

100^{27}(0이 27개)년 정도 지나면 각 은하는 모두 거대한 블랙홀로 바뀌며 '0이 31개'년이 지나면 은하단 전체가 하나의 거대한 블랙홀이 된다. 이론상 '0이 100개'년이 지나면 거대한 블랙홀이 증발한다고 하는데 인간의 수명이 고작 100년에 지나지 않는다는 것을 감안하면 '0이 100개'년 후의 일은 의미가 없다.[14)]

이를 아인슈타인의 상대성이론을 도입하여 다음과 같이 설명하기도 한다.

상대성이론은 궁극적으로 절대적으로 생각해왔던 시간 개념이 궁극적으로 변할 수 있다는 것을 의미한다. 이를 일부 학자들은 아인슈타인이 '시간이라는 절대 개념을 물리학에서 사라지게 했다' 또는 '현대 물리학에서 시간이 존재하지 않는다'라고도 설명한다.

우리들이 가장 친숙한 시간이 사라졌다는 말이 무엇이냐고 말하겠지만 상대성이론은 궁극적으로 시간이 어떤 특수한 조건에서는 사라질 수 있다는 것을 의미한다. 안드레아스 로스는 다음과 같이 설명한다. 그는 우선 일반적으로 알려진 시간은 뉴턴이 설명한 '시간 현상'으로 다음과 같이 설명한다.

'절대적이고 진정한, 그리고 수학적인 시간은 외부 요인에 관계없이 한결같이 흘러간다.'

뉴턴의 설명을 반박할 수 없는 것은 TV 화면을 보고 손목시계를 맞추어

14) 「우주는 모든 물질이 한 점에 모여 일으킨 대폭발의 결과」, 박석재, 신동아, 2004년 신년호 특별부록

놓으면 손목시계를 찬 사람이 무슨 일을 하건, TV에서 어떤 장면을 방영하든, 시계는 계속 흘러간다. 더구나 자신이 손목시계의 시간을 아무리 조작하더라고 절대 시간은 이에 상관하지 않고 계속 흘러간다. 즉 내가 시계를 다른 시간에 맞춘다고 해서 시간 속을 여행하는 것이 아니다. 그저 내가 시계를 틀린 시간에 맞추어 놓은 것에 지나지 않는다.

그런데 아인슈타인은 시간이 변할 수 있다는 것이다. 즉 인간이 시간에 간섭할 수 있다는 설명으로 그저 아주 빨리 움직이기만 하면 된다. 시간이 여행자의 속도에 따라 좌우되기 때문이다.

아인슈타인의 상대성이론에 의하면 시간의 경과 속도는 물체가 공간에서 움직이는 속도에 따라 달라진다는 것으로도 설명되는데 이는 매우 황당한 의미가 함축되어 있다. 행성이나 별 또는 블랙홀과 같은 거대한 물질 덩어리가 공간을 일그러뜨린다는 것이다. 이는 시간을 팽창시키기도 하고 수축시키기도 한다는 것을 의미한다.

시간과 공간의 천을 가지고 그물침대를 만든다고 가정하면 보다 쉽게 상대성이론의 뜻을 이해할 수 있다. 그물침대에 누워 잠을 자는 사람은 천의 여기 저기를 불룩하게 팽창시키게 마련이다. 몸을 움직이면 불룩한 부분은 다른 곳으로 옮겨간다. 독일의 클라우스 키퍼 박사는 이 문제를 이렇게 설명한다.

'내가 한 방에서 다른 방으로 몸의 무게를 옮기면 옮긴 방에서 공간의 굴곡을 변화시키고 따라서 시공도 변화한다.'

이는 방안에서 몸을 움직이면 이를 전후하여 방안 이곳저곳에서 시간이 경과하는 속도가 달라진다는 것이다. 물론 이런 영향을 일상생활에서 감지할 수 있는 것은 아니다. 문제가 되는 속도가 아주 느리기 때문이다.

이것은 뉴턴의 '흐르는' 시간, 즉 일상적인 '보통'의 시간이 우리들에게는 절대적인 의미를 갖고 있다는 것을 뜻한다. 자동차의 브레이크를 밟거나 비행기가 이륙할 때 가해지는 힘은 여전히 뉴턴의 시간이 절대적이다.

그런데 아인슈타인과 뉴턴에 바탕을 둔 이론을 한 냄비 속에 넣어보면 놀라운 결과가 나온다. 시간이 사라지는 것이다. 이것은 시간이 수학적으로 중요성을 상실했다는 것을 의미한다.

바로 이것이 우주의 탄생 전에 어떠했을까하는 질문에 대한 설명으로도 제시된다.

그것은 우주에 시간이 없다는 것으로도 설명되기 때문이다. 우주는 그저 존재할 뿐이다. 이를 일반인들이 이해하기는 매우 어렵다. 그것은 인간 개념의 능력을 벗어난 수학적인 사고의 결과로도 볼 수 있는데 이러한 모순적인 우주의 시작에 대해 클라우스 키퍼 박사는 다음과 같이 설명했다.

'과거를 뒤돌아보면 우주는 갈수록 작아진다. 그러다가 빅뱅을 앞둔 어느 시점에서 시간은 아예 존재하지 않는다.'[15]

매우 명쾌한 답으로 보이는데 근래 일부 과학자들이 이 대답에 이의를 제기했다. 빅뱅 이전의 시대가 있을 수 있다고 생각하는 것이다. 태초(before)에 우리가 속한 우주만 있었던 것이 아니라 근래 제기된 '다우주'라는 거대

15) 「우주는 모든 물질이 한 점에 모여 일으킨 대폭발의 결과」, 박석재, 『신동아』 2004년 신년호 특별부록

한 우주 집단이 있다고 믿으면 이해하기가 쉽다. 즉 우리 우주는 생명체가 살기에 좋은 환경을 가지고 진화한 여러 우주 가운데 하나라는 설명이다. 뉴욕시립대학교의 미치오 가쿠 교수는 이 우주들은 지금도 존재할 가능성이 높다고 설명했다.

가쿠 교수와 이와같이 주장하는 것은 초기 우주의 팽창과 여러 은하계의 합병을 아인슈타인의 일반 상대성 이론으로 설명하는데 한계가 있기 때문이다. 즉 빅뱅의 극한 조건이 양자 우주론으로 대체되어야하는데 이 경우 즉 빅뱅이 일어날 때의 온도가 수소폭탄 폭발의 중심부보다 100경의 100경배 더 뜨거운 10^{32}도이므로 모든 입자가 다 쪼개지고 그 구조가 가장 간단한 전자만 남는다는 것이다.

하이젠베르크의 불확정성 원리에 의하면 전자는 절대로 포착할 수 없다. 전자의 위치를 알면 그 속도를 알 수 없으며 반대로 속도를 알면 위치를 알 수 없다. 가쿠 박사는 다음과 같이 설명한다.

'초기 우주 활동은 전자의 활동과 똑같다. 동시에 수없이 많은 상태에 놓여 있었다. 이 상태들 가운데 일부는 비교적 온건하여 우리가 아는 항성들의 기원이 되었다. 하지만 그 밖의 다른 상태들은 십억 년 뒤에 붕괴하는 양자들 때문에 별이 되지 못했다.'

그렇다면 우리의 우주를 탄생시킨 다중우주는 어떻게 되었을까? 가쿠 박사는 다음과 같이 설명한다.

'다중우주는 끓는 물이 끊임없이 거품을 만들어내는 것과 같다. 이 거품에서 우주가 생성된다.'

'거품 우주'란 말이 생긴 요인인데 물론 이런 상황을 재현하여 확인해 볼 수 있는 것은 아니다. 우주가 생성될 때 발생하는 수백 경이나 되는 열을 지구에서 만들 수 없기 때문이다. 물론 상상하는 것 자체가 불가능한 것은 아니지만 여하튼 이를 확인하겠다는 생각은 하지 않는 것이 좋을 것이다.[16)17)18)]

16) 『갈릴레오에서 터미네이터까지』, 에이드리언 베리, 하늘연못, 1997
17) 「빅뱅 2억5천만 년 뒤에 별 형성됐다」, 김병희, 사이언스타임스, 2018.05.17
18) 「별 탄생의 비밀을 밝혀내다」, 이강봉, 사이언스타임스, 2018.06.12

참고문헌

「대폭발이론이 태어나기까지」, 라대일, 과학동아, 1992년 12월

「우주는 모든 물질이 한 점에 모여 일으킨 대폭발의 결과」, 박석재, 신동아, 2004년 신년호 특별부록

「태초에 神이 있었나 빅뱅이 있었나」, 김형자, 주간조선, 2010.09.27. 제2124호

「빅뱅 2억5천만 년 뒤에 별 형성됐다」, 김병희, 사이언스타임스, 2018.05.17.

「별 탄생의 비밀을 밝혀내다」, 이강봉, 사이언스타임스, 2018.06.12

『갈릴레오에서 터미네이터까지』, 에이드리언 베리, 하늘연못, 1997

『과학과 기술로 본 세계사 강의』, 제임스 E. 매클렐란 3세 외, 모티브, 2006

2부

만물의 이론(TOE)

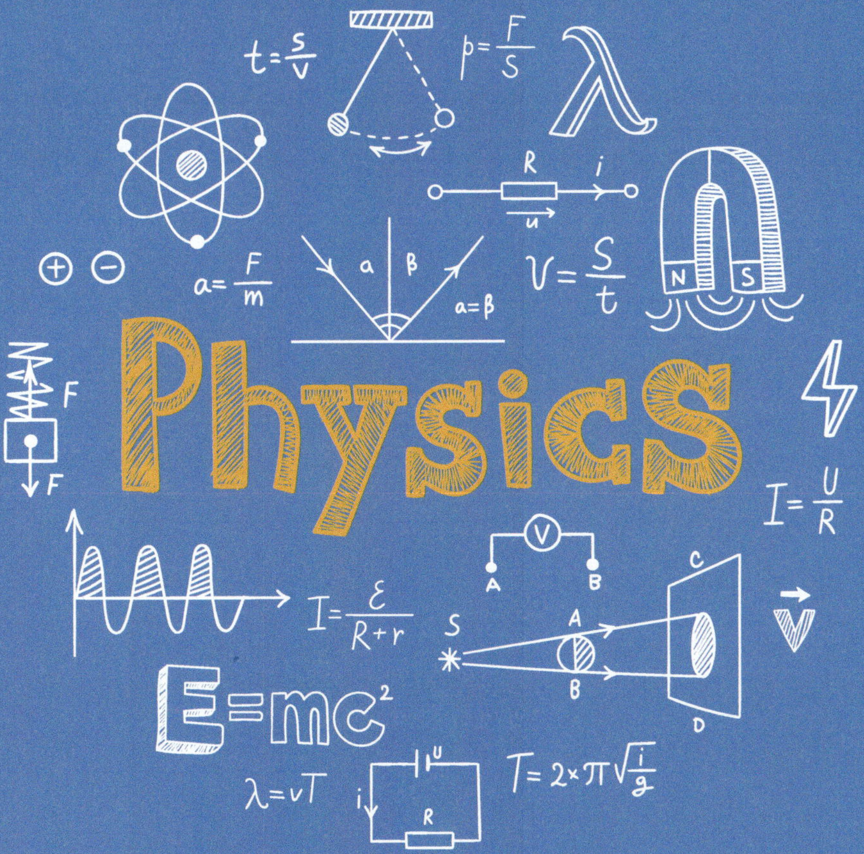

제2부 : 만물의 이론(TOE)

거대우주와 소우주를 간략하게 설명한다는 것이 만만치 않은 일이라는 것을 모르는 사람은 없을 것이다. 우리의 우주가 빅뱅으로 탄생했다고 하더라도 140억 년 전의 일로 이후의 과정을 이해하기 쉽도록 설명한다는 것은 더욱 어려운 일이다.

그러나 이런 대 작업에도 시작과 끝이 있게 마련이다. 한마디로 선배 지식인들이 당대에 갖고 있던 의문을 정리해왔고 이를 후배들이 계속적으로 탐구해왔기 때문이다. 한마디로 이들을 찾아가는데 조그마한 힌트가 있다는 뜻으로 이를 위해 학자들은 우주를 다루는 시작으로 우주의 기본 입자와 힘을 먼저 다루는 것을 추천한다. 이들을 기본적으로 이해하는 과정이 우리가 살고 있는 우주를 이해하는 데 큰 도움이 되기 때문이다.

과거부터 물리 학자들은 우주가 근본적으로 단순한 원리에 의해 움직인다고 생각했다. 이러한 우주 차원의 연구를 하는 중에서 현재 과학자들이 총력을 경주하여 연구하는 분야가 있다.

독자들이 언젠가 한 번이라도 들어보았을 바로 '통일장 이론' 등의 완성이다. 이것은 우주를 지배할 수 있는 기본 힘, 즉 장이 어떻게 상호 작용을 하는 가를 알아내는 매우 어려운 과제이다. 지금까지 학자들의 부단한 연구에 의해 입자와 힘의 종류를 규명하는 과정에서 분자는 원자, 원자는 핵과 전자 그리고 핵도 더 미세한 구조로 이루어졌다는 것이 알려졌다.

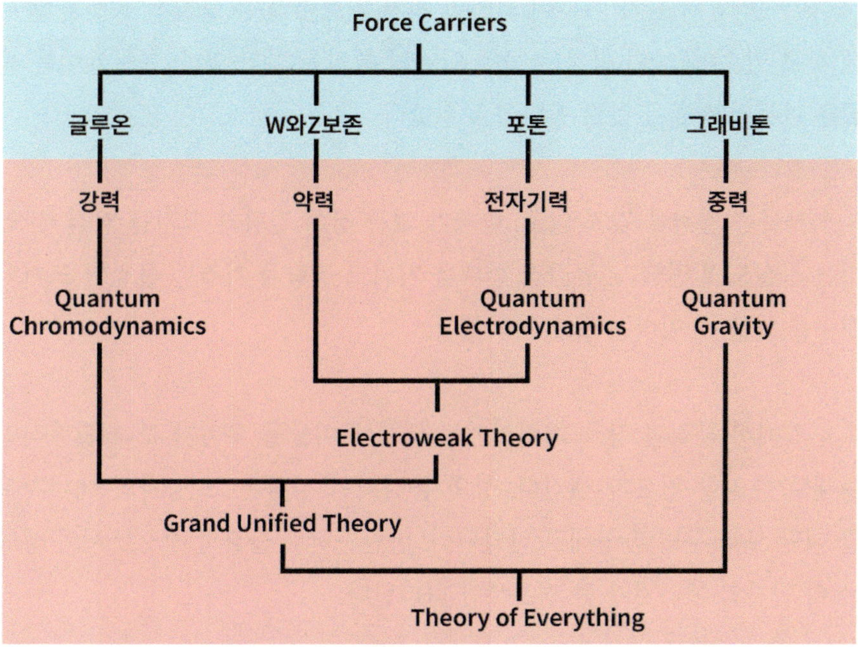

통일장 이론

장이란 무엇인가? 물리학자들은 이 말을 상호 작용하는 공간의 어떤 범위를 일컬을 때 쓴다. 그러나 상호작용을 하지 않는 물체는 존재하지 않는다. 따라서 장은 언제 어디서나 존재한다. 추운 겨울날 난로가 있는 방에 들어서면 곧바로 온기를 느낀다. 난로가 방 한가운데 있을지라도 난로에 의해 데워진 공기가 방안 구석구석까지 퍼져 있기 때문이다. 이러한 것을 '온도의 장'이라고 표현하는데 이와 마찬가지로 힘도 장의 개념으로 설명할 수 있다는 것이다.

그러나 장은 물질과 중요한 차이가 있다. 물질은 '질량을 갖고 눈으로 보이는' 것이지만 장은 눈에 보이지 않기 때문이다. 그렇다고 장을 감지할 수 없다고는 볼 수는 없다. 우리들은 사과를 떨어뜨리는 힘은 보지 못하지만 무엇이 사과를 떨어뜨리는지 잘 알고 있기 때문이다.

아인슈타인의 광자 이론에 의하면 전자장(電磁場)은 물질적 성질을 동시에 갖고 있으며, 장의 양자는 물질 입자의 특징을 갖고 있다. 드브로이는 물질은 파동적 성질을 갖고 있다고 보완했다.

학자들은 질량을 갖지 않고, 한계가 없는 장이 질량과 크기를 가질 수 있다는 사실도 발견했다. 공간적 한계를 지니고 질량을 가졌던 물질이 크기와 질량을 잃을 수 있다는 것도 파악했다.

여기에서 물질과 장을 대립시키는 대신에 이들을 무언가 보다 일반적인 형태로 통일할 필요가 생긴다. 장의 물리적인 성격은 그 양자의 에너지가 클 때만 보다 분명한 형태로 나타난다. 마찬가지로 물질의 장으로서의 성격은 이 입자의 에너지가 큰 경우에만 나타난다.

여기에서 과학자들의 생각은 비약하여 에너지가 작을 때는 어떤 상황이 나타날 지 궁금해 했다. 정답은 '장은 기본적으로 장처럼 행동하고 물질은 물질처럼 행동한다'인데 이 말이 만만치 않은 내용을 갖고 있음을 알 것이다.

<만물의 근원은 4가지 장>

현재까지 학자들은 이 우주의 구성을 위해서는 4가지의 장이 있다고 설명한다. 잘 알려져 있는 중력장, 전자기력장, 약력장, 강력장이다. 여기에서 '장(field)'이라는 개념은 우주의 전 공간에 펼쳐 있는 양으로 국소적인 공간에만 존재하는 '입자(particle)'라는 개념과 정면으로 대치된다.[19]

제일 먼저 모든 입자가 가지고 있는 질량은 중력장의 근원이 된다. 중력장은 사방으로 무한히 뻗어 나가는데 중심으로부터 멀어질수록 거리의 제

19) 「만물의 법칙이 등장하기까지」, 김선기, 과학동아, 1997년 7월

곱에 비례하여 장의 세기는 감소한다. 그러나 개개 입자의 중력장은 그 세기가 너무 작기 때문에 입자 상호 작용을 연구할 때는 중력장의 효과를 무시해도 차이가 없다.

어떤 주어진 계에 많은 입자가 있을 경우 이 계의 밖에 있는 한 점에서 본 중력장의 세기는 각각의 입자에 의한 중력의 세기를 전부 더한 것과 같다. 우리 태양계의 경우 태양에 중력 중심이 있는 것으로 볼 수 있다. 물론 이런 설명은 물체가 완전한 구이고 균일한 밀도를 가진 경우에 정확히 들어맞지만 태양과 지구를 완전한 구로 가정하여 계산해도 크게 어긋나지는 않는다.

만물의 근원 4가지 힘

① 중력

태양계에 있는 행성들은 엄청난 세기의 중력장을 갖고 있으므로 서로 잡아당긴다. 그러면서도 태양과 지구는 1억 4,967만 킬로미터나 떨어져 있다. 이와 같은 원리는 수백만 수천만 광년의 거리만큼 떨어진 은하계에도 적용되어 질량이 있는 곳은 항상 서로 잡아당기고 있다. 우주를 붙들고 있는 것은 중력이라는 뜻이다.

중력이 질량이 큰 천체에 더욱 크게 존재한다는 가장 단적인 예가 그 물체의 중력을 벗어나기 위한 최소 속도인 '탈출속도'로써 알 수 있다. 지구를 벗어나기 위해서 11.2킬로미터의 탈출속도가 필요하다는 것을 모르는 독자는 없을 것이다. 참고적으로 달을 탈출하는데는 2.4킬로미터, 화성은 5.1킬로미터, 토성은 36.8킬로미터이며 태양계 행성 중에서 가장 질량이 큰 목성으로부터는 초속 61킬로미터를 넘겨야 한다.

그렇다고 중력을 측정하는 것이 쉬운 일은 아니다. 빛과 마찬가지로 중력은 보이는 것이 아니기 때문이다. 중력의 존재를 유추할 수 있는 일을 해 낸 사람은 아인슈타인으로 빛도 무거운 물체의 중력에 의해 휜다는 '중력렌즈 효과'는 이미 여러 번의 실험으로 검증되었다.

모든 입자는 반입자를 가지고 있다. 예를 들어 전자의 반입자는 양전자이며 양성자의 반입자는 반양자이다. 이 반입자들은 '반물질'을 만들어 낸다. 여기에서 학자들이 중력을 검증할 수 있는 방법을 착안했다.

양성자와 반양자의 질량이 정확히 똑같다면 중력의 영향도 정확히 똑같이 받아야 한다. 가브리엘스는 자기장 안에서 양성자와 반양자를 회전시켜 1초에 몇 번이나 도는가를 측정했다. 회전 횟수는 질량에 달려 있다. 실험 결과 두 입자의 질량 차이는 1억 분의 4 이하였다. 이를 통해 얻은 것은 반물질도 물질과 똑같은 식으로 중력에 반응한다는 것과 아인슈타인의 이론이 역시 옳았다는 것이다.

중력이 존재한다는 것을 간접적으로 증명할 수 있는 또 다른 방법도 있다.

아인슈타인은 1916년 그의 중력 이론의 부산물로서 중력파가 반드시 존재해야 한다고 예언했다. 중력파란 운동하는 전하에 의해 전자기파가 발생되는 것과 마찬가지로 물질이 진동하거나 급격히 움직일 때에 생성되는 파동이다. 사실 엄밀히 말한다면 우리가 작별할 때 손을 흔들어도 중력파가 발생해야 한다. 하지만 중력이 전자기력에 비해 10^{36}이나 약하기 때문에 중력파를 검출하는 것은 매우 어려운 일이다. 미국의 웨버는 아인슈타인의 예언을 믿고 1960년대부터 안테나를 제작해 평생을 중력파를 검출하는데 투여했다. 그러나 당시의 검증장치로서 중력파를 검출한다는 것은 불가능한 일이었다.

그래도 학자들은 굴하지 않고 아인슈타인이 예언한 중력파를 검출하는데 도전했고 미국의 천문학자인 헐스(Russell A. Hulse)와 테일러(Joseph H. Jr. Tayor)가 등장한다.

그들은 1974년부터 미국의 테일러 박사는 독수리자리 PSR 1913+16의 두 중성자별이 이루는 쌍성을 연구했다. 두 중성자별은 불과 태양 반지름 거리 밖에 떨어져 있지 않으므로 초속 300킬로미터 정도의 엄청난 속도로 약 8시간마다 서로 공전하고 있다. 이 쌍성에서 중력파가 에너지를 빼앗아 달아난다면 두 별이 점점 접근하면서 공전주기가 짧아진다. 이론적으로 일 년에 1만 분의 1초 정도 공전주기가 느려지게 된다. 그들은 이 별을 세밀히 관찰한 결과 4년 동안에 0.000414초만큼 공전주기가 길어진 것을 알아냈다. 이것이 중력파의 간접적인 발견이며 그들은 1993년에 노벨 물리학상을 받았다. 이들의 업적 등을 토대로 중력에 의해 시공간이 구부러지고 그 결과 빛이 진행 경로가 휘어진다는 것을 모르는 사람이 없을 정도로 지구인의 상식이 되었다.[20]

20) 「21세기판 상대성이론 입문」, 뉴턴 2004년 4월호

② 전자기력

모든 입자는 전하를 갖고 있는데 이 전하가 전자기력장의 근원이다. 전자기력장 역시 사방으로 무한정 뻗어나가는데 장의 세기도 중력과 마찬가지로 거리 제곱에 비례하여 감소한다. 이 말은 모든 입자는 중력장과 전자기력장의 근원인 질량과 전하량을 갖고 있다는 뜻이다. 너무나 당연한 이야기 같이 들리지만 질량이 없는 전하량은 존재할 수 없다. 아무 것도 없으므로 어떤 것이 있다는 것도 불가능한 것이다.

어떤 입자의 전자기력장의 세기는 그 입자가 갖고 있는 중력장의 세기의 10^{36}나 된다. 그러나 전하에는 양전하와 음전하의 2종류가 있으므로 이들 사이에도 잡아당기는 힘과 미는 힘이 작용한다. 그러므로 한 계 안에 2종류의 전하가 같은 수로 존재하면 이를 외부에서 볼 때 아무런 작용도 없는 것처럼 보인다. 보통의 원자가 중성인 이유는 같은 수의 양전하와 음전하를 갖고 있기 때문이다. 이것이 원자와 원자가 서로 붙어 있게 하고 또 원자 안에서는 전자를 한가운데 있는 핵에 붙들어 매준다.

한편 한 종류의 전하가 상대방보다 많아질 때 전자기력장이 작용하는데 반대 부호의 전하끼리만 서로 잡아당기기 때문에 남은 전하량은 위치에 상관없이 매우 작게 마련이다. 그래서 남은 전하가 지닌 전자기력장의 세기는 소행성 정도의 중력장과는 비교할 수 없을 만큼 약하다.

이것이 바로 중력의 상호 작용, 즉 인력만을 다룬 뉴턴의 역학(만유인력)으로 태양계의 운동을 만족할 만한 해석할 수 있는 이유이다. 더구나 뉴턴의 운동 법칙은 별의 운동 뿐 아니라 은하의 운동까지도 그 적용 범위를 확대시킬 수 있다. 뉴턴의 역학으로 그 당시 발견되지 않았던 해왕성의 위치를 예견할 수 있었고 헬리는 자신이 발견한 혜성의 주기가 76년이라는 것을 발견할 수 있었다.

미국의 『라이프』 지가 '지난 1천년을 만든 1백인' 중에 뉴턴을 여섯 번째로 선정하고 아인슈타인을 21번째로 선정한 것은 바로 이런 이유 때문이다. 존 시몬스가 선정한 '사이언티스트 100인'에서도 1위가 뉴턴이고 2위가 아인슈타인이었다. 이것은 뉴턴 역학으로 우리들의 일상생활에 거의 불편이 없이 천체 현상 등을 해석할 수 있으므로 실제 피부로 느끼는 중요성은 아인슈타인보다는 뉴턴이 더 높기 때문이다. 참고적으로 1천 년을 만든 100인 중 첫 번째로 선정된 사람은 발명왕 토머스 에디슨이다.

그렇다고 천체에 관한 문제에 있어 전자기력의 상호 작용을 완전히 무시할 수 있는 것은 아니다. 태양계를 감안하더라도 태양의 각 운동량을 행성으로 전달한다든지, 토성의 고리를 형성하는 조그마한 입자의 수수께끼와 같은 현상은 전자기력을 고려해야만 설명이 가능하다.

③ 강력(중입자장)

학자들의 부단한 연구로 만유인력과 전자기력만으로는 원자핵을 이루는 핵 안에서의 결합을 설명할 수 없다고 파악하자 핵 사이에 매우 강하게 작용하는 핵력을 가정한다. 핵력을 처음 제안한 사람은 1949년에 노벨 물리학상을 수상한 유카와 히데키로 그는 핵자들이 중간자를 주고받음으로써 인력이 작용하고 있다고 생각했다. 핵자들 사이에 작용하는 힘에는 강한 핵력 혹은 강력이라고 부르는 중입자장이 있다.

강력의 세기는 전자기력장의 세기보다 137배가 강하고 약력의 세기는 전자기력장의 세기를 기준으로 1,000억 분의 1정도이다. 강력도 천체의 일반적인 운동에서는 거의 영향을 미칠 수 없으나 별의 핵 부분에서는 매우 중요한 역할을 하는데 전자기력, 중력과는 달리 거리의 제곱에 반비례하는 역제곱법칙을 따르지 않는다.[21]

④ 약력(경입자장)

핵력 중에는 약한 핵력 혹은 약력이 있는데 중입자장인 강력과 다른 경입자장이다. 강력은 원자 한가운데 있는 핵이 뭉쳐 있도록 해 주며 약력은 핵으로부터 방사선이 나오도록 하거나 태양이 빛을 내도록 한다.

학자들을 가장 고민스럽게 만드는 것은 네 가지 장 중에서 가장 세기가 약한 중력이 우주차원에서 매우 크게 작용한다는 점이다. 이유는 간단하다. 다른 힘들은 광범위한 거리에서는 적용되지 않도록 서로 상쇄되기 때문이다.

예를 들면, 전자기력의 경우 인력이나 반발력이 존재하려면 전하를 필요로 한다. 그러나 원자들은 전기적으로 중성이 되려는 경향이 있으므로 원자들의 커다란 덩어리는 전체적으로 전하를 갖지 않는다. 동일한 논리로 핵들은 핵으로서 만족하므로 핵의 영역 밖에서는 강하게 상호작용하지 않는다. 마찬가지로 약력도 오직 핵의 영역 내에서만 작용한다. 이것을 강력과 약력은 힘이 미치는 거리가 아주 짧다는 것으로 설명할 수도 있는데 이들 힘은 1조 분의 1센티미터만 떨어져도 느끼지 못할 정도이다.

21) 『물리법칙으로 이루어진 세상』 정갑수, 양문, 2007

<우주의 원리를 하나로 통합>

20세기에 들어선 물리학은 크게 두 가지 새로운 흐름을 맞아 그 이전의 물리학과 구별해 현대물리학이라 부른다. 과학기술이 발달되면서 19세기까지의 물리학으로는 도저히 설명할 수 없는 현상과 영역이 생겨났기 때문이다.

그 중 하나가 아인슈타인의 상대성이론으로 더 빠르고 더 큰 세상을 설명하는 것이고 다른 하나가 양자론으로 더 작은 미시적인 세상을 설명하는 것이다.[22]

이들을 하나의 이론으로 통일시키자는 것이 통일장이론이다. 사실 통일장이론은 간단하다. 현 우주가 어떤 원리에 의해 태어났고 또 그 원리에 의해 운용된다면 그 원리는 하나로 귀결된다는 것이다.

이는 매우 간단한 생각에서 시작한다. 현재 우주를 관장하는 힘은 4종이지만, 우주가 생겨났을 때는 힘이 1종이었다고 생각한다. 잘 알려진 이야기이지만 빅뱅에 의하면 우주는 초극미, 초고에너지 상태에서 생겨났다고 설명된다. 한마디로 우주가 팽창하면서 온도가 낮아짐에 따라 1종이었던 힘이 4종의 힘으로 나누어졌다는 것이다.

학자들은 가장 먼저 우주 탄생 직후에 중력이 나누어졌고 그다음에 강한 핵력(강력), 마지막으로 약한 핵력(약력)과 전자기력이 나누어졌다고 추정한다. 즉 4종의 힘이 하나에서 나누어진 것이므로 하나의 방정식으로 나타낼 수 있다는 것이다. 이 4종의 힘을 통일하여 단 하나로 만드는 것이 물리학계의 목표인데 이를 우주의 만물을 설명하는 '모든 것의 이론(ToE :

22) 「자연계에 존재하는 서로 다른 네 가지 힘을 재결합하려는 물리학 이론」, 김성원, 신동아, 2004년 신년호 특별부록

Theory of Everything)'이라고 설명한다.

① 경입자(輕粒子, lepton)

강력과 약력, 전자기력과 중력이 기본 힘이라고 하지만 이들이 어떻게 구성되어있느냐에 학자들이 총력을 기우렸다. 내부 구조도 없고 더 이상 나눌 수 없어 보이는 기본 입자 중 강력의 영향을 받지 않는 것을 경입자(輕粒子, lepton)라고 한다. 현재까지 6개의 경입자가 발견되었는데 각각의 특징에 맛 혹은 향으로 표현한다. 경입자 중 전자(電子, electron), 뮤온(muon), 타우(tau) 3가지는 동일하게 -1 전하를 갖지만 질량이 다르다. 전자가 가장 가볍고 타우가 가장 무겁다. 중성미자(中性微子, 뉴트리오)라 불리는 나머지 셋은 전기적으로 중성을 띤다. 중성미자 가운데 전자중성미자와 뮤온중성미자는 거의 질량이 없다.

6가지 경입자는 질량이 모두 다름에도 불구하고 동일한 값의 회전 각운동량인 스핀(spin)을 갖는다. 이들 입자들의 스핀은 크기가 보두 1/2이고 회전방향은 오른쪽 혹은 왼쪽 둘 중의 하나이다.

각각의 경입자에는 대응하는 반입자(antiparticle)인 반경입자가 존재한다. 반입자는 원래의 입자와 질량과 스핀은 동일하지만 전하를 비롯한 다른 특성은 반대다. 반경입자에는 양의 전하를 갖는 양전자(positron)로 불리는 반전자, 반뮤온, 반타우의 3가지와 전기적으로 중성을 띠는 3가지 반중성미자(antineutrino)가 있다.

경입자들은 서로 간의 상호작용에 따라 각각 전기를 띤 경입자와 이에 대응하는 중성미자로 구성되는 3가지 쌍으로 나뉜다고 설명한다. 각각의 쌍은 수학적으로 경입자 수로 구분된다. 전자와 전자중성미자가 이루는 쌍의 경입자 수는 잔자수 1, 뮤온 수 0, 타우 수 0이다. 반경입자에는 부호가 반대인 경입자 수가 주어진다. 일부 경입자는 붕괴하여 다른 경입자가 되지만 붕괴가 일어나도 전체 경입자의 수는 변함없으므로 결국 각각의 족(family)은 유지된다.

뮤온은 불안정하다. 뮤온은 약력에 의한 붕괴를 통해 평균 2.2마이크로초(100분의 1초)만에 전자, 전자반중성미자, 뮤온중성미자로 변한다. 이 붕괴 과정에서 전체 경입자수는 변하지 않는다. 뮤온중성미자의 뮤온 수는 1, 전자의 전자 수 1, 전자반중성미자의 전자수는 -1이다. 전자와 전자반중성미자의 경입자수가 상쇄되므로 최초 뮤온 수 1이라는 값은 그대로 유지된다. 평균수명이 3×10^{-13}초인 타우가 붕괴할 때 경입자 수도 보존된다.

반면에 잘 알려진 전자는 매우 안정적이다. 모든 작용에 있어 전하는 보존되고 천자가 붕괴하여 만들어질 정도로 크면서 전기를 띤 입자는 없다. 전자는 금속이나 반도체에서 전하를 운반하는 친숙한 존재이지만 전자반중성미자는 중성미자가 양성자로 변하는 베타붕괴에서 방출된다. 불안정한 자유중성자를 대량으로 만들어내는 원자로는 반중성미자를 엄청나게 만든다. 경입자 중에서 나머지 종류는 입자 가속기의 통제된 조건, 자연적으로눈 우주선(cosmic ray)이 대기와 상호작용하면서 일어나는 고에너지 소립자 충돌과 같은 상황에서 만들어진다.

② 강입자(强粒子, hardron)

잘 알려진 대상은 강력이 작용하는 원자핵 내부의 입자들이다.

양성자, 중성자(中性子, neutron), 중간자(中間子, meson) 등으로 구

성되는 강입자(强粒子, hardron)가 주인공이다. 강입자는 지금까지 질량, 스핀, 전하 등 여러 가지 성질이 다른 수백 가지가 있다.

강입자는 내부 구조를 갖고 있으므로 기본 입자는 아니다. 1964년 미국의 겔만(Murray Gell-Mann, 1929~2019)은 '쿼크' 이론을 창시하고 기본이 되는 원자 구성 입자들과 그 상호작용을 기술하는 양자 색역학을 발전시켰다. 그 이론은 '글루온'으로 알려진 중개 입자를 통해 쿼크와 반(反)쿼크의 상호 작용을 설명했다. 양자 색역학은 원자 구성 입자를 함께 묶어 주는 '강력'의 작동을 완벽하게 설명해냈다.

겔만은 강입자 또는 '기묘도를 느끼는' 입자가 '쿼크'라는 구성 입자로 이루어져 있다고 제안했는데 1950년대에 사진 건판에 V자 흔적을 남기는 V입자를 발견했다. 중성입자가 붕괴되어 하전되어 생긴 것으로 생각된 이 입자는 약 10^{-10}초 후에 붕괴되었다. 붕괴는 강력과 관련된 강한 상호 작용을 통해 나타나는 것으로 추정되었고 만약 그렇다면 이 입자의 수명은 10^{-23}초여야 했다. 이런 이상스런 형태 때문에 '기묘함을 느끼는 입자(기묘입자)'라고 불린다.

1960년대 후반 이 가설을 검증하기 위해 고(高)에너지의 전자를 양성자와 중성자에 쏘았다. 실험 결과 에너지분포와 분산된 전자의 각도를 보면 일부 전자가 마치 점같은 양성자와 중성자 내부에 전기를 띤 존재와 충돌했음을 보여주었다. 학자들은 모든 강입자가 이런 기본 요소들의 조합으로 이루어진다고 생각하는데 '업(up)', '다운(down)', '스트레인지(strange)', 참(charm), 톱(top), 보텀(bottom)이다. 톱은 1994년 마지막으로 발견되었다.

경입자와 마찬가지로 강입자인 이들 쿼크도 스핀은 1/2이며 왼손 혹은 오른손 쿼크로 존재할 수 있다. 또한 전자의 전하 크기 대비 특정 비율의 전하를 띨 수 있는데 다운, 스트레인지, 보텀은 1/3전하, 업, 참, 톱 쿼크는 2/3의 전하를 갖는다. 또한 각각에 대응하는 반쿼크는 크기는 같고 부호가 반대인 전하를 갖는다.

경입자와 마찬가지로 쿼크도 약한 상호작용에 의해 원래의 맛이 다른 맛으로 변한다. 중성자가 양성자로 변하는 베타 붕괴에서 중성자를 구성하는 다운 쿼크 중 하나가 업 쿼크로 변하는 과정에서 전자 1개와 반중성미자 1개를 방출한다. 참 쿼크가 스트레인지 쿼크로 변하는 과정도 유사한데 붕괴의 행태는 두 종류로 나눌 수 있다. 한쪽은 업과 다운 쿼크, 다른 한쪽에선 참과 스트레인지가 있는 것으로 설명된다.

그런데 경입자의 특성과는 달리 일부 쿼크는 붕괴과정에서 쌍으로 이루어진 족의 경계를 넘어선다. 업 쿼크가 스트레인지 쿼크가 되는 것과 참 쿼크가 다운 쿼크로 관측되었기 때문이다.

쿼크의 색깔 개념은 쿼크의 특성을 설명하는데 요긴하게 사용된다.

각각의 맛에 해당하는 쿼크는 적색, 녹색, 청색 중 하나를 갖는다. 적색 쿼크는 반적색, 보통 사이언(cyan)이라는 반쿼크가 대응하며 다른 반쿼크들은 반녹색인 마젠타(magenta)와 반파랑인 노랑을 띤다.

색깔의 개념을 도입하면 쿼크의 결합 규칙을 설명하기 쉬워진다. 강입자는 색을 띠지 않는데 쿼크의 색을 합치면 흰색이 되고 색깔 중립적이라고도 표현한다. 그러므로 쿼크와 반쿼크가 중간자(meson)가 되는 가능한 조합은 적색, 녹색, 청색 쿼크가 결합하여 중입자가 되는 것뿐이다.

학자들은 강입자를 쿼크들이 들어있는 비눗방울이라고 설명한다. 비눗방울 안에서 쿼크는 자유롭게 움직일 수 있지만 밖으로 나가지 못한다. 여하튼 앞의 설명을 정리하면 쿼크는 '향(香)'을 갖고 있으며 '색깔'도 서로 다르며 두 개씩 짝을 이룬다.

겔만은 자신의 쿼크 모델을 이른바 팔도설(八道設)로 설명했다. 그는 '기묘한 입자'의 성질을 기술하고 그들을 분류해서 각각에 '기묘도(strangeness)'의 숫자를 매겼으며 그 입자들의 상호 작용을 예측할 수 있는 방정식으로 만들 수 있었다. 쿼크의 향과 색깔은 세상에 모습을 드러내지 않지만 학자들은 고에너지 전자빔으로 양성자의 내부를 밝혀 쿼크의 구조를 밝혔다. 여기서 쿼크가 '적색', '청색', '녹색'의 색전하를 가지고 있다는 것은 실제로 색이 들어있는 것이 아니라 실제의 빛의 색은 적색, 청색, 녹색의 3원색이 모이면 백색이 되므로 세 개의 쿼크가 각각의 색을 가지고 그것이 모여 '백색'의 중화된 핵자를 구성한다는 뜻이다.

팔도설은 강입자, 또는 상대적으로 무거운 원자 구성 입자를 분류하는 수단으로 사용된다. 팔도설은 물리학자들이 수백 종의 원자 구성 입자를 발견한 이래로 물리학을 지배해 온 혼란을 해결했다. 특히 그는 강력과 전기적 약력을 단일한 이론으로 통합할 '표준 모델'을 형성하는 기초를 닦았다.

팔도설이라는 용어는 입자들을 무리로 묶을 수 있는 방법을 뜻하는데 열반에 이르는 여덟 개의 덕목(八正道)이라는 불교의 개념에서 딴 것이다. 겔만 스스로도 팔도설이 현대 물리학과 동양 종교가 서로 은밀한 관계가 있다고 말했다. 그는 1969년 노벨 물리학상을 받았다.

<힘의 작용>[23)]

앞의 설명이 다소 어렵고 난해하다고 생각되는 것은 전문적인 용어가 많이 나오기 때문으로 볼 수 있는데 이는 우주 원리를 간단하게 설명하는 것이 그만큼 어렵다는 것을 의미한다. 물론 이런 어려운 분야도 계속적인 도전으로 이해할 수 있게 된다는 것이 인간의 덕목이지 않을 수 없다.

여하튼 수많은 학자들의 노고에 의해 자연의 복잡한 구조와 역학은 물질을 구성하는 기본입자인 6경입자와 6쿼크에 의해 이루어진다고 생각한다. 그리고 이들 사이의 관계를 지배하는 힘은 전자기력, 약력, 강력 그리고 중력이다.

우리 눈에 보이는 거시적 세계에서 힘은 물체의 속력과 방향을 바꾸는 즉 속도를 바꾸는 요소라고 정의할 수 있다. 거시적 세계에서 통용되는 뉴턴 역학이 양자 역학과 상대성이론에게 자리를 내어주는 기본 입자 수준의 영역에서는 힘이 보다 복잡하게 규정되고 보다 광범위하게는 상호작용이라는 말로 표현된다. 상호작용은 입자들이 충돌할 때 에너지나 운동량의 변화과 같은 현상이 일어나도록 하며 자발적 붕괴가 일어날 때 입자를 고립시키기도 한다.

문제는 기본 입자 부분에서 중력을 제대로 설명하는 것이 간단치 않다는 점이다. 한마디로 기본 입자처럼 질량이 작은 입자는 중력을 적용하기에는

23) 『신의 입자를 찾아서 힉스』 사이언티픽 아메리칸 편집부, 한림출판사, 2018

크기가 너무 작아 무시해도 되는 수준이다.

물리학자들은 게이지이론(guage theory)으로 알려진 수학적 방법을 통해서 나머지 세 힘을 사이의 상호작용을 설명하려 시도했다. 기본적으로 게이지이론은 약한 힘과 강한 힘에 대한 이론(소립자물리학의 표준이론)의 기초를 이룬다. 게이지(gauge)는 공작물을 측정하거나 검사할 때 길이·각도·모양 따위의 기준이 되는것을 통틀어 이르는 말이다. 이 이론은 게이지 대칭성을 충족하는 계(장)에 대한 이론으로 다음과 같은 기본적인 의미를 지니고 있다.

게이지 대칭성에서 생겨나는 힘은 게이지입자에 의해 매개된다. 즉 전자기력은 '광양자(photon)', 강력은 '글루온(gluon)', 약력은 '워크 보손(weak boson)', 중력은 '중력자(graviton)'를 주고받음으로써 작용하는데 이들 힘을 전달하는 입자를 '게이지 입자'라고 한다.[24)25)]

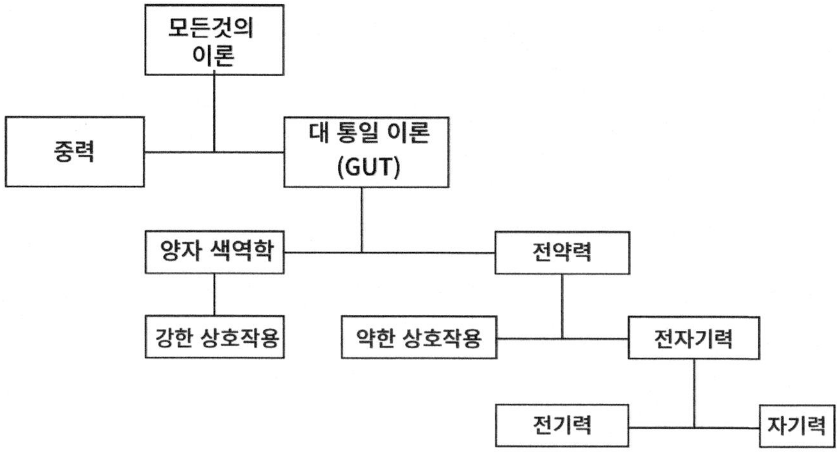

모든 것의 이론

24) 『물리법칙으로 이루어진 세상』 정갑수, 양문, 2007
25) 『교양인을 위한 노벨상 강의(물리학상)』 야자와 사이언스연구소, 김영사, 2011

'게이지 이론'의 핵심은 대칭성 개념이다. 대칭성이란 "'A'와 'B'를 바꾸어도 원래의 것과 같다'는 것이다. 이를테면 좌우 대칭성이란 오른쪽과 왼쪽을 바꾸어도 변하지 않는 상태를 말한다. 수학적 관점에서 대칭성이란 대상이 되는 계(system)에 대한 수학적 묘사가 달라져도 이들 방정식의 해가 변하지 않는다는 의미이다. 대칭성을 소립자의 세계에 적용시키는 게이지 이론은, 힘이 작용하면 소립자를 교환하는 일, 이 힘이 게이지 입자에 의해 전달된다는 것이다.

오늘날 기본이 되는 4가지 힘은 공간의 모든 점에서 특정한 변수가 독립적으로 변경될 때 국지적 대칭성이 유지되는 조건 하에서 에너지 혹은 전하의 보존과 같은 자연의 불변성에서 기인한다고 여긴다. 그런데 대체적으로 대칭조작은 특정 계 전체에 적용해 생각해야 한다. 예를 들어 어떤 회전하는 물체가 대칭성을 지니고 있다는 것을 나타내려면 그 물체 전체를 회전시켜야 한다. 물체의 어떤 부분만 회전시킨다는 것은 불가능하다. 그러나 특별한 경우 그 계의 일부분에 응용해도 대칭성이 성립하는 경우가 있는데 이를 '국소적 게이지 대칭성'이라 부른다. 일반적으로 어떤 계의 상이한 부분이 전약력(약한 자기력) 및 강한 힘 등 이른바 게이지력과 상호작용할 때 생긴다. 따라서 이들 힘은 게이지 대칭이 나타난 것으로 생각할 수 있다.

<핵안의 입자>

앞의 설명들이 어렵게 느껴지는 것은 그만큼 거대우주와 소우주가 만만치 않은 내용을 갖고 있기 때문이다. 한 술에 배부를 수 없을 정도로 전문적인 과학지식을 동원하면서 이해의 도를 높이는 것이 최선이라 설명되므로 앞의 내용을 토대로 다시 풀어서 설명한다. 물론 중첩되어 설명되는 부분도 있지만 새로운 각도에서의 이해를 돕는데 도움이 될 것으로 생각한다.

1950년대 초부터 물리학의 초점은 핵을 구성하는 입자들에 대한 연구에 전념했다. 이를 소립자물리학 또는 고에너지물리학이라고 부른다.

핵 안에 있는 입자에 관한 연구는 1930년대 우주선(cosmic rays)을 관찰하면서 시작되었다. 학자들은 주로 양성자인 이 고에너지 입자들은 별에서 태어나 우주 공간을 가로질러 날라와 지구로 쏟아지는데 우주선이 핵과 충돌하면 두 가지 일을 예상할 수 있다고 생각했다.

첫째는 핵이 붕괴되어 구성 입자들이 밖으로 튀어나오면 이를 볼 수 있거나 둘째 우주선의 운동에너지가 질량으로 변환하여 새로운 입자가 만들어질 수 있다는 것이다. 학자들의 예상은 틀리지 않아 1950년대 과학자들은 우주선이 핵과 충돌할 때 태어나는 새로운 입자들을 10여 개 발견했다. 이들은 매우 불안정해서 마치 방사성 원소의 원자핵처럼 순간 적으로 존재하다가 붕괴해서 다른 입자들로 변했다. 이후 이들을 파악하기 위해 소위 입자가속기를 만들어 우주선 대신 양성자나 전자의 흐름을 인공적으로 만들어 충돌시켰고 그 결과 수백 개의 새로운 소립자가 발견되었다.

많은 수의 소립자가 발견되었지만 한 가지 원칙만은 분명했다. 이들 입자들을 두 가지 그룹으로 나눌 수 있다는 것이다. 하나는 구조에 관련된 것이고 다른 하나는 힘과 관련된 것이다. 양성자, 중성자, 전자 같은 것은 원자의 기본 구성 요소로 첫 번째 그룹에 속한다. 이들이야말로 물질이라는 집을 만들어주는 벽돌이라 볼 수 있다. 벽돌집이 천차만별한 것처럼 벽돌을 쌓는 방법에 따라 성질이 다른 물질을 얼마든지 만들 수 있다.

가시광선의 양자(量子)인 광자(光子)는 두 번째 그룹에 속한다. 전기를 띤 물질 사이에서 광자가 이동함으로써 전자기력을 낳고 전자를 궤도에 묶어

둔다. 광자를 비롯해서 두 번째 그룹에 속하는 입자들은 시멘트, 모르타르 같은 것이어서 벽돌을 제자리에 붙여 놓는 구실을 한다. 소립자물리학 용어로 이들을 '게이지 입자(gauge particals)'라 부른다.

그런데 벽돌 안에도 어떤 구분이 있는데 양성자와 중성자 같은 입자들은 핵 안에 존재하면서 핵의 여러 가지 작용에 직접 관여한다. 이러한 입자들을 헤드론(hedreon)이라 부르는데 이 단어는 그리스어로 '강하게 상호작용을 하는 것들'이라는 뜻이다. 그에 비해 전자 같은 입자들은 핵에서 멀리 떨어져서 핵이 하는 일에 직접 관여하지 않는다. 이런 입자들을 렙톤(lepton)이라고 부르는데 그리스어로 '약하게 상호작용하는 것들'이란 뜻이다.

물리학자들의 고집은 참 대단하다. 그들이 갖고 있는 기본 신념은 자연이란 깊이 들어가면 단순한 것이 틀림없다는 것이다. 그러나 원자 수준 이하의 '기본 입자'들이 연이어 발견되자 자연의 물리학자들의 신념과는 달리 매우 복잡한 것으로 드러났다. 학자들은 이제까지 적어도 네 가지의 게이지 입자(광자, w입자와 z입자, 글루운, 중력자)와 여섯 가지의 렙톤(전자, 뮤온, 타우, 그리고 이들 세가지와 각각 관련이 있는 세 가지의 뉴트리노) 그리고 핵 안에서 소용돌이치는 수백 가지의 헤드론을 발견했다. 그러나 학자들은 이들 모두 '기본 입자'가 아니라고 주창했는데 이들이 모두 기본입자라면 자연이 현재와 같이 아름다운 세상으로 변할 수 없다고 생각하기 때문이다.

학자들의 생각은 틀리지 않아 수백 가지의 헤드론 사이에서 규칙적인 패턴을 발견했다. 헤드론 자체가 기본 입자가 아니라 더 기본적인 것들의 모임이라는 것이다. 이렇게 한단계 아래의 기본 요소가 바로 쿼크(quark)이다. 쿼크는 일반적으로 사용되는 그리스어에서 따온 것이 아니라 제임스 조이스의 소설 『피네건의 경이』에서 따 온 것이다.

과학자들의 생각은 간단하다. 여섯 가지의 쿼크로도 벽돌을 쌓아 올리는 방법에 따라 수백가지의 헤드론을 만들 수 있다는 것이다.

여섯 가지의 쿼크는 둘 개씩 세 개의 쌍을 이루고 있다. 다운, 업, 스트레인지, 참, 바텀, 톱이다. 결국 모든 물질은 쿼크와 렙톤으로 되어 있다는 설명이다. 쿼크가 결합해서 헤드론이 되고 헤드론이 모여서 원자핵을 이룬다. 렙톤 그룹에 속해 있는 전자는 궤도에 들어앉아 원자를 완성하고 이 원자들이 결합해서 우리 주변의 무수한 물체를 만들어낸다는 것이다. 현재 물리학자들은 그동안 인류를 계속 고민에 빠지게 만든 '물질이란 무엇인가?'라는 답에 매우 근접하게 도달했다고 생각한다. 물론 이들 발견도 완전하지 않다고 생각하는 학자들도 있으므로 이들의 옳고 그름은 시간이 가려줄 것으로 생각한다.[26)]

<쉬운 것부터 먼저>

우주의 원리를 하나로 설명하자는 통일장 이론에 대한 논의는 매우 오래전부터 시작되었다는 것이 정설이다. 현대적인 의미에서 물리학은 뉴턴부터 거슬러올라간다고 설명되기 때문이다. 뉴턴은 자연의 힘에 대한 원리를 하나의 통합된 관점에서 보려는 노력을 처음으로 시도했다.

뉴턴 이전에는 지구 상에서 물건이 떨어지는 것과 달이 지구 주위를 도는 것이 한 가지 기본 힘에 의한다는 것을 알지 못했다. 뉴턴의 위대함은 이 두 가지 현상이 하나의 힘, 즉 중력에 의해 지배된다는 것을 발견했다는 점이다. 이 단원은 김선기 박사의 글에서 많이 참조했다.

뉴턴의 시도는 현재 물리학자들이 통일장이론을 통해 자연의 힘을 통일

26) 『과학의 열쇠』, 로버트 M, 헤이즌 외, 교양인, 2008

하려는 노력에 단초를 제시했다고도 볼 수 있다. 물리학자들이 자연계의 모든 힘들을 하나로 통합하려는 신념은 칭기즈칸, 알렉산더, 아틸라와 같은 영웅이 전세계를 통일하여 하나의 제국을 건설하려했던 것과 유사하다고 볼 수 있다.

뉴턴 이후 1870년대 맥스웰에 의해 또 다른 전기를 맞는다. 그는 항상 남북을 가르키는 나침반의 원리인 자기장과 번갯불을 만들어 주는 전기현상이 하나의 이론에 의해 설명된다는 것을 확인하고 맥스웰은 '맥스웰 방정식'으로 불리는 몇 개의 방정식으로 이들 현상을 모두 설명했다. 전기력과 자기력이 전자기력이라는 하나의 힘으로 통일된 것이다.[27)]

전자기장이 통일되자 학자들은 당시에는 물질 사이에 작용하는 두 가지 힘이라고 알려졌던 중력과 전자기장을 통일시키려고 노력했다. 이 연구에 가장 집착한 사람이 바로 아인슈타인이다. 그의 상대성 이론은 중력을 다루는 이론이지만 소립자와 같은 초마이크로 세계에서는 중력의 거동은 설명할 수 없기 때문이다.

그러나 아인슈타인이 통일장 이론에 접근하기 이전에도 통일장에 대한 아이디어는 제시되어 있었다. 먼저 1918년 독일의 수학자 바일(Hermann Weyl)은 아인슈타인의 일반 상대성 원리에 기초하여 중력과 전자기력이 동시에 밀접하게 관계를 맺을 수 있는 이론을 발표했다. 사실 바일의 이론은 중요한 점에서 전자기장과는 다르지만, 통일 이론의 중요한 요소인 '게이지 이론(gauge theory)'의 생각 바로 그것이다. 후에 아인슈타인의 중력이론 자체도 일종의 게이지 이론으로 이해된다.

27) 「만물의 법칙이 등장하기까지」, 김선기, 과학동아, 1997년 7월

1921년에는 소련의 쾨니히스베르크대학의 프란츠 칼루자(Franz Kaluza)가 제창하고 스웨덴의 클라인에 의해 정리되는 '칼루자-클라인 이론'이 발표되었다. 칼루자는 중력과 전자기력을 통합하면서 세상은 시공간으로 이뤄진 4차원 세계(아인슈타인이 주장)가 아니라 5차원 세계여야 한다고 주장했다.

아인슈타인은 중력과 기하학을 결부시켜 시공간이 휘어져 있음을 예언했고 실제로 영국의 에딩턴 경의 일식 관측에 의해 '참'임이 확인했다. 그런데 칼루자는 우리가 살고 있는 시공간은 5차원 공간의 측지선을 따라서 물체가 움직인다고 주장했는데 그것은 물체가 중력과 전자기의 힘을 받아 움직인다는 설명이었다.

그의 논문 발표에는 약간의 에피소드가 있다. 당시에는 유명한 물리학자의 추천이 없으면 학술지에 자신의 논문을 발표할 수조차 없었다. 칼루자는 자신의 이론을 정리한 논문을 아인슈타인에게 보내면서 자신의 논문을 추천해달라고 했다.

논문을 받아본 아인슈타인은 자신의 이론을 확장한 칼루자의 이론을 지지하면서도 곧바로 추천서를 보내지 않았다. 아인슈타인은 그로부터 2년 반 동안 계속된 편지왕래를 통해 칼루자의 논문 일부 수정을 요구했고 1921년에 드디어 학계에 추천했다.

그러나 칼루자의 이론은 처음부터 문제를 안고 있었는데 그 문제점을 1927년 스웨덴의 클라인(Oskar Klein)이 구체적으로 제기했다. 클라인은 칼루자의 제안이 미시세계를 다루는 양자역학에 모순점이 없는가를 집중적으로 연구하여 슈뢰딩거의 방정식을 확장 다섯 개의 변수로 이뤄진 새로운 방정식으로 고쳤다. 그는 이 방정식의 해답은 중력과 전자기장의 영향을 받아 움직이는 파동이라고 해석했다.

그런데 잉여차원인 제5의 차원의 반경이 10^{-33}cm 밖에 되지 않기 때문에 진폭이 변하지 않는(파장이 무한이 긴) 질량이 0인 입자가 나온다. 더구나 이들 이론은 양성자보다 질량이 10^{20}배 정도 무거운 입자를 예언하여 큰 주목을 받지 못했다.

이 당시만 해도 그들의 이론이 크게 주목받지 못한 것은 핵력과 약력이 알려져 있지 않았기 때문이다. 여하튼 양자역학에 따르면 입자의 질량은 파장의 크기에 반비례한다. 양성자의 파장을 양성자의 크기인 10^{-13}cm 정도로 잡으면 10^{-33}cm는 10^{20}GeV에 달한다.

그러나 1970년대에 와서 이들의 존재가 확인되자 오히려 5차원보다 큰 차원이 필요하게 되며 10차원 이상이 거론되는 토대가 된다. 특히 칼루자-클라인 이론은 한국의 조용민 교수가 이들 이론이 안고 있었던 0모드의 문제를 해결하는 수학적 길을 제시하였다고 김제완 박사는 적었다.[28)]

여하튼 그들의 상대성 이론에서 태어난 혁명적인 중력 이론을 발전시킨 이들의 통일 아이디어는 아인슈타인에게 용기를 주었고 그는 더욱 더 만족할 만한 통일 이론을 전개하는데 도전했다. 그러나 천재 아인슈타인도 중력과 전자기장을 통일하는데는 실패하고 말았다.

그러나 아인슈타인이 통일장 이론을 완성시키는데 실패했다고 해서 다른 과학자들 모두 포기하는 것은 아니었다. 학자들은 먼저 힘이 어떻게 작

28) 「5차원 세계로의 초대 칼루자-클라인 이론」, 김제완, 과학동아, 1991년 9월

용하는가를 규명하기 시작했다.

미국의 물리학자 와인버그(Steven Weinberg)와 파키스탄계 영국인 살람(Abdus Salam)은 각기 독립적으로 게이지 이론을 이용하여 전자기력장과 약력장을 모두 포괄할 수 있는 수학 공식을 고안했다. 이것을 '약전자 통일장 이론'이라고 부르는데 '약력 때문에 전자가 원자핵에서 되튕겨 조사될 때, 그 수에 있어 왼쪽 스핀과 오른쪽 스핀이 가지고 있는 전자의 수는 불균형을 이룬다'는 것이다.

이 공식으로 중성전류 상호작용이라 불리는 지금까지 관찰되지 않은 약한 상호작용의 한 종류가 존재한다는 것을 예견할 수 있었고, 이 상호작용에 의한 진행 비율도 정확히 예측했다. 이 상호작용은 1973년 중성미자 실험에서 정확하게 검증되었고 전자와 중성미자 빔으로 행한 후속실험은 그의 이론의 많은 예측들을 입증하였다.

그러나 와인버그와 살람의 이론은 한 가지 제한이 있었는데 그것은 단지 소립자 분야에서만 적용된다는 것이다. 그들의 이론을 더욱 정교하게 개선한 사람은 미국의 물리학자 글래쇼(Sheldon Lee Glashow, 1932~)와 하워드 조자이(Howard Georgi, 1947~)이다.

그들은 원자핵보다 작은 어떤 수학적 성분 참(charm)이 전자기력과 약력 사이의 연결을 가능하게 하고 모든 기본 입자들을 확장시킬 수 있다는 것을 증명하였다. 그의 모델에 따르면 'X'라 불리는 게이지 입자가 작용하여 쿼크와 렙톤이 교환된다는 것이다. 결국 현재는 별개인 쿼크와 렙톤이 우주의 초기, 세 힘이 통일되어 있던 시기에는 모두 같은 입자일지 모른다는 뜻이다. 이것이 강력을 포함한 세 힘의 '대통일장 이론(GUT : Grand

Unified Theory)'이 제안되었다.

'대통일장 이론(GUT)'에 의하면 'X'라 불리는 '게이지 입자(Gauge Particle)'가 '쿼크(Quark)'와 '렙톤(Lepton)' 사이에 작용해 둘이 교체된다. 만약 대통일 이론이 예언하는 쿼크와 렙톤의 교체가 성립하면, 쿼크와 렙톤은 본래 같은 종류의 입자이며, 강한 핵력과 전자기력 및 핵력은 본래 같은 종류의 힘이라고 생각되어 통일적으로 이해할 수 있는데 이들 세 사람은 1979년에 기본 입자간의 약력과 전자력의 통일장 이론에 관한 연구로 노벨 물리학상을 받았다.

그러나 그들이 제안한 표준이론의 이론적 근거가 출발부터 수학적으로 불완전했다는 점이다. 특히 이 이론이 질량이나 전하를 자세히 계산하는데 사용할 수 있는지가 분명하지 않았다. 표준 이론은 자발적인 대칭성 깨짐을 도입해 게이지 입자가 변환에 대해 변하지 않는다는 것을 설명하는데는 성공했지만 재규격화가 가능한지를 밝히지 못했다.

여기에서 다시 게이지를 설명한다.

게이지 변환이란 상호 작용을 포함하는 함수를 변화시키는 특정한 규칙이다. 이 규칙에 의해 변화된 함수에 의해서도 실제적인 물리량(예를 들어 전기장)이 변하지 않으면 게이지 변환에 불변이라고 한다. 재규격화란 양자역학적인 효과를 고려했을 때 무한대의 양이 나오지 않도록 하는 것이다. 물리량이 무한대라면 예측 가능한 이론이 아니라는 뜻으로 재규격화는 예측이 가능하다는 전제 조건이 된다.

자발적 대칭성이 깨짐은 우리 주변에 있는 자석에서 볼 수 있다. 강자성

체인 자석은 스핀을 가진 입자들이 나란히 배열돼 있는 물리계인데, 이 자석의 전체 에너지는 각 입자들의 스핀 방향에 의존하지 않는다. 따라서 물리계를 회전시켜도 전체 에너지는 변하지 않는다. 하지만 가장 낮은 에너지 상태는 모든 입자의 스핀이 한 방향으로 향해 있을 때 나타난다고 최준곤 박사는 적었다. 이와 같이 전체 에너지는 방향에 대한 의존성이 없어서 회전에 대하여 변함이 없지만 가장 낮은 상태의 에너지는 방향에 의존하게 될 때 회전에 대한 대칭성이 자발적으로 깨졌다고 한다.

이와 비슷한 방법을 표준이론에 도입하자 게이지 입자는 질량을 얻게 되고 게이지 원리는 깨진다. 그러나 게이지 원리가 깨지는 것은 받아드릴 수 있어도 역시 게이지 입자가 질량이 있으므로 재규격화가 가능한지는 분명하지 않다는 점이 제기되었다.

호프트(Gerardus Hooft)와 벨트만(Marttinus J. G. Veltman)은 자발적으로 대칭성이 깨진 게이지 이론이 재규격화 된다는 것에 도전했고 1971년에 증명했다.

다소 어려운 이야기이지만 그들의 업적 이후 표준이론은 예측 가능한 이론적 체계로 받아들여졌다. 또한 표준 이론에서 나타나는 입자의 성질, 예를 들어 W게이지 입자와 톱쿼크의 질량과 같은 물리량들이 이론적으로 예측되었고 실험적으로도 검증되었다. 그들은 1999년에 노벨 물리학상을 수상했다.

재규격화가 가능하다는 복잡한 호프트와 벨트만이 처음으로 제시했지만 이에 대한 연구를 두 명만 한 것은 아니다. 예를 들어 불의의 사고로 사망한 이휘소 박사도 같은 연구에서 매우 뛰어난 업적을 이룩했다. 만일 이휘소

박사가 살아있었다면 노벨상을 함께 받았을 것으로 예상되어 한국인들이 아쉬워하는 이유이다.[29]

<대통일장이론>

학자들의 고집은 대단하다. 양자론으로 전자기력과 약력을 통합시킬 수 있다는 것을 확인한 학자들은 강력은 이들과 쉽게 통일될 수 있다고 예상했다. 여기에서 약전자 통합 이론을 '통일장 이론'이라고 부르며 강력장을 포괄하는 경우를 '대통일장 이론'이라고 한다. 대통일장 이론을 약칭해서 'GUTs(Grand unified theories)'라고 하는데 끝의 's'는 아직 정립되지 않은 이론이라는 뜻이다.

대통일장이론은 입자들이 일정 거리 이하로 가까워지면 또는 에너지가 얼마 이상 커지면, 전자기력, 약력, 강력 등 세 힘이 하나의 힘으로 기술되는 것을 의미한다. GUTs를 규명하는 것이 어려운 것은 최소한 접착자의 질량보다 12배 더 많은 강한 상호 작용을 할 수 있는 교환 입자(monopole)가 존재하고 '양성자 붕괴' 현상이 있어야 하기 때문이다. 그러나 양성자가 붕괴하여 다른 입자로 변환하는 현상도, N극이나 S극의 단독의 자기밖에 없는 모노폴의 현상을 검증하는 것이 만만치 않다는데 학자들의 고민이 생기지 않을 수 없었다. 그 이유는 강력의 상호 작용이 활동할 수 있는 범위는 원자 지름의 1천 조 분의 1보다도 작기 때문이다.

무거운 교환 입자가 존재한다면 이 입자는 양성자 안에 있는 쿼크 사이를 왔다 갔다 하면서 쿼크 중 하나가 경입자(렙톤)로 변환한다. 이렇게 쿼크 하나가 없어지게 되면 양성자는 중간자가 되어 마침내 양전자로 붕괴한다. 그러나 이런 작용이 가능하려면 아주 무거운 교환 입자와 작용할 수 있는 거

29) 「표준 이론 수학적으로 증명」, 최준곤, 과학동아, 1999년 11월

리 안에 있어야 하는데 그 작용거리가 너무 짧기 때문에 쿼크가 양성자 안에 모여 있다 하더라도 그 작용거리 안으로 들어가는 것은 불가능하다는 것이다.

이것이 얼마나 골칫거리인 것은 양성자가 붕괴하는 데는 10^{31}년이나 걸린다는 것이다. 한마디로 이 숫자는 우주의 나이인 10^{10}년보다 훨씬 길다. 더구나 이 숫자도 양성자의 평균 수명이다. 실험적으로 양성자의 붕괴를 확인하려면 매우 많은 수의 양성자를 붙잡아 놓고 기다려야 하는데 이것이 만만한 일이 아니다.

한국인의 기대수명을 80살로 설명하지만 모든 사람이 80세를 넘기는 것은 아니다. 사람에 따라 더 일찍 죽을 수도 있고 더 늦게 죽을 수도 있다. 같은 방법으로 충분히 많은 양성자를 모아 놓으면 그 중에 붕괴하는 것이 나타날지도 모른다는 뜻에 불과하다.

이 분야에 대한 연구는 계속되어 2004년 노벨 물리학상은 소립자 쿼크들 사이에 작용하는 강력의 새로운 속성 즉 현대 입자물리학의 표준모델(Standard Model of Particle Physics)의 풀리지 않는 수수께끼를 밝힌 미국 샌타바버라 캘리포니아대 데이비드 그로스(David J. Gross)와 캘리포니아공대 데이비드폴리처(H. David Politzer), 매사추세츠공대 프랭크 윌첵(Frank Wilczek)에게 돌아갔다.

학자들은 물질의 기본을 이루는 소립자의 세계를 완전히 밝혀내야 우주의 역사와 미래를 설명할 수 있다고 주장한다. 소립자가 중요하게 여겨지는 것은 인간이 미처 발견하지 못한 중요한 입자가 우주와 삼라만상의 비밀을 쥐고 있을 것으로 추측하기 때문으로 추후 노벨상은 이 분야에서 계속 나올 것으로 추측하는 이유이기도 하다.

<각광 받는 초끈 이론>

또 다시 아인슈타인이 등장한다. 아인슈타인은 하이젠베르크의 불확정성 원리를 반박하기 위해 새로운 불확정성 원리를 세웠다. 그것은 소립자 세계에서 아주 짧은 기간 동안은 에너지 보존의 법칙이 깨질 수 있다는 것이다.

우주의 시초로 설명되는 빅뱅으로 거슬러 올라간다.

빅뱅이 시작된 지 10^{-42}초 후의 우주의 크기는 양성자보다 작고 온도는 10^{36}도에 달했을 때에 오직 한 종류의 장과 입자의 상호 작용만 존재했었다. 우주가 팽창하면서 온도가 떨어졌으며 다른 장들이 생기기 시작했다. 이것은 우리의 지구의 경우를 생각하면 이해하기 쉽다. 원시 지구는 매우 뜨겁고 여러 종류의 모든 원자들이 같은 비율로 섞여 있는 기체덩어리였다고 믿어진다. 그 기체 덩어리가 식으면서 먼저 액체 물질이, 그 다음 고체 물질이 분리되어 나오기 시작했다. 마침내 여러 물질이 분리되어 존재하는 구형의 행성이 된 것이다.

과학자들은 새로 태어난 우주가 아마도 물질과 반물질이 같은 양으로 포함되어 있었다고 생각했었다. 그러나 반물질이 물질보다 더 많거나 똑 같았다면 현재와 같은 우주는 탄생할 수 없었을 것이다. 별이나 은하와 같은 물질 구조가 만들어질 수 있었던 것은 물질과 반물질이 서로 만나 빛을 발하면서 완전하게 쌍소멸하지 않았기 때문이다. 그렇다면 처음부터 왜 완전히 소멸하지 않고 물질이 반물질보다 더 많았는가를 의심하지 않을 수 없다.

이것을 보다 구체적으로 설명하기 위해서는 또 다른 사고가 필요하다. 현대 과학에는 철통같이 옹호되고 있는 법칙이 여러 가지 있는데 그것 중에 대표적인 것이 보존 법칙이다. 이것은 우주에서 어떤 일들이 일어날 수 있는지 또는 일어날 수 없는 지를 파악하는 데 사용되는데, 에너지 보존, 운동량 보존, 각 운동량 보존, 전하량 보존 등이 있으며 좀 생소한 이론이지만 중입자 수의 보존, 스핀의 보존 등도 있다.

학자들은 너무나도 당연한 이야기이지만 상술한 4가지 장의 상호 작용은 이러한 모든 보존 법칙을 만족시킨다고 생각했다. 그런데 놀라운 현상이 발견되었다.

보존 법칙 중 처음으로 깨지기 시작한 것은 홀짝대칭성의 보존이다. 이것은 에너지처럼 기본적인 성질로 어떤 변화나 반응이 일어날 때 홀짝대칭성이 반드시 보존되어야 한다. 다시 말해서 입자가 새로운 입자와 반응했을 때, 질량수라든가 원자수 혹은 각 운동량과 같이 균형이 맞아야 한다는 것이다. 즉 홀대칭성 입자와 짝대칭성 입자가 상호 작용하여 2개의 다른 입자를 만들었다면 반드시 새로운 입자 중 하나는 홀대칭성을, 다른 하나는 짝대칭성을 가져야 한다는 뜻이다.

그런데 케이중간자가 말썽을 피웠다. 케이중간자는 2개의 파이중간자로 붕괴되기도 하며 또 3개의 파이중간자로 붕괴될 수도 있다. 파이중간자는 홀대칭성을 갖기 때문에 2개와 3개가 나오면 결코 대칭성이 보존될 수 없다.

중국의 리슝타오(Tsung Dao Lee)와 양첸닝(Chen Ning Yang)은 강한 상호 작용에서는 홀짝대칭성이 보존되지만 약한 상호 작용에서는 케이중간자의 붕괴로 인해 홀짝대칭성 보존의 법칙이 깨진다는 새로운 해결책을 제시하였다.

특히 그들은 약한 상호 작용에서 홀짝대칭성이 보존되지 않으면 그 입자들은 반드시 편기성(handedness)을 보여야 한다고 결론을 내렸다. 그들은 1950년대에 건설된 베바트론과 브룩헤이븐의 코스모트론과 같은 유명한 원자가속기로 자신의 이론을 증명하였다. 전자는 비대칭성 보존의 법칙이 지켜지지 않은 것이다. 그들은 이 연구로 1957년 노벨 물리학상을 받았다. 이들은 중국 물리학자 중에서는 처음으로 노벨상을 수상했으며 특히 리슝타오는 브래그의 25세 다음으로 가장 젊은 나이인 31살에 노벨상을 받았다. 양첸닝도 수상할 당시 35살이었다.

이들의 연구는 매우 중요한 결과를 갖고 왔는데 입자의 대칭성이 약한 상호 작용에서 깨지게 된다면 그것은 그 외의 어느 곳에서나 깨질 수 있다는 것이다. 결국 우주 전체는 대칭으로 균형되는 것이 아니라 선택적으로 2종류의 우주가 있을 수 있다는 것이다. 이것이 한 우주는 물질로 구성되어 있고 다른 우주는 반물질로 될 수 있다는 생각을 갖게 한 것이다.

홀짝대칭성과 전하 짝바꿈이 합해져 'CP보존'이라는 새로운 보존 법칙이 만들어 졌는데 이 역시 타당하지 않다는 것이 밝혀졌다. 여기에서 C(charge)는 음과 양전하의 균형이고 P는 좌우간의 균형 또는 반전성인데 미국의 피치(Val Logsdon Fitch)와 크로닌(James Watson Cronin)은 약한 상호 작용에서 CP 보존의 법칙이 깨진다는 것을 증명했다. 그들은 CP불변성에 대한 확고한 실험적 증명을 위해 실험을 했는데 결론은 그들의 기대와는 달리 자신들의 이론과 반대의 것을 증명하는 것이 된 것이다.

또한 그들의 연구는 시간 T를 포함한 'CPT의 대칭'도 절대적이 아니라는 것을 증명했다. 어떤 상호작용이 T에 대해서 불변이라면 CP에 대해서도 불변이야 한다. 반대로 만약 CP가 깨져 있다면 T가 깨짐으로써 보상되어야 한다는 뜻이다. 이 연구로 그들은 1980년 노벨 물리학상을 받았다. 그들의 수상 제목은 '중성 K중간자의 붕괴에서 기본 대칭 원리의 붕괴 현상 발견'이다.

이 연구의 중요성은 바로 무에서 유가 창조될 수가 있다는 것이다. 1970년대부터 학자들은 우주가 아주 작고 무거운 가상의 입자에서 매우 빨리 팽창하여 현재에 이르고 있다는 가설을 갖고 있다. 이 가설에 따르면 우주는 아무 것도 아닌 상태에서 형성되었으며 아무 것도 아닌 무한한 부피에서 무한한 개수의 우주가 생겼을 가능성이 있다는 것이다. 아인슈타인이 구상한 이론과 실험 결과에 의하면 물질과 반물질이 보존 법칙에 의하지 않고 남아 있을 수 있으며 이것을 확대하면 무에서 유가 창조되었다는 가설이 힘을 받게 된다.[30)]

1970년대 미국의 물리학자 거스는 GUTs에 근거하여 대폭발이 일어났을 초기에 우주는 아주 급격한 팽창 즉 인플레이션을 겪었다고 주장했다. 이러한 팽창 우주에서는 온도가 너무 급격히 떨어지기 때문에 다른 종류의 장이나 입자가 분리되어 나올 시간이 없다. 이 급격한 팽창이 끝난 후, 우주가 상당히 커졌을 때에야 분화가 시작되었다는 가설이다. 그래서 우주는 울퉁불퉁한 점들을 가지면서 고르게 평평할 수 있는 것이다.

GUTs가 우주의 탄생에 관한 수수께끼를 보다 알기 쉽게 설명하지만 또 하나의 걸림돌이 있다. 그것은 중력의 상호 작용이 비타협적이라는 것이다. 대통일장, 즉 GUTs 이론이 검증되더라도 그 속에 중력이 들어갈 길이 마땅치 않기 때문이다. 중력을 포함한 이론을 '모든 것의 이론(TOE : theory of everything)', 즉 '초통일 이론'이라고 한다.

30) 「영화속의 반물질의 실체」, 최성우, 기술과미래 제23호, 2009년 9/10월

현재까지 유력한 이론은 우주의 팽창이 초대칭(Supersymmetry)을 요구한다는 초대칭적(SUSY)대통일 이론 또는 SUSY-GUT 모형이다. 이 이론에 의하면 이미 알려진 모든 기본 입자는 각자에 상응하는 초대칭짝의 입자를 가지게 된다. 따라서 우리가 알고 있는 입자에 대응되는 초대응입자가 발견되면 초대칭 이론은 입증된다. 1996년 영국의 과학자들은 광자, 즉 포톤(photon)에 상응하는 초대칭짝인 포티노(photino)의 존재를 나타내는 실험 결과를 얻었다고 발표했다. 페르미 입자가속기 연구소에 있는 과학자들도 전자(electron)의 초대칭짝에 해당하는 셀렉트론(selectron)을 생성시키는 입자 충돌 사건을 확인했다고 주장하나 아직 학계의 인정을 받지는 못하고 있다.

<초끈 이론>

우리들은 4차원에 대해서는 쉽게 이해하지만 4차원을 넘는 고차원의 시공을 이해한다는 것은 간단하지 않다. 「백설공주」 등 SF물에서 거울을 통과하거나 「해리포터」에서 기차역을 통과하면 마법의 세계로 들어가는데 이들은 주인공들이 살던 세계와 완전히 다른 차원의 세계이다.

지구인들이 3차원에 시간이라는 차원을 합하여 4차원에 살고 있다고 말하지만 5차원을 제안한 카르차는 여기에서 전자기력을 담당하는 하나의 차원은 초미시 크기로 축소되어 있다고 생각했다. 이 생각을 발전시킨 것이 스웨덴의 클라인이다. 그는 미시 차원의 크기를 계산하였는데 현재는 이 크기가 양자 역학적으로 생각할 수 있는 최소의 길이 즉, 10^{-33}(100조분의 1의 1,000조분의 1에 대한 10,000분의 1)mm의 '플랑크 길이'이다.

이때 혜성처럼 나타난 이론이 바로 1970년 요이치로 난부(なんぶよういちろう, 1921~2015) 박사에 의해 제창된 '초끈 이론(Superstring)'이다.

난부박사는 이제까지 생각하던 만물의 궁극을 끈과 같은 형태라고 생각했다. 20세기 물리학을 지배한 입자 이론은 모든 물질의 근원이 원자 → 원자핵 → 양성자와 중성자 → 쿼크(0차원의 점) 등 아주 작고 쪼갤 수 없는 입자로 이뤄져 있다는 것이다. 초끈이론은 이런 입자들을 끈으로 대체하는 것이다.

'초끈 이론'에서 '초(超)'는 '초대칭성'이라는 의미이다. 그러나 왜 힘이 통일될 수 있는가 하는 이유가 불분명하다는 것이 문제였다. 특히 이 이론에 의하면 끈이 26차원의 시공에서 진동하지 않으면 안 된다는 결론을 얻는다. 더욱이 끈의 진동 에너지가 낮은 상태, 즉 끈의 '바닥 상태'는 질량 0의 입자를 만든다는 것이다. 그런데 양성자 무리에는 질량이 0인 입자는 존재하지 않는다. 이러한 결정적인 단점으로 인하여 난부 박사의 이론은 더 이상 연구되지 않았다.

계속적인 연구에 의해 영국의 '마이클 그린(Michael Green, 1946~)'과 미국의 '존 슈바르츠(John Henry Schwarz, 1941~)'가 끈 이론에 초대칭성 등을 도입하면, 중력을 다른 3종의 힘과 통일할 수 있다고 주장했다.

그들은 중력에 휘감기는 무한대가 다른 세 힘의 성질에 따라 상쇄되고 있다는 것을 발견한 후 무한대가 상쇄되기 위한 필요조건을 제시했다. 이를 학자들은 물리역사상 처음으로 양자중력이론을 찾아냈다고 평가한다. 즉 우주의 만물은 소립자나 쿼크와 같은 기존의 단위보다도 훨씬 작은 구성요소인 '진동하는 가느다란 끈' 즉 아주 짧은(10^{-33}cm) 1차원 끈으로 이루어져 있다고 생각하는 것이다. 양성자의 크기가 10^{-13}cm인 것을 감안하면 이 끈이 얼마나 작은지 알 수 있다.[31]

31) 「만물의 통합이론에 도전한다 - 초끈이론」, 최성우, 과학향기 포커스, 2004.05.24

1985년에 미국의 그로스(David Jonathan Gross) 박사는 '$E_8 \times E_8$ 혼성(헤테로티크)형' 초끈이론을 발표했다. 이것을 혼성형초끈이론이라고도 부르는데 이 이론은 그린과 슈바르츠가 제안한 조건을 충족한다.

$E_8 \times E_8$ 혼성형 초끈 이론은 물질을 만드는 입자와 힘을 전달하는 입자가 모두 10^{-33}cm의 1종류의 닫힌 끈으로 구성되어 있다고 설명한다. 이 끈이 왼쪽으로 돌아서 진동하면, 힘을 전달하는 입자와 물질을 만드는 입자가 태어난다. 중력을 전달하는 중력자는 끈이 오른쪽으로 돌아서 진동하여 생기는 경우와 왼쪽으로 돌아서 진동하여 생기는 경우가 있다.[32)]

여하튼 끈 이론의 요지는 물질과 자연계의 모든 힘의 기본 단위가 끈을 닮았다는 것이다. 끈이 풀렸을 때 양 끝을 가진 끈은 힘의 기본 단위가 되고, 고리 모양으로 닫혔을 때 끈은 물질의 기본단위(아마도 양성자보다 10억×1,000억 배 정도 작은)가 된다. 그러나 이 이론에 따르면 무려 5종류의 서로 다른 초끈 이론이 나타날 수 있다는 것과 블랙홀과 양자역학이 공존할 수 없다고 스티븐 호킹(S. Hawking) 박사가 주장하자[33)] 난관을 맞으면서 사라지는 듯 했다. 특히 수학적으로 너무 복잡한데다가 실험을 통한 검증이 사실상 불가능한 것도 문제였다.[34)] 참고적으로 이들 논제를 설명하는 기본으로 등장하는 빅뱅이론은 현재 우주의 태초를 설명하는 이론으로 굳혔다고 말하지만 근래 이에 반하는 가설들도 제기되었음을 첨언한다.

그로스 박사의 계산에 의하면 통일장 이론과 대통일장 이론의 내용이 자연스럽게 유도된다는 것으로 초통일 이론의 유력한 후보로서 주목받는 이유이다. 학자들은 이시기를 '제1차 슈퍼 스트링 혁명(The 1st Super String

32) 「숨은 우주와 충돌로 생겼을까」, 이충환, 과학동아, 2002년 3월
33) 『사이언스 오딧세이』, 찰스 플라워스, 가람기획, 1998
34) 『우주의 구조』, 브라이언 그린, 승산, 2005

Revolution)'이라고 부른다. '혼성형 초끈 이론'에서는 '물질을 만드는 입자'와 '힘을 만드는 입자'가 모두 길이 10cm인 1종의 닫힌 끈으로 이루어져 있다고 생각한다. 이 끈이 '왼쪽 돌기'로 진동하면 '힘을 전하는 입자'와 '물질을 만드는 입자'가 생긴다. 중력을 전하는 '중력자'는 끊이 '오른쪽 돌기'로 진동해 생기는 경우가 있고, '왼쪽 돌기'로 진동해 생기는 경우가 있다. 여기에서는 우주를 10차원이라고 생각한다.

잘 알려진 이야기이지만 '차원(Dimension)'은 그 세계가 물체가 몇 방향으로 나아가는지를 결정한다. 우리의 공간은 가로와 세로, 높이의 세 방향을 가지므로 3차원이다. 여기에 시간 1차원을 더해 4차원이라고 생각하는데 초끈이론은 우주가 10차원이라고 생각하는데 이것이 간단하게 이해되는 것은 아니다. 다소 이해되지 않지만 나머지 6차원은 초극미 크기로 축소되어 '소립자의 내부 공간'에 갇혀 있으리라고 설명하는데 이들에 대한 지속적인 연구로 일반사람들도 쉽게 이해할 수 있는 순간이 오리라 생각된다.[35] 참고적으로 이들 논제를 설명하는 빅뱅이론이 현재 우주의 태초를 설명하는 이론으로 굳혔다고 말하지만 근래 이에 반하는 가설들도 제기되었음을 첨언한다.

<초끈이론의 약진>

아인슈타인이 끝까지 해결하겠다고 다짐한 대통일이론은 물론 만물의 이론이 마무리되지 못한다는 것은 그만큼 어려움이 있기 때문이다. 해결하기 어려운 문제일수록 학자들은 용기백배하는데 현재 가장 중요한 이론으로 설명되는 초끈이론에 용기를 불태운다. 한마디로 초끈 이론에 가능성이 엿보인다는 것이다.

1990년대 중반 서스킨드(L. Susskind) 박사가 블랙홀과 양자역학이 공존

35) 「초끈 이론」 www.surpriser.tistory.com/340

할 수 있다는 가능성을 제시했다.

블랙홀에 대한 오랜 논쟁은 스티븐 호킹 박사에 대한 논쟁에서 서스킨드의 판정승으로 끝나자 '초끈 이론'은 다시 각광을 받는다. 초끈이론에 의하면 다소 놀랍지만 10^{500}개의 서로 다른 우주가 존재하며 각 우주마다 각각의 물리법칙을 가질 수 있다는 가능성도 도출된다.

학자들은 기존 우주에 대한 새로운 우주관으로 표현되는 '새로운 세계관'에서는 절대적인 물리법칙이란 없다고 설명하기도 한다. 뉴턴의 만유인력 법칙 등 '우리 우주(지구가 속해 있는 우주)'의 신성한 물리법칙은 여러 우주의 수많은 물리법칙 중 하나라는 것이다. 심지어는 10^{500}개의 우주 법칙이 있을 수도 있다고 생각한다. 다른 우주들이 우리 우주와 비슷할 수도 아닐 수도 있다는 것이 다소 혼동스럽지만 물리학자들의 생각은 매우 구체적이다. 예를 들어 원자나 전자는 다 비슷하게 행동하지만 중력은 1억 배 만큼 강할 경우도 있을 수 있다. 이 설명은 어느 경우에는 중력은 그대로이지만 원자나 전자와 같은 기본적인 물질들이 없을 수도 있다는 말이다.[36)]

초끈 이론에 세계적인 주목을 받아 연구가 진전됨에 따라, 다섯 가지의 초끈 이론의 가능성이 나타났는데 이들 5종류의 초끈 이론을 통합할 수 있는 이론이 에드워트 워튼이 1994~1995년에 제기한 '막이론(M이론, M Theory)'이다. 여기에서 M은 Magic, Mystery and Matrix의 첫 자를 의미하는데 Mother라는 설명도 있다. 막이론이 큰 반향을 얻은 것은 5종류의 초끈 이론을 통합할 수 있는 이론으로 설명되기 때문이다.

소립자는 막이 뭉쳐져서 양 끝을 이은 튜브 모양의 끈으로 되어 있다는

36) 「우주가 10^{500}개! 상상을 초래한다」, 『조선일보』 2004년 1월 27일

것으로 M이론은 초끈 이론에 하나의 차원이 더해진 11차원의 이론이다. 즉 11차원에서 대롱처럼 말려 있는 2차원 막으로 두 배의 자유도를 갖는다는 설명이다.[37)]

원래 초끈이론은 자연계의 기본입자가 하나의 자유도를 갖는 점(point)이 아니라 무한한 자유도를 갖는 1차원 끈(string)으로 되어 있다는 가설에서 출발한다. 물질이 입자로 돼 있다고 생각하면 자연에 존재하는 기본 입자들을 도입해야 한다. 예를 들어 전자, 쿼크, 중성미자(뉴트리노), 광자, 중력자, 글루온 등 매우 다양한 입자들이 필요하다. 그러나 초끈이론은 끈 하나만 있으면 된다. 학자들은 이를 기타줄로 비유해서 설명한다.

기타줄은 연주자가 어떤 코드를 잡고 퉁기느냐에 따라 여러 가지 다양한 음을 낼 수 있다. 이렇게 낼 수 있는 음의 수는 무한히 많으므로 우리는 이들 기타음들을 하나하나 구별하기 위해 '도레미파솔라시도'와 같이 음높이 이름을 붙여 놓았다. '도', '레' 등 각 음높이는 기타줄이 특별한 한가지 모양으로 진동할 때에만 나는 소리이다. 다시 말하면 기타줄의 진동모양만 보아도 '도'는 '레'와 분명하게 구별된다.

초끈의 이론도 이와 유사한 개념에서 출발한다.

초끈을 원 모양의 고무줄로 생각한다면 고무줄과 같은 끈 역시 무수히 다른 모양으로 진동할 수 있다. 기타줄에서와 같이 각각 다른 고무줄 진동 모양마다 이름을 하나씩 붙여 전자, 쿼크 빛, 중력파 등등으로 이름을 붙일 수 있다고 보는 것이다.

---

37) 「자연계에 존재하는 서로 다른 네 가지 힘을 재결합하려는 물리학 이론」, 김성원, 신동아, 2004년 신년호 특별부록

통일 이론에서 가장 큰 과제는 중력과 다른 힘을 양자세계에서 통합하는 것이다. 중력이 다른 힘보다 워낙 작기 때문에 이들을 연계시키는 것이 문제점이었고 이 때문에 학자들의 연구는 답보상태에 빠지기 일 수였다. 그런데 초끈이론에 의하면 중력은 고무밴드와 같은 '닫힌 끈'이고 다른 힘과 모든 입자는 짧은 실과 같은 '열린 끈'이다. 막 위에서 열린 끈이 진동하는 모양에 다라 끈은 전자기력과 강력, 약력이 되기도 하고 쿼크와 같은 입자도 만든다. 이 열린 끈이 막 위에서 살짝 떨어진 뒤 닫힌 끈이 되면 중력으로 표현된다. 이처럼 초끈이론은 끈 하나로 4가지 힘과 모든 일자들을 설명할 수 있다고 설명된다.[38]

그런데 우리가 살고 있는 공간은 3차원이며 여기에 1차원의 시간으로 이루어져 4차원 공간에 살고 있다고 이미 설명했다. 이를 넘어선 10차원이 이해하기 어렵다는 지적에 카루차와 클라인의 설명은 다음과 같다.

평평한 마분지를 펴면 2차원의 공간이다. 이 마분지를 둘둘 말아서 눈 앞에 보면 가까운 거리에서는 단지 둥글둥글 말렸을 뿐이지 마분지가 여전히 2차원임을 알 수 있다. 그러나 아주 멀리 떨어져서 보면 마분지가 둥글둥글 말린 것은 보기 힘들고 길쭉한 막대처럼 보인다. 다시 말하자면 1차원의 공간으로 느껴진다는 것이다. 브라이언 그린은 다음과 같이 설명했다.

'집의 정원에서부터 멀리 떨어진 계곡까지 뻗어 있는 고무관 위를 개미 한 마리가 기어가고 있다. 여기서 고무관을 쌍안경으로 볼 때와 그냥 볼 때, 그리고 개미의 눈으로 볼 때 모두 다르게 보인다. 그런데 고무관 속에는 아무에게도 보이지 않는 말려 들어 간 공간이 있다.'[39]

38) 「진동하는 끈이 만물을 지배한다」, 남순건, 과학동아, 2005년 1월
39) 『21세기에 풀어야 할 과학의 의문 21』, 존 말론, 이제이북스, 2003

여기에서 '아무에게도 보이지 않는다'라는 구절이 매우 중요하다. 카루차와 클라인은 원래 우주는 5차원이지만 그중 한 개의 차원이 분자나 원자보다 훨씬 작은 구간으로 되어 있어서 지금까지 가능한 실험이나 검증 범위 안에서는 4차원처럼 느껴진다는 것이다. 이러한 원리를 계속 적용시켜 아인슈타인의 일반상대성이론과 양자역학 현상을 자연스럽게 나타내려면 시공간의 차원이 10차원에서 11차원이 되어야 한다는 것이다.[40]

이 말은 끈이론이 우리에게 익숙한 공간인 3차원에 시간을 포함하는 4차원 외에 공간적인 6차원 또는 7차원을 더 요구한다. 그런데 이런 별도의 차원들은 진동하는 미세한 끈들과 마찬가지로 우리 눈에 보이지 않는다. 학자들은 인간들의 기술이 훨씬 발전하기 전까지는 계속 그렇게 남을 것이라는 데 공감한다.

<만물이론>

과학자들의 집념어린 연구로 만물이론에 대한 연구는 계속 축적되었다.

물론 M이론도 아직 완성된 것은 아니지만 M이론의 등장을 '제2차 슈퍼스트링 혁명(The 2nd Super String Revolution)'이라고도 설명한다. 그런데 에드워드 위튼조차 끈 이론이 현재 우리가 가지고 있는 수단으로 증명하기에는 너무 일찍 발견된 21세기 과학이라고 말하기도 한다. 그는 또한 아무도 장 이론 문제를 풀 수 있을 만큼 똑똑하지 못하기 때문이라고 직설적으로 말하며 M이론을 완벽하게 기술하려면, 새로운 수학이 필요할지도 모른다고 설명된다. 아직 완전한 설명이 도출되지 않았다는 뜻이기도 하다.

사실 M이론에서는 2차원 면 이외에도 일반적으로 p차원 입자(p-brane)

40) 「우주는 10차원 진동으로 존재한다」, 이수종, 『과학과 기술』 2004년 4월호

들이 나오며, 또 이들이 서로 대칭성을 갖고 있기 때문에 기본입자가 몇 차원 입자인가를 완전히 대답할 수 없다. 그래서 최근에는 M이론에서 한 단계 더 나아간 12차원 F이론(모든 이론의 Father란 뜻)이 나오기까지 했다.

폴친스키가 'E-브레인'이라 불리는 제시했는데 브레인이란 2차원의 막(membrane)을 다양한 차원으로 확장한 것이다. 즉 3차원 막, 4차원 막, 9차원 막이 브레인이다. 이러한 브레인은 초근이론에서 끈만큼 중요한 역할을 한다. 열린 초끈은 D-브레인 위에서만 움직이기 때문이다.

또한 스트로민저와 바파 박사는 끈이론으로부터 블랙홀의 엔트로피를 정확히 계산했다. 특히 이 아이디어는 빛으로 보는 세계 즉 우리가 보는 세계는 4차원에 불과하지만 중력으로 보면 11차원의 세계가 모두 열린다고 남순건 박사는 적었다.[41]

이들을 보다 확대해석하여 10차원을 넘어 26차원으로 가정하기도 한다. 이런 접근법에 따르면 진동에는 두 종류가 있다고 설명되며 시계방향으로 움직이는 것은 10차원을 거치고 반시계 방향으로 움직이는 것은 26차원을 거친다고 한다. 10차원, 26차원과 관련하여 시계 방향과 반시계 방향이라고 표현한 것은 사실 상징적인 의미로도 볼 수 있다. 여하튼 시계방향 진동과 반시계 방향의 진동이 두 가지 다른 차원들 속에 존재하지만 함께 결합하여 단일한 초끈 이론을 만들어낸다고 설명된다.[42]

많은 물리학자들이 끈 이론에 흥분하는 것은 수학적인 관점에서 보다 높은 차원을 통해 물리 법칙을 단순화할 수 있기 때문이다. 거칠게 표현한다

41) 「우주의 통일 이론을 찾아서」 남순건. 과학동아, 2005년 1월
42) 『21세기에 풀어야 할 과학의 의문 21』 존 말론, 이제이북스, 2003

면 사무실에 문서 보관함을 몇 개 더 들여놓는 것과 같다. 이전보다 훨씬 더 많은 서류를 정리할 수 있으며 주변이 훨씬 더 깔끔해질 수 있지만 궁극적인 통일장 이론으로 발전하기 위해서는 앞으로도 수많은 혁명을 겪어야 할 정도로 험난하다는 것은 사실이다.[43)]

여기에서 아인슈타인이 통일장 이론을 완성시키기 위해 그의 인생 중에서 거의 절반에 걸친 30년을 투입한 배경을 알아보자.

그것은 아인슈타인의 중력이론이 본질적인 면에서 금세기 또 하나의 위대한 성과인 '양자역학'과 모순되는 성질을 갖고 있기 때문이다. 아인슈타인이 양자역학 중에서도 '불확정성 원리'를 강하게 비판한 것도 사실은 그의 이론과 양자론이 대립되는데서 기인한다.

양자역학에 따르면 미시의 세계에서는 아무리 해도 제거할 수 없는 본질적인 '요동', '불확정성'이 존재한다는 것이다. 그런데 이 이론을 중력 이론에 적용시킨다면 다음과 같은 질문이 나온다.

'미시의 세계에서 길이를 재는 자의 눈금이, 그리고 시간을 새기는 시계의 눈금이 흔들린다면, 거기에서는 시간과 공간의 개념 그 자체가 의미를 상실하는 것은 아닌가?'

그러나 그는 중력 이론과 양자론이 대립되거나 모순되어서는 안 된다는 생각을 갖고 있었다. 이 문제를 해결하기 위해 아인슈타인이 30년 간을 통일장 이론에 매달렸으나 결국 해결하지 못하고 사망했다.

초끈이론이 태어난 동기는 바로 양자론과 중력이론의 불일치를 해결하

43) 「현대통일장이론의 최전선」, 조용민, 과학동아, 1997년 7월

기 위해서이다. 현재 거시적인 세계에서는 중력 현상을 설명하는 이론(상대성 이론 등)이 주로 들어맞고, 원자 등 미시적 세계에서는 양자역학을 이용한 설명이 주로 들어맞는다. 초끈이론에 의하면 물질과 힘의 근본을 입자가 아니라 진동하는 작은 끈이라고 생각하는 것이다. 다만 이 끈의 크기가 워낙 작아 우리에게는 입자처럼 생각된다는 것이다.

끈 이론이 많은 학자들로부터 지지를 받는 것은 중력을 양자물리와 어떻게 조화시키느냐 하는 매우 곤란한 문제를 처리해주기 때문이다. 게다가 끈 이론은 단지 공식을 통해 두 가지를 결합하는 것이 아니라 중력이 반드시 존재한다고 주장한다. 에드워드 이튼은 끈이론이 '중력을 예측하는 놀라운 속성을 가지고 있다'고 말한다. 브라이언 그린은 보다 풀어서 다음과 같이 설명한다.

'뉴턴과 아인슈타인은 모두 세상을 관찰한 결과 중력이 있다는 것을 알게 되었고 그것을 정확하고 일관되게 설명하기 위해 중력이론을 발전시켰다. 반면에 끈 이론을 연구하는 과학자들은 일반상대성 이론을 전혀 모르더라도 끈 이론의 구조상 반드시 중력이라는 결론을 도출한다.'[44]

다소 난해하기는 하지만 현재로서는 초끈이론이 양자론과 중력이론을 처음으로 모순 없이 융합시키는데 성공하였다는 점에서 크게 평가받았지만 우리들이 중력에 대해 잘 알고 있기 때문에 그 이론의 중력 예측은 오히려 후측(postdiction)이라며 이론의 예측에 다소 문제점이 있다고 설명된다. 그럼에도 불구하고 통일장 이론으로 가기 위한 길목에서 끈이론을 통하면 중력이 전자기력, 강한 핵력, 약한 핵력이라는 세 가지 근본적인 힘들과 더욱 쉽게 결합되는 것은 사실이다. 끈이론이 양자론보다 한 발 앞설 수 있

44) 『21세기에 풀어야 할 과학의 의문 21』, 존 말론, 이제이북스, 2003

는 성과인데 초끈이론이 도입되더라도 앞으로 끝없는 보완이 이루어져야 할 것으로 학자들은 생각한다.[45)]

여하튼 학자들은 앞으로 초끈이론이든 막이론이든 좋은 결과가 나오리라고는 예측한다. 하지만 그 시기가 50년 후일지 아니면 100년 후일지 쉽게 장담하지 않는다. 아니면 기존의 사고를 뒤엎는 제3의 새로운 이론이 나와서 통일장 이론의 문제를 아주 단순한 형태로 해결해 줄지도 모른다.

한편 몇몇 과학자들은 우주에는 네 종류의 장만이 아닌 다른 장도 있을 수 있다는 가설을 세운다. 그러나 많은 과학자들이 설사 넷 이상의 장이 있다고 하더라도 이 넷의 작용이 모든 입자의 행동을 설명해 줄 수 있다고 단정한다. 한 종류의 장이 여러 측면으로 모습을 나타낼 수 있으므로 제5의 장이 있을 가능성은 거의 없다는 뜻이다.

물론 측정할 수 있는 이런 네 종류의 상호 작용으로 우리가 모든 현상을 이해했다는 것은 아니다. 이것은 복잡한 문제를 풀어 답을 구했다고 해서 반드시 그 문제를 완전히 해결한 것은 아니라는 의미와 같다. 그러나 그 공식을 찾을 수 있으면 아직도 알려지지 않은 미지의 측면을 들추어 낼 수 있기 때문에 모든 학자들이 통일장에 관한 이론에 매달리는 것이다.

초끈이론의 발전에는 우리나라의 물리학자들도 큰 기여를 하고 있다.

서울대 물리학부 조용민 교수는 초기의 끈이론과 관련이 있는 '칼루자-클라인' 이론의 발전에 공헌했고, 고등과학원 이필진 교수는 M이론의 정체를 밝히는 연구를 계속하고 있다. 서울대 물리학부의 이수종 교수가 S-양면

45) 「우주가 10^{500}개! 상상을 초래한다」, 『조선일보』 2004년 1월 27일

성 끈이론을 제시했다. S-양면성이란 끈의 상호작용이 약한 경우가 같다는 설명이다. 예를 들면 약하게 상호작용하는 열린끈은 강하게 상호작용하는 복합끈과 같다는 것이다.[46] 이 박사는 초끈이론에 관한 그간의 연구업적을 인정받아 한국인 최초로 유엔교육과학문화기구(UNESCO) 국제이론물리연구센터(ICTP)에서 수여하는 '2001년 ICTP상' 수상자가 된데 이어, 올해에는 독일 훔볼트재단이 수여하는 2004년도 베셀상 수상자로 선정되었다. 앞으로도 우리나라에서도 만물의 근원을 밝히는 이론에 관한 세계적인 업적들이 나오기를 기대해본다.[47][48]

46) 「끈이론, 상대론의 모순 해답에 도전」, 이수종, 과학과기술, 2004년 1월
47) 「만물의 통합이론에 도전한다 - 초끈이론」, 최성우, 과학향기 포커스, 2004.05.24
48) 「초끈 이론」, www.surpriser.tistory.com/340

참고문헌

「5차원 세계로의 초대 칼루자-클라인 이론」, 김제완, 과학동아, 1991년 9월

「만물의 법칙이 등장하기까지」, 김선기, 과학동아, 1997년 7월

「현대통일장이론의 최전선」, 조용민, 과학동아, 1997년 7월

「표준 이론 수학적으로 증명」, 최준곤, 과학동아, 1999년 11월

「숨은 우주와 충돌로 생겼을까」, 이충환, 과학동아, 2002년 3월

「우주가 10^{500}개! 상상을 초래한다」, 『조선일보』 2004년 1월 27일

「끈이론, 상대론의 모순 해답에 도전」, 이수종, 과학과기술, 2004년 1월

「21세기판 상대성이론 입문」, 뉴턴, 2004년 4월호

「만물의 통합이론에 도전한다 - 초끈이론」, 최성우, 과학향기 포커스, 2004.05.24

「자연계에 존재하는 서로 다른 네 가지 힘을 재결합하려는 물리학 이론」, 김성원, 신동아, 2004년 신년호 특별부록

「진동하는 끈이 만물을 지배한다」, 남순건, 과학동아, 2005년 1월

「영화속의 반물질의 실체」, 최성우, 기술과미래 제23호, 2009년 9/10월

「초끈 이론」, www.surpriser.tistory.com/340

『사이언스 오딧세이』, 찰스 플라워스, 가람기획, 1998

『21세기에 풀어야 할 과학의 의문 21』, 존 말론, 이제이북스, 2003

『우주의 구조』, 브라이언 그린, 승산, 2005

『물리법칙으로 이루어진 세상』, 정갑수, 양문, 2007

『과학의 열쇠』, 로버트 M, 헤이즌 외, 교양인, 2008

『교양인을 위한 노벨상 강의(물리학상)』, 야자와 사이언스연구소, 김영사, 2011

『신의 입자를 찾아서 힉스』, 사이언티픽 아메리칸 편집부, 한림출판사, 2018

3부

빅뱅과 정상우주의 혈투

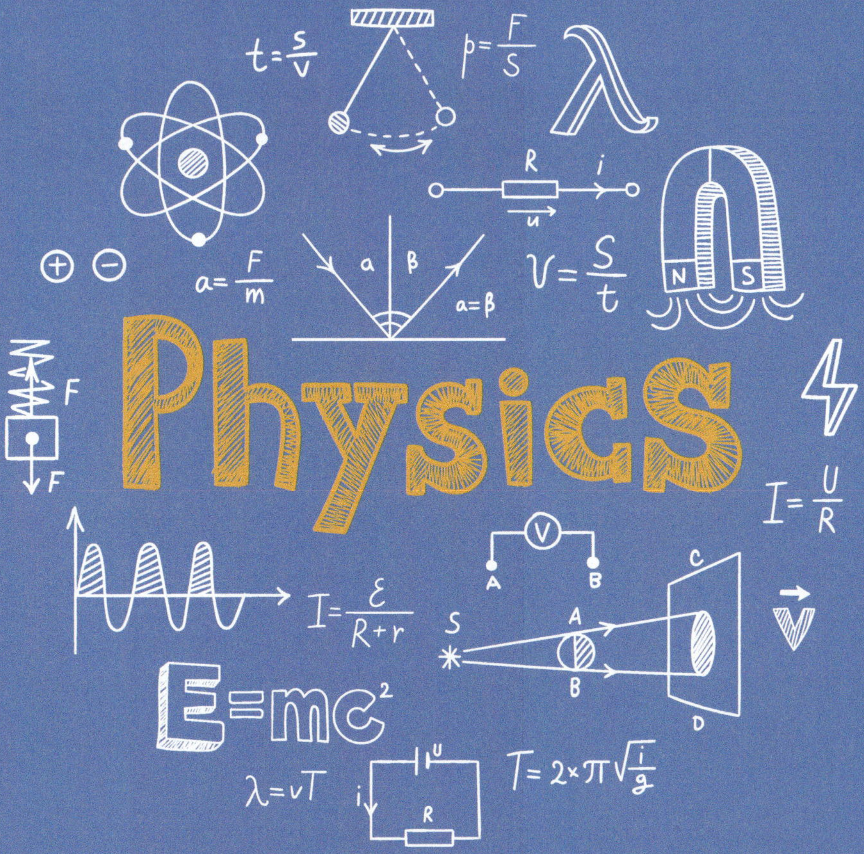

제3부 : 빅뱅과 정상우주의 혈투

가모프는 우주가 팽창하고 있다는 것은 영화 필름을 거꾸로 돌리는 것과 마찬가지로 과거로 거슬러 올라가면 먼 은하일수록 더 빨리 우리에게 접근해서 어느 시점에 이르면 모든 은하가 한 곳에 모이게 된다는 점에 주목했다. 결론은 과거에는 우주가 현재보다 작았다는 이야기가 된다. 즉 우리의 우주에는 분명히 '시초'가 있었다는 것이다. 여기에서 주의할 일은 우리 은하가 우주의 중심이라는 뜻은 결코 아니라는 사실이다.[49)]

가모프는 자신의 생각을 정리하여 1947년 대폭발 가설을 발표했다. 대폭발 가설은 태초의 우주는 밀도가 엄청나게 크고 뜨거웠다가 폭발하여 현재의 우주가 생성되었다는 것으로 간단히 말해 물질이 한 점에 모여 있다가 언젠가 대폭발을 일으켜 팽창우주가 됐다는 것이다. 바로 빅뱅(big bang)이다.

거대한 우주가 한 점에서 시작되었다는 것이 이해하기 어렵지만 현대 과학은 기본적으로 빅뱅을 우주론의 실체로 설명한다. 근래 새로운 각도에서 우주 시작이 설명되고 있지만 빅뱅이 등장하자마자 우주론의 대세로 대우받은 것은 아니다. 빅뱅 이론이 등장하기 이전에 주장된 '정상우주론'이 굳건히 버티고 있기 때문이다. 그런데 정상우주론은 천하의 아인슈타인이 지지했다. 빅뱅이론이 만만치 않은 장애물을 설파해야 한다는 뜻으로 이것이 간단한 일이 아님을 모르는 사람은 없을 것이다. 한마디로 이들을 우주론의 혈투로 설명하기도 하는데 여기에서는 우선 빅뱅과 정상우주론 사이에 벌

49) 우주는 모든 물질이 한 점에 모여 일으킨 대폭발의 결과」, 박석재, 『신동아』 2004년 신년호 특별부록

어진 혈투 전반에 대해 설명한다.

제1장 : 허블 등장

1905년 특수상대성이론, 1916년 일반상대성이론을 도출한 아인슈타인 때만 해도 우주가 정적이라는데 이의를 제기하는 사람이 없었다. 너무나 당연한 사항이기 때문이다.

그런데 천체에 대한 천문관측 단 한 번도 없이 우주에 대해 적은 천하의 상대성이론이지만 당대의 최첨단 천문관측에 의하면 우주가 팽창하거나 수축하는 불안정한 우주라는 것을 보여주고 있었다.

한마디로 불안정한 우주라는 측정 자료들이 발표되자 1917년 일반상대성이론에 '우주상수'를 하나의 항으로 첨가하여 우주는 정적이라는 해(解)가 나오도록 유도했다. 즉 아인슈타인이 자신이 도출한 방정식에 문제점이 있으므로 이를 수정하는 방법으로 유명한 우주상수를 첨가한 것이다. 아인슈타인은 수정된 방정식으로 만든 안정된 우주 모형은 공간이 공의 표면처럼 양성곡률을 가진 구형의 우주였다.

바로 이때 네덜란드의 천문학자이자 아인슈타인의 친구인 윌름 드 시터(Willem de Sitter)가 아인슈타인의 일반상대성이론을 이용해 우주모형을 만들었는데 그는 아인슈타인이 간과한 것을 지적했다. 그의 우주 모형도 당시 통념에 맞게 절대 변하지 않는 정적인 우주였다. 그런데 드 시터의 우주는 어떤 물질도 없는 비어있는 우주였다.

아인슈타인은 곧바로 이의를 제기했는데 아인슈타인은 드 시터가 자신에게 편지를 보내자 다음과 같이 말했다.

'당신의 우주는 내가 생각할 때 말도 되지 않습니다. 특히 우주가 비어 있다는 사실에 어리둥절할 뿐입니다.'

아무것도 없는 우주, 어떤 형태의 에너지도 없는 우주, 별이 없는 우주여야 하는데 별이 없다면 중력장이 만들어질 수 없다. 별 주변의 공간이 중력 때문에 휘어지지 않았다면 행성이 어떤 경로로 이동할 수 있느냐이다. 상대성이론에 따르면 태양계의 행성은 태양의 중력 때문에 태양 주변을 돈다. 태양의 중력 때문에 태양 주변에 공간의 골짜기가 생기며 그 골을 따라 행성이 움직인다는 것이다.

문제는 두 사람의 우주 모형 모두 문제점이 있다는 것으로 추후 아인슈타인의 상대성이론을 증명해준 영국의 에딩턴 경이 다음과 같이 말했을 정도였다.

'실제 우주는 아인슈타인의 우주가 되기에 부족하고 드 시터의 우주로 보기에는 너무 많은 물질이 있다.'

그런데 정적인 우주를 설명하는 두 우주 모형에서 드 시터보다는 아인슈타인에게 오히려 결정적인 문제점이 있었다. 아인슈타인 모형은 우주가 팽창하는 적색이동을 예측하지 못했기 때문이다.

여하튼 드 시터는 실제 우주 안에 있는 물질의 평균밀도가 대단히 낮아서 1차 근사치로 볼 때 우주가 비어있는 것처럼 보인다고 말했다. 그런데 드 시터의 모형도 팽창 우주를 설명하고 있었다는 것이 추후 다른 과학자가 밝혔다는 점이다. 물론 아인슈타인은 물론 드 시터 자신도 이 당시 이들 모형이 팽창 우주를 설명한다는 것을 몰랐다.

여하튼 1920년에 천체물리학자들에게는 곤혹의 시기였다. 아인슈타인과 드 시터의 모형 모두 결점이 있기 때문인데 이때 팽창하는 우주 모형을 들고 나타난 사람이 러시아 수학자 알렉산드르 프리드만(Aleksandr Friedmann)이다.

수학자인 프리드만은 제1차 세계대전 때 서부전선에 배치되어 폭탄 궤도를 계산할 정도로 수학에 자질을 갖고 있었지만 그에게 천체를 연구할 시간이 주어지지 않았다. 다행하게도 러시아 공산당 볼셰비키가 세계대전에 더 이상 참가하지 않겠다고 선언하자 비로소 서부전선에서 빠져나왔는데 이번에는 러시아가 적군, 백군의 내전으로 빠져 들어갔다.

당대 러시아는 서구에서 고립된 상태였는데 프리드만이 놀랍게도 1922년, 물리학회지에 질량을 가진 우주의 팽창을 제시했다. 그런데 그는 아인슈타인의 일반상대성이론이 물리학에서 뜨거운 쟁점이라는 것을 몰랐고 아인슈타인과 드 시터가 별로 가득 찬 우주와 아무것도 없는 우주를 두고 갑론을박한다는 사실도 몰랐다.

바로 이점이 수학자인 프리드만으로 하여금 독창적인 우주 모형을 만들 수 있게 만들었다. 일반상대성이론을 뒤늦게 알게 된 프리드만은 아인슈타인이 우주상수를 넣은 이유를 이해할 수 없었다. 그는 우주는 어느 방향으로 보나 동일하게 보이며 또 어디서 보아도 동일하다는 가정만 가지고는 우주가 정지하고 있음을 기대할 수 없고 한 점으로부터 커지고 있음을 밝혔다. 그는 우주상수를 과감하게 '0'로 놓았다. 우주를 변하지 못하게 묶어 놓았던 우주상수가 사라지자 우주는 어떤 형태로든 변할 수 있었다. 이 모델은 서서히 팽창하다가 멈춘 후 다시 수축하는 모습을 보인다. 최근에 은하 사이의 거리가 훨씬 더 큰 규모에서 본다면 프리드만이 가정한 균질함이 놀라우리만큼 정확하다. 학자들은 그의 가설이 현재 우리들이 사용하는 모형의 근간이라고까지 설명한다.[50]

그러자 우주에서 시간이라는 개념이 중요해졌다. 변하지 않는 우주에서는 시간의 흐름이 그다지 중요하지 않다. 과거는 물론 미래에도 같은 모습이라면 우주의 역사 자체가 그다지 중요하지 않기 때문이다.

그러나 우주를 변하는 대상으로 보는 순간 시간이 중요한 변수가 되자 자연스러운 질문이 생긴다. 과거에 우주는 어떤 모습이었고 앞으로 우주는 어떻게 변하는가이다.

이때 프리드만은 우주가 변하지 않는 듯 보이는 것은 먼 과거에 우주가 팽창하는 과정을 겪었기 때문이라고 주장했다. 그는 뭔지는 몰라도 무언가가 우주의 별들을 온 사방으로 내던졌다고 생각했다. 이는 먼 과거의 별들이 서로 뭉치려는 중력을 이기고도 남을 만큼 강력한 팽창이 있다고 생각하면 가능하다. 또한 이 팽창의 기운 즉 팽창 운동량이 아직도 우주 전체에 남아있기 때문에 만유인력으로 우주가 쪼그라드는 것에 대항하고 있는데 지금은 먼 옛날의 팽창하려는 운동량과 별들 사이의 만유인력이 적당히 균형을 이루고 있으므로 우주가 변하지 않는 것처럼 보인다는 것이다.

프리드만은 자신의 가설에 의한 우주의 미래는 다음 세 가지 중 하나일

50) 「우주의 시작에서 마지막까지 표준우주모델 시나리오의 기틀 마련」, 김성원, 과학동아, 1993년 9월

것으로 제시했다.

우주에 별이 많다면 중력이 클 것이 분명하므로 팽창 속도가 점점 줄어들어 결국 우주는 팽창을 멈추고 다시 쪼그라들면서 붕괴될 때까지 한 점으로 모인다. 반대로 별의 수가 적다면 팽창하려는 우주에 대항할 중력이 부족하여 우주는 영원히 팽창하고 별과 별 사이는 멀어져 아무것도 없는 텅 빈 우주가 된다. 세 번째는 별의 수가 적당하여 우주의 팽창 속도가 점점 줄다가 어느 순간 균형을 잡아 영원히 그대로 갈 수 있다는 것이다. 세 번 째가 바로 조용하고 아름다운 우주를 표현한다.

여기에서 프리드만을 천문학계에서 중요하게 생각하는 것은 우주가 가만히 있지 않고 시간에 따라 변한다고 생각했기 때문이다. 그런데 그의 역동적으로 변하는 우주 모형은 7년 후에 거의 같은 내용의 논문을 르메트르(Georges Lemaître, 1894~1966) 신부가 학회에 재발표할 때까지 전혀 거론되지 않았다.[51)]

여기에는 천하의 아인슈타인이 변수였다. 1921년 드디어 노벨물리학상을 받은 아인슈타인은 1922년 발표된 프리드만의 논문을 보고 프리드만의 계산이 틀렸다고 생각했다. 무엇보다 자신이 고심하여 만든 우주상수를 무력화시킨 것에 화가 났다.

아인슈타인은 프리드만의 계산이 틀렸다는 내용의 편지를 물리학지에 보냈고 프리드만은 계산도 못하는 수학자로 낙인이 찍혔다. 노벨상까지 받은 아인슈타인은 과학계의 신이나 마찬가지로 그가 인정하지 않는다는 것은 세계가 인정하지 않는다는 것과 같았다.

51) 『처음 읽는 우주의 역사』, 이지유, 휴머니스트, 2013

더구나 프리드만은 논문을 발표한 지 3년 후인 1925년에 기구비행을 하던 중 37세의 나이로 사망했다.[52] 이후 아인슈타인이 자신의 잘못을 인정하고 프리드만의 계산이 옳았다고 말했지만 그가 사망한 후의 일이다.

<신부 르메트르>

아인슈타인, 드 시터, 프리드만은 모두 이론가들이다. 그러므로 그들은 우주에 대해 이야기하면서도 실제로 우주를 관측한 일은 한 번도 없다. 그들이 일반상대성이론을 놓고 우주가 정적인지 확장되는 것인지에 열띤 토론을 벌일 때 천문학계는 자신들의 업무에 충실히 진행하고 있었다. 바로 별을 관측하는 것이다.

미국 천문학자 슬라이퍼는 애리조나 주 사막의 로웰천문대에서 외부은하가 왜 우리에게서 멀어지는지 모르는 상태에서 열심히 관측하여 자료들을 모으고 있었다.

이때 혜성처럼 나타난 사람이 벨기에의 신부 르메트르였다. 르메트르는 1894년 벨기에 샤를루아에서 태어났고 17세에 루뱅 가톨릭대학교에서 토목 공학을 공부했는데 제1차 세계대전이 일어나자 벨기에 육군에서 포병 장교로 복무했다. 그런데 지침서에 나온 탄도 계산에 오류가 있다고 상관에게 지적했다가 미운털이 박혀 참전 기간 내내 고생했고 제대 후에도 전혀 포상을 받지 못했다. 이 당시 독일군이 독가스를 살포하여 수많은 장병들이 사망했는데 이때 받은 충격으로 사제가 되기로 결정했다고 한다.

전쟁이 끝나자 루뱅 대학으로 돌아간 그는 물리학과 수학을 공부했고 예수회가 아닌 교구의 성롬바우츠신학교 사제직을 준비하면서 1920년 최우

52) 「대폭발이론이 태어나기까지」, 라대일, 과학동아, 1992년 12월

등으로 박사학위를 받았다. 신학교는 자유로운 연구 환경을 갖고 있으므로 신학공부와 과학, 수학공부를 병행할 수 있었는데 이곳에서 아인슈타인의 연구를 알게 되었고 독학으로 일반상대성이론을 공부했다. 1922년 이를 토대로 「아인슈타인의 물리학」이란 논문을 써서 벨기에 정부로부터 장학금을 받아 1923년 9월 사제 서품을 받자마자 곧바로 영국 유학길에 올랐다.

케임브리지 대학에서 그의 주임교수는 아서 에딩턴 경으로 1919년 프린시페 섬에서 일식을 관측하여 아인슈타인의 이론이 옳다는 것을 증명해준 사람이다. 이 당시 아인슈타인 상대성이론 검증을 둘러싼 화두를 그린 영화가 2008년에 개봉된 「아인슈타인과 에딩턴」으로 당대의 물리학 사건을 아주 정확한 각도에서 다루고 있다.

그의 자질은 인정되어 에딩턴은 영국의 케임브리지 대학의 태양 물리학 연구실에서 일반상대성이론을 수학적이나 관측적으로 우주론에 적용하는 방식을 터득케 했다. 그러나 에딩턴의 인재를 보는 눈 몫이 남달라 르메트르가 수학에 대단히 뛰어나다는 것을 꿰뚫어보고 미국에 있는 또 다른 케임브리지 매사추세츠 공과 대학에서 연구할 수 있도록 추천서를 써 주었다.

<강적 새플리 박사>

르메트르가 미국에서 연수할 케임브리지에는 유명한 천문학자 할로 새플리 박사가 연구소 소장으로 있었다. 한편 이 당시 에드윈 허블이 캘리포니아의 윌슨천문대의 연구원으로 근무하고 있었다. 이들 두 사람은 20세기 초 우주를 다룰 때 반드시 나오므로 허블을 먼저 설명한다.

사실 천문학자로부터 허블처럼 자주 불리는 사람은 드물다. 허블의 법칙, 허블상수는 천문학을 공부하거나 천문학에 관심있는 사람이라면 죽을 때까지 써야 할 말이고 본격적인 우주 탐사에 나선 허블 우주망원경의 측정 결과를 거론할 때도 허블 이름을 계속 불러야 한다.

허블은 사실 괴짜 과학자다. 좋은 말로 표현하자면 그야말로 소신 있게 인생을 산 과학자로 한마디로 별 노력 없이도 손대는 일마다 성공을 거둔 사람이라고도 설명된다.[53)]

1889년 미주리 주에서 태어났는데 시카고 대학에서 천문학을 전공했지만 축구선수가 되겠다는 열망을 품었다. 하지만 어머니의 강요에 못이겨 결국 축구선수 꿈을 접었고 그 대신 권투 선수가 되었다. 시카고 대표로 출전할 정도로 대단한 복서였으므로 당대의 세계챔피언인 잭 존슨과 한판 맞붙어보라는 제안까지 받았을 정도다. 허블이 그 제안을 거부했지만 권투 실력은 사라지지 않아 독일에서 여름 방학을 보내던 중 익사 직전의 여인을 구해준 덕분에 남편의 친구가 되었다. 그런데 허블과 그가 구해준 여자와 보통 사이가 아니라는 소문을 듣고 남편이 권총 결투를 신청했는데 다행히 양쪽 다 상대를 맞추지 못했다.

이후 허블은 로즈 장학생으로 옥스퍼드 대학교에서 법률을 공부했는데 당시의 경험이 그에게 깊은 영향을 미쳐 그후 미국으로 돌아와서도 영국식 악센트를 고수했다. 여하튼 1913년 변호사 자격증을 받았음에도 금방 포기했다. 추후 한 기자에게 다음과 같이 말했다.

'천문학은 목사와 같다. 소명을 받아야 하기 때문인데 나는 루이스빌에서 1년 동안 법률 업무에 종사한 다음에야 비로소 그 소명을 받았다.'

53) 『아름다운 우주 스토리』, 낸시 훼더웨이, 세종서적, 1998

허블은 시카고로 돌아와 천문학박사 학위를 받았고 조지 엘러리 헤일(George Ellery Hale)로부터 윌슨 산 천문대로 오라는 제안을 받자 그 즉시 승낙했다.

그런데 천문대로 가기 직전 변수가 생겼다. 바로 제1차 세계대전이 터진 것이다. 그는 즉시 자원입대하여[54] 2년 간 프랑스에서 복무하다 오른쪽 팔에 부상을 입고 소령으로 특진되었다. 그는 평생 소령이라는 칭호를 즐겨 사용했다.[55]

허블은 변호사까지 한 사람이므로 남다른 생각을 갖고 있었다. 이론적인 계산보다는 성운을 직접 보고 사진 찍어야 비로소 천문학을 본격적으로 연구할 수 있으므로 당시 지구에서 가장 성능이 좋고 큰 망원경이 있는 곳이 자신이 근무해야 할 곳이라고 생각했다. 그곳은 바로 2.5미터 후커 망원셩이 있는 윌슨산천문대이다. 그의 재주와 경력이 잘 알려져 있으므로 1919년 8월 허블은 윌슨산천문대 연구원이 될 수 있었다. 1919년은 아인슈타인이 자신의 실수를 인정하고 우주상수를 도입한 후이다.

허블이 윌슨산천문대에 도착할 무렵 천문학계에서는 안드로메다 성운(nebulae)이 우리 은하에 있는지 은하 밖에 있는 성운인지 대 격돌이 벌어지고 있었다. 현재는 안드로메다 성운이 아니라 '안드로메다은하'라는 것을 알고 있지만 당시에는 희뿌연한 우주 구름이라고 생각했다.

이 논쟁에 새플리 박사는 안드로메다 성운이 우리 은하의 일부이며 우주는 우리 은하 뿐이라고 주장했다. 사실 이 주장은 인류역사 이래 지구인들

54) 『아름다운 우주 스토리』, 낸시 휘더웨이, 세종서적, 1998
55) 「20세기 대우주탐험가 에드윈 허블」, 김지현 외, 과학동아, 2000년 12월

대부분이 믿는 전통적인 우주관이다. 반면에 릭천문대의 히버 커티스 박사는 안드로메다 성운이 우리 은하 밖에 있다고 주장했다. 당시에는 우리 은하 밖에 은하가 있다는 개념이 없으므로 외부 은하라는 말을 쓰지 않았다.

이런 논제를 마무리 짓는 방법은 단 하나. 결정적인 관측 증거이다. 그런데 윌슨산천문대에 들어간 허블은 커티스 박사의 주장에 표를 던졌는데 당시 천문대의 대장이 바로 새플리 박사라는 점이다. 두 사람의 사이가 좋을 리 없는데 두 사람의 개인적인 취향도 문제였다.

새플리는 참전 반대자인데 허블은 육군 소령으로 전역한 참전용사이다. 그런데 허블은 영국에서 공부한 후 무슨 이유에서인지 낡은 군용 코트만 입고 다녔는데 새플리로 보아 마음에 들 리 없었다.

새플리도 만만한 사람이 아니다. 고집이 세서 자기가 틀려도 절대 그것을 인정하지 않았는데 두 사람이 맞붙었으니 허블의 연구가 제대로 될 리 없었다. 그야말로 허블의 미래가 만만치 않았는데 이때 허블에게 행운이 찾아온다. 새플리 박사가 1921년 하버드 대학 천문대장으로 승진하여 윌슨산을 떠난 것이다.

허블에게 절호의 기회가 찾아오자 보다 적극적으로 하늘 보기에 나섰는데 1923년 10월 허블은 2장의 안드로메다 성운을 찍었다. 이것이 허블로 하여금 세계적인 인사가 되도록 만들어주었다.

허블은 성운에서 관찰된 별이 31.4151일 주기로 흐려졌다 밝아졌다를 반복하는 세페이드변광성이라는 것을 발견했다. 세퍼이드변광성은 변광주기가 정확하고 변광주기와 별의 진짜 밝기 사이에 수학적인 공식 관계가 있으므로 천문학계에서는 그야말로 유용한 별인데 이 별은 태양보다 7,000배나 밝은 별이었다. 결론은 하나. 그 별은 엄청나게 멀리 있어야 되는데 허블은 이 변광성이 90만 광년이나 떨어져 있다는 것을 발견했다. 우리 은하의 크기는 10만 광년이므로 안드로메다 성운은 우리 은하 밖에 있는 외부 은하라는 것이다.

변광성

허블이 정밀한 관측 자료로 섀플리가 아닌 커티스의 이론을 확인해주자 섀플리가 식식 거렸지만 우주는 섀플리 생각과는 달리 우리 은하만으로 구성되어있지 않다는 것은 확실했다. 지구인들은 갑자기 10배로 늘어난 우주의 크기에 혼란을 겪고 있을 때 신부복을 입은 르메트르가 케임브리지의 하버드에 도착한 것이다. 바로 새플리가 있는 곳이다.

르메트르가 도착하자 새플리는 바로 세페이드변광성을 연구 주제로 주었다. 르메트르의 장점은 이론에 그치는 것이 아니라 관측도 직접 한다는 점이다. 새플리가 르메트르에게 세페이드변광성을 연구하라고 한 것은 허블이 안드로메다 성운이 우리 우주의 은하가 아니라고 확인하여 커티스의 손을 들어주었기 때문에 보다 철저하게 분석하여 진위를 가려달라는 뜻이다.

세페이드 변광성을 대표하는 원형별은 세페우스자리 델타인데 1784년 존 구드릭이 이 별이 변광성임을 발견했다. 이 별의 특징에 대해 이지유 박사는 다음과 같이 재미있게 설명했다.

'사람이든 별이든 나이가 들면 변덕을 부린다. 별의 경우 늙으면 자기 몸을 부풀렸다 줄이기를 반복한다. 멀리에서 볼 때 이런 별들이 밝아졌다 어두워지는 것을 반복하는 것으로 보인다. 그런데 이런 밝기의 변화가 규칙적으로 일어난다는 것은 예상할 수 있는 변덕이라 볼 수 있다. 지구에서 가만히 앉아서 변광성의 변광 주기를 재는 것만으로도 그 별의 원래 밝기를 알 수 있고 절대등급을 파악하면 별의 상대적인 거리를 구할 수 있다.'

이런 획기적인 상호관계를 발견한 사람은 여성 천문학자 헨리에타 스완 레비트(Henrietta Swan Leavitt, 1868 ~1921)이다. 레비트는 학창 시절에 열병을 앓아 청력을 잃었는데 그녀는 이를 보완할 수 있는 뛰어난 시력과 집중력을 갖고 있었다. 그녀가 1895년 하버드 천문대에 들어가 맡은 일은 남쪽 하늘의 사진판에서 변광성을 찾는 작업이다.

그녀는 모두 약 2,400개의 변광성을 발견했는데 변광성의 주기와 원래 밝기 사이에 연관이 있음을 발견하고 우리 은하 외곽의 소마젤란 성운에 모여 있는 세페이드변광성을 집중적으로 관측하면서 놀라운 사실을 발견했다. 즉 별이 밝으면 밝을수록 변화의 속도가 느려진다는 것이다. 그런데 세페이드 변광성은 빠른 속도로 맥동하는데 그것이 하루나 이틀 정도에 축소와 확대를 반복하는 것이다. 따라서 어떤 세페이드 변광성의 주기를 안다면 밝기를 계산할 수 있고 이어서 거리도 계산할 수 있다.

레비트는 1912년 수학 공식으로 정리했다. 그녀가 이때 만든 관계식은 100년이 지난 지금까지도 가까운 별까지의 상대적인 거리를 재는 방법으로 활용된다. 한마디로 세페이드 변광성은 지구에서 해당 변광성이 있는 성단이나 은하까지의 거리를 산출하는, 표준 광원으로서 사용된다.[56)]

---

56) 『아름다운 우주 스토리』, 낸시 훼더웨이, 세종서적, 1998

참고문헌

「대폭발이론이 태어나기까지」, 라대일, 과학동아, 1992년 12월

「우주의 시작에서 마지막까지 표준우주모델 시나리오의 기틀 마련」, 김성원, 과학동아, 1993년 9월

「20세기 대우주탐험가 에드윈 허블」, 김지현 외, 과학동아, 2000년 12월

『아름다운 우주 스토리』, 낸시 훼더웨이, 세종서적, 1998

『처음 읽는 우주의 역사』, 이지유, 휴머니스트, 2013

제2장 : 일생 일대 최대의 실수

제2장 : 일생 일대 최대의 실수

천문학자들은 지구에 가까우면서 거리를 정확하게 알고 있는 세페이드 변광성들을 통해 세페이드 변광성이 있는 은하까지의 거리를 측정한다. 매우 밝은데다 거리를 정확하게 알 수 있기 때문이다.

레비트 박사의 연구에 가장 덕을 본 사람이 허블이다. 사실 당대에 레비트의 관계식이 알려지지 않았다면 허블은 안드로메다 은하에 관한 대논쟁에 종지부를 찍을 수 없었을 것으로 추정한다. 그런데 아쉬운 것은 레비트가 자신의 연구로 허블이 대논쟁에서 승리하는 것을 보지 못했다는 점이다. 그녀는 허블이 우주가 팽창한다는 논문을 발표하기 1921년 암으로 사망했기 때문이다.[57)]

여하튼 르메트르가 미국으로 갔을 때 우리 은하 밖에 있는 외부 은하까지 거리를 잴 수 있는 유일한 방법이 세페이드변광성을 이용하는 것인데 르메트르의 남다름은 당대 최첨단 기술 습득에 게을리하지 않았다는 점이다. 그는 당대에 가장 흥미로운 주제인 분광학 수업에 열중했다. 분광이란 말 그대로 빛을 나누는 것으로 사실 학자들이 멀리 있는 별과 외부은하에 대해 알 수 있는 방법은 먼 곳 천체에서 오는 약한 빛을 알뜰하게 모아 꼼꼼하게 쪼개보는 것이다.

이를 위해 당연한 일이지만 대형 망원경, 망원경으로 포착한 빛을 정밀하게 파장별로 쪼갤 수 있는 분광기, 그리고 쪼개진 빛을 촬영할 사진 기술 등이다. 현재도 이들 기자재들을 업그레이드하는 작업이 계속 진행 중인 이유다.

57) 「세페이드 변광성」 위키백과

여기에 현대천문학의 기초를 닦아 준 독일 과학자 막스 플랑크(Max Planck, 1858~1947)가 등장한다. 그는 열을 가해 달구면 완벽하게 흡수하는 검은 공을 상상했다. 이를 흑체라고 부르는데 흑체가 처음에는 검은색이지만 온도가 3,000K에 이르면 붉은 빛을 내고 5,400K가 되면 노란색으로 빛나고 더 높이면 파란색으로 빛나다가 종국에는 흰색이 된다. 이렇게 흑체에서 빛이 나는 것을 흑체복사라고 한다.

플랑크가 흑체의 온도에 따라 각 파장에서 나오는 광자들의 수, 즉 빛의 세기를 파장에 따라 계산하여 그래프를 그렸는데 이것이 교과서에서 빠지지 않고 나오는 플랑크 곡선이다. 여기에서 5,400K는 태양 표면 온도로 이 그래프의 봉우리가 노란색 근처에 있으므로 태양이 노랗게 보이는 것이다.

플랑크 그래프가 중요한 것은 우주에 있는 어느 별이든 이 방법으로 그 온도를 알 수 있기 때문이다. 표면 온도가 1만K를 넘는 경우 자외선이 많이 나오고 가시광선에 해당하는 무지갯빛 광자들은 색마다 거의 같은 수가 나오는데 이 광자들이 모두 합해지면 별은 흰색으로 보인다.

별 빛으로 알 수 있는 것은 표면 온도 뿐만 아니다. 사람마다 얼굴이 다른 것처럼 별도 개성이 있는 얼굴이 있다. 화학자들은 원소를 태우면 원소마다 고유한 색이 나타난다는 것을 알고 있다. 원소마다 특정한 파장에 많은 광자들이 모여 진한 색을 내므로 원소들이 서로 다른 색으로 보이는 것을 스펙트럼이라 하는데 스펙트럼 사진에는 원소마다 다른 줄무늬가 나타난다. 한마디로 스펙트럼만 보아도 이것이 어떤 원소를 뜻하는지 알 수 있다는 뜻이다. 이는 천문학자들이 지구에 있지만 별의 거리는 물론 별의 표면온도, 구성 성분까지 알아낼 수 있다는 뜻이다.

그런데 놀라운 것은 별들 중에서 이들 설명과 맞지 않는 이상한 흡수선을 만드는 것이 있었다. 흡수선이란 검은 줄무늬를 말하는데 원소가 특정 파장의 광자를 흡수해서 생긴 선이라는 뜻이다. 학자들이 흡수선에 주목한 것은 지구에 없는 원소가 우주에 있다는 것을 알려줄지 모르기 때문이다.

이러한 알 수 없는 흡수선의 정체 파악에 앞장 선 사람이 오스트리아 물리학자 크리스티안 도플러(Christian Doppler, 1803~1853)다. 도플러는 파동을 만들어내는 물체가 움직이면 파동이 달라진다는 사실을 발견했다. 잘 알려진 이야기는 기차가 다가올 때는 기차 소리가 높아지는데 이것은 기차가 내는 음파가 가까이 오면서 쪼그라들기 때문이다.

반면에 나를 지나친 기차 소리는 낮아지는데 이는 기차가 내는 음파가 엿가락처럼 늘어나기 때문이다. 즉 다가오는 음파는 파장이 짧아져 높게 들리고 멀어지는 음파는 파장이 길어져 낮게 들린다는 것이다. 바로 도플러 효과이다.

과속 차량을 탐지하는 속도 감시계는 도플러 효과를 이용해 자동차 속도를 알아낸다. 그런데 도플러 효과는 소리 뿐만 아니라 빛에도 적용된다는 점이다. 한마디로 빛도 음파와 마찬가지로 다가오는 빛의 파장은 짧아지고 멀어지는 빛은 파장이 길어진다는 것이다.

이를 감각적인 표현으로 파란색과 빨간색을 비교하면 파란색의 파장이 더 짧다. 그래서 파장이 짧아진다는 것은 파란색 쪽으로 옮겨가는 뜻에서 '청색편이', 파장이 길어진다는 뜻으로 '적색편이'라고 부른다. 즉 빛을 내는 물체가 우리에게 가까이 오면 그 빛은 청색 편이를 일으켰다고 하고 멀어져 가면 그 빛은 적색편이를 일으킨다.

정체불명의 흡수선은 바로 이런 효과의 결과다. 우리가 모르는 원소가 어떤 별에 있는 것이 아니라 자리가 조금 이동한 것이다.

이런 도플러 효과를 극적으로 활용한 사람이 바로 전직 외교관인 베스토 슬라이퍼(V. Melvin Slipher)이다.

1912년 슬라이퍼는 아리조나 사막의 로웰 천문대에서 지름 1미터 망원경으로 안드로메다의 분광사진을 찍었다. 그런데 그는 자신이 찍은 사진의 스펙트럼을 분석하면서 그야말로 놀랐다. 안드로메다가 청색편이를 일으키고 있었는데 그 속력이 상상을 초월할 정도로 빠르기 때문이다. 스펙트럼에 의하면 안드로메다는 1초에 300킬로미터의 속도로 지구와 가까워지고 있었다. 당시에는 안드로메다를 우리 은하에 포함시키고 있었는데 이 결과대로라면 안드로메다와 우리 지구와 충돌할 것이 분명했다.

난처한 상황에 처하자 그는 보다 많은 자료를 확보하기 위해 5년 동안 다른 성운 25개를 골라 모두 분광사진을 찍었다. 추후에 알려졌지만 그가 당시 성운으로 생각한 것은 모두 다른 은하였다. 그런데 슬라이퍼를 더욱 놀라게 한 것은 21개가 적색편이를 보이고 4개만 청색편이를 보인다는 점이다. 21개의 성운 즉 은하가 우리 은하에서 멀어지고 있는 것이다. 이것은 우주의 여러 천체가 고정되어 있다는 당대의 천문학계 주류 생각과 전혀 다른 것이다. 꼼꼼한 슬라이퍼는 약 20개의 성운을 더 관측했는데 이들은 하나 빠짐없이 지구로부터 멀어지고 있었다.

<팽창하는 우주>

미국에 도착하여 분광학 수업을 듣던 르메트르는 약 10년 전인 1912년 슬라이퍼가 성운의 분광사진에서 적색편이를 발견하고 이를 어떻게 해석해야

하는지를 몰라 고민하고 있다는 것을 알았다. 허블이 안드로메다가 우리 은하와 완전히 다른 외부 은하라는 것을 발표한 후이다.

르메트르는 슬라이퍼가 고민하는 이 내용에 집중했다. 제일 먼저 우리 은하 밖에 있는 천체들이 지구에서 멀어진다는 것이 이상하지 않을 수 없었다. 르메트르는 유럽에서 아인슈타인 방정식을 풀 때 이 방정식이 팽창하는 우주를 설명한다는 인상을 갖고 있었다. 그런데 슬라이퍼의 관측 자료 즉 멀어져가는 외부은하는 바로 '팽창하는 우주'를 설명하는 증거였다.

르메트르는 미국에서 2년 간 연수한 후 1925년 벨기에로 돌아오면서 '팽창하는 우주'라는 자신만의 우주 모형을 만들어 논문으로 작성했다. 논문의 주제는 다음과 같다.

'공 모양의 우주가 안정된 상태에 있다가 빠르게 팽창하고 어느 순간에 별과 은하가 생기기 시작했다. 그 무렵 팽창이 멈추었다고 다시 빠르게 팽창해서 결국 물질이 없는 우주에 도달했다.'

르메트르의 모형은 고정된 우주가 아니라 시간에 따라 변하는 역동적인 우주 모형인데 큰 틀에서 아인슈타인의 우주와 드 시터의 우주를 합쳐놓은 것과 같았다. 공 모양의 폐쇄적이고 별들이 고르게 퍼져 있다는 것은 아인슈타인의 우주 모형이고 뒤이어 우주가 팽창해 결국은 물질이 없는 우주로 변해가는 것은 드 시터의 우주 모형이다. 르메트르는 논문을 1927년 <브뤼셀과학협회연보>에 제출했다.

그런데 이는 르메트르에게 불행이었다. 당대 대다수의 과학자들이 영어나 독일어를 사용했는데 르메트르의 논문은 벨기에어로 적혔기 때문이다.

한마디로 대다수의 과학자들이 르메트르의 논문을 읽을 수 없었고 그런 논문이 있는지조차 몰랐다.

여하튼 이 논문이 바로 아인슈타인의 일반상대성 이론의 틀 안에서 은하의 후퇴를 설명하는 빅뱅 이론이다.[58] 르메트르는 논문이 출간되자 곧바로 영국의 스승인 에딩턴에게 보냈다. 그런데 에딩턴은 별 반응을 보이지 않았다.

학계의 무관심 속에서 1927년 르메트르는 솔베이 회의에서 아인슈타인을 만났다. 솔베이는 세계 5대 화학회사 중 하나로 한국의 울산에도 공장이 있다. 1911년 솔베이가 세계적으로 유명한 학자들을 초청하여 물리학회를 창설했는데 3년마다 한 번씩 개최되며 1927년은 5회째이다. 그런데 르메트르와 아인슈타인과의 레오폴드 공원에서의 만남은 그야말로 엉망이었다.

아인슈타인은 회의장에서 하이젠베르크와 불확정성 원리를 두고 난상토론을 벌인데다 아인슈타인은 프리드만의 팽창하는 우주를 가혹하게 공격한 장본인이다. 프리드만이 1925년에 이미 사망했지만 르메트르 역시 팽창하는 우주를 주장하므로 아인슈타인이 볼멘 소리를 하지 않을 수 없다. 아인슈타인은 르메트르에게 다음과 같이 말했다고 알려진다.

'당신의 수학적 계산은 아주 정확하지만 당신의 물리학은 지겹습니다.'

이 말은 아인슈타인이 르메트르의 팽창하는 우주를 전적으로 부정한다는 뜻이다. 문제는 당대에 아인슈타인의 인정을 받지 못한다면 물리학계에서의 게임은 끝을 의미한다.[59]

---

58) www.britannica.com/biography/Georges-Lemaitre

59) 『처음 읽는 우주의 역사』, 이지유, 휴머니스트, 2013

학자들은 이 당시의 아인슈타인을 비난하는데 주저하지 않는다. 세계 물리학계의 변혁을 갖고 온 아인슈타인이지만 자신이 만든 일반상대성이론이 팽창하는 우주를 가리키고 있는데도 우주상수를 고집하여 우주 과학을 퇴조시켰다는 것이다.

이 말은 아인슈타인이 프리드만과 르메트르의 진가를 알아보지 못했다는 것을 뜻한다. 즉 아인슈타인이 정적인 우주 모형을 팽창하는 우주 모형으로 바꿀 수 있는 두 번의 기회 모두 스스로 차버렸다는 것이다. 위대한 물리학자 아인슈타인도 젊은이들의 우주론을 따라가지 못했다는 지적이다.

<르메트르의 대반격>

깐깐하기 그지없는 천체물리학계에서 아인슈타인의 인정을 받지 못했다는 것은 르메트르의 경력이 끝이 났다는 것을 의미한다. 그런데 우주론에 대한 게임은 끝난 것이 아니라 비로소 시작되고 있다는 데 묘미가 있다.

1929년 즉 르메트르가 아인슈타인으로부터 냉대를 받은 2년 후 허블이 우주가 팽창하고 있다는 직접적인 증거를 찾아낸 것이다. 당시 허블은 그야말로 잘 나가고 있었다.

백만장자의 딸과 결혼했고 배우、예술가들과 어울려 지내면서 사교계에서 상한가를 올리고 있었다. 그는 사교성도 좋아 사실 꼼꼼하고 사색을 즐기는 과학자 유형은 아니었다.

그러나 그는 천문학자로서의 길은 잘 알고 있었다. 아무도 토를 달 수 없는 완벽한 관측 결과를 제시해야 한다는 것이다. 현재는 성능좋은 전파망원경은 물론 대형컴퓨터를 이용하여 시간을 줄여주고 시뮬레이션으로 난해하고 복잡한 검증을 헤쳐 나갈 수 있었지만 1920년대에 그런 장비가 있을 리 없다. 더구나 지름 2.5미터의 당대 최고의 망원경의 경우 거대한 철골로 둘러싸여 있으므로 자유자재로 다루는 것이 쉬운 일은 아니다.

그런데 허블에게 절호의 목표가 생겼다. 로웰천문대의 슬라이퍼와 르메트르가 찾아와 멀어지는 우주 즉 팽창하는 우주에 대한 관측 자료가 필요하다고 말했기 때문이다. 허블은 슬라이퍼보다 훨씬 좋은 환경에서 우주를 볼 수 있었다. 한 예로 로웰천문대에서 슬라이퍼는 안드로메다의 분광사진 한 장을 얻기 위해 몇 일을 걸려야 했지만 허블은 몇 시간 만에 사진을 볼 수 있었다.

허블은 외부 은하에 있는 세페이드변광성을 이용해 외부은하까지의 상대적인 거리를 측정하고 외부은하의 적색편이 정도를 세밀하게 측정했다. 그는 무려 46개에 달하는 외부은하를 관측하여 분석했는데 그 결과는 놀라웠다. 허블이 보기에 외부은하들이 제 마음대로 우리에게서 멀어지는 것이 아니라 어떤 규칙이 있는 것처럼 보인다는 점이다. 어떤 은하가 다른 은하보다 2배 멀리 있다면 멀어지는 속도는 2배, 3배 멀리 있다면 3개 빠르다. 한마디로 멀어지는 속도에 수학적 규칙이 있다는 것이다.

그는 이를 간단한 직선 방정식으로 표현했다. 이것이 세계적인 명성을 얻는 '허블의 법칙'이며 직선의 기울기가 '허블상수'이다.

<수퍼스타 허블>

우리 은하 밖에 있는 은하들이 멀어져가고 있다는 사실을 파악하자 학자들의 관심은 우주가 어떻게 시작했을까로 모여졌다. 이 문제에 답은 어렵지 않게 도출된다.

마구 멀어지는 외부은하들을 다시 모이게 하려면 시간을 거구로 돌리기만 하면 되기 때문이다. 허블은 이런 내용을 주제로 1929년 「은하-외부 성운들의 거리와 시선속도 사이의 관계에 관하여」로 발표했다. 1931년에는 더욱 멀리 있는 외부은하와 시선속도를 관측해 허블의 법칙을 보완했다. 먼 거리에 있는 외부은하들을 그의 방정식에 대입하자 시선속도와 거리의 관계가 말끔한 직선이 되었다.

이의 중요성은 기울기에 해당하는 허블상수만 제대로 구하면 우주의 나이도 구할 수 있다는 점이다. 1931년 허블이 발표한 허블상수는 558km/초/Mpc(1Mpc=300만 광년)이었다. 이 허블상수가 수많은 논란의 대상이 되었는데 현재의 허블상수는 수많은 수정을 거쳐 70km/초/Mpc로 설명된다. 한편 르메트르는 1927년 발표한 논문에서 '은하-외부 성운'이랄 말을 사용했고 우주가 팽창함에 따라 성운들은 초속 625Km로 후퇴한다고 주장했다.

허블은 1929년과 1931년 두 논문으로 그야말로 천문학계의 수퍼스타가 되었다.

문제는 당대의 많은 학자들이 팽창하는 우주에 거부감을 느낀다는 점이다. 우주가 팽창하고 있다면 과거 언젠가 우주의 시작이 있다는 뜻이기 때문이다. 그런데 당대 최고 천문학자들의 꼼꼼하고 철저한 관측에 의할 경우 우주 팽창은 사실이므로 허블을 무턱대고 공격할 수 있는 것은 아니다.

허블의 논문은 아인슈타인과 드 시터의 우주 모형에 치명타를 가했다. 둘 다 절대 움직이지 않는 정적인 우주 모형인데 그것은 외부은하들이 멀어지고 있다는 관측과 맞지 않았다. 과학 분야에서 관측 결과와 맞지 않는 이론은 관측 결과에 맞도록 수정하던가 수정이 불가하면 폐기처분하는 것이 당연했다.

사실 허블의 작업은 당대 천문학계의 기초가 되었다. 당대 천문학 분야의 대학교 교과서의 목차만 보더라도 '어드윈 허블' 다음에 '허블 분류법', '허블상수', '허블의 법칙', '허블 우주망원경' 등이 줄줄이 나온다. 이는 아인슈타인과 갈릴레오를 넘는 분량이다.

허블의 발표에 놀란 에딩턴 경은 아인슈타인과 드 시터의 우주 모형을 살리기 위해 1930년 <영국왕립학회> 회의에서 다음과 같이 말했다.

'아인슈타인의 우주를 살짝 움직이거나 드 시터의 우주에 물질을 조금 넣으면 어떨까요?'

한마디로 측정 결과가 확실하다면 아인슈타인과 드 시터의 우주 모형을 수정하는 것은 당연하다는 뜻이다.

벨기에에 있던 르메트르는 에딩턴의 말을 듣고 3년 전 자신이 보낸 논문을 에딩턴이 읽지 않았다는 것을 알았다. 르메트르는 곧바로 자신이 발표한 논문을 다시 에딩턴에게 보냈다. 르메트르의 논문을 받아 든 에딩턴은 자신이 큰 실수를 저질렀음을 알았다.

우주가 팽창한다는 우주 모형을 르메트르가 발표한 후 허블에 의해서 그의 이론이 맞는다는 것을 확인해주었기 때문이다. 에딩턴은 즉시 이런 사실을 <네이처>지에 편지로 알렸고 <네이처>도 이에 부응하여 1930년 6월 이를 게재했다. 르메트르의 팽창우주 즉 우주 모형이 많은 사람들에게 알려진 것이다.

1931년, 아서 에딩턴은 <왕립천문학회 월간공지>에 르메트르의 1927년 소논문에 대해서 우주론의 문제를 훌륭하게 설명했다고 논평을 실었다. 이후 원본 논문과 에딩턴의 논평에 응답한 르메트르의 속편이 영어로 번역되어 출판되었다. 르메트르의 이론은 <파퓰러 사이언스> 1932년 12월호의 과학 및 기술 주제에 대한 일반 독자를 위한 기사에 처음으로 실린 후 이후 계속 상한가를 올렸다.[60] 한마디로 우주의 중심이 아인슈타인과 드 시터가 아닌 르메트르로 옮겨갔다는 뜻이다.

르메트르의 논문에 의하면 우주가 무한소의 점으로부터 시작했다는 것을 의미한다. 그것은 우주의 나이가 유한하다는 것을 의미하는 동시에 '탄생'되어야 한다는 것을 암시한다. 한마디로 우주에게 '생일'이 있다는 뜻으로 이 탄생 전에는 어떤 우주도 존재하지 않았다는 것을 내포할 수도 있었다.[61]

열역학 제2법칙은 우주의 엔트로피(계의 무질서도)가 항상 증가한다고 설명한다. 엔트로피는 물질이 에너지로 전환될 때 우주가 끝날 것이라는 의미를 갖고 있다.

르메트르는 엔트로피 법칙을 자신의 논리에 도입했다. 즉 우주가 처음에는 '원시핵(primordial nucleus)'의 형태로 생각했다. 원시핵의 지름은 우주의 크기에 비해 무시할 정도로 작았다.

그는 무거운 원소들이 붕괴해서 점점 더 가벼운 원소가 된다는 자발적 방사성 붕괴를 차용했다. 그것은 상당히 작은 비율이지만 오늘날도 우주에서 일어나고 있다. 르메트르는 이와 유사한 그러나 훨씬 더 빠른 와해 과정이

60) 「조르주 르메트르」 위키백과
61) 『모든 것의 기원』 데이비드 버코비치, 책세상, 2017

초기 우주에서 일어났다고 추정했다. 그의 주장은 1931년 <네이처>지에 게재되었는데 이것이 빅뱅이론의 공식적인 시작이다.[62)]

<아인슈타인의 최대 실수>

아인슈타인은 자신이 1916년에 발표한 일반상대성 이론의 방정식이 우주가 팽창하거나 수축한다는 것을 암시한다는 지적받고 그야말로 놀라지 않을 수 없었다. 천하의 아인슈타인이지만 정말로 그가 생각지 못한 팽창이라는 단어들이 나타나자 재빨리 상대성이론의 수정 즉 우주상수 도입에 들어갔다.

아인슈타인이 우주상수를 도입한 것은 아주 간단한 생각에 의한다.

뉴턴은 우주의 기본이 만유인력이라고 생각하면서 우주의 별들이 많은데 왜 서로 끌어당겨 부딪치지 않을까 의문을 품었다. 그의 결론은 우주의 별들이 바둑판에 놓인 것처럼 일정한 간격을 두고 우주에 무한히 퍼져 있으므로 인력이 상쇄되어 우주가 축소되지 않고 계속 균형을 유지한다고 생각했다.

그러나 이 생각의 문제는 만약 거대한 거인(?)이 어느 별을 살짝 건드리기만 해도 균형은 깨지면서 모두 박치기하는 상황이 될 수 있다는 점이다. 이런 생각이 큰 문제가 되지 않은 것은 20세기 초반만 해도 우주가 아슬아슬한 평형 상태에 있다고 생각했기 때문이다.

아인슈타인도 그런 시대에 살고 있었지만 상대성이론을 도출한 후 우주에 대해 진지하게 생각하면서 뉴턴의 의문을 다시 떠올렸다. 현재 우주가

62) 『대폭발과 우주의 탄생』, 배리 파커, 전파과학사, 1996

균형을 잘 잡은 완벽한 공간으로 보이는데 상대성이론으로는 이러한 완벽한 우주를 표현할 수 없다는 점이다.

당시 아인슈타인이 알고 있던 우주 공간에 대한 정보는 지금으로 보면 그야말로 수준이하로 볼 수 있다. 아인슈타인은 우주가 138~141억 광년이나 되는 거대한 공간이라는 것을 몰랐고 우주에 우리 은하 외에도 수많은 다른 은하가 있다는 것도 몰랐다. 더불어 은하와 은하 사이에 엄청나게 큰 빈공간이 있다는 것을 몰랐다. 당시 지구인들이 알고 있는 우주는 10만 광년 크기의 우리 은하 뿐이었다.

아인슈타인은 여하튼 상대성이론으로 볼 때 우주가 축소되어야 한다면 이미 우주가 비극으로 끝났어야 한다고 생각했다. 그런데 놀랍게도 인간들이 우주 안에서 살고 있으므로 자신의 방정식에 문제가 있다고 생각하지 않을 수 없었다.[63)]

그러므로 아인슈타인은 1917년 즉 1916년에 일반상대성이론을 발표한 다음 해 팽창하지 않는 우주 모형인 정적 우주론의 개념을 설명하기 위해 일반상대성이론에 우주 상수항을 추가시켰다.

우주항은 물질들을 떼어놓는 힘인 '반발력'을 공간이 가지게 하는 효과를 가진다. 또한 우주항의 존재는 진공에도 에너지가 존재한다는 것을 의미한다. 그 수치는 우주가 팽창해도 변화하지 않고 우주의 모든 곳에서 일정하다. 그 경우 현재의 우주 공간의 에너지 밀도는 물질의 에너지 밀도와 진공의 에너지 밀도를 합한 것이 된다.

63) 『처음 읽는 우주의 역사』, 이지유, 휴머니스트, 2013

가장 일반적인 우주 모델에서는 물질끼리 잡아당기는 인력 때문에 팽창 속도는 감속되고 우주 나이는 허블상수의 역수의 3분의 2가 된다. 그러나 우주항을 도입한 우주 모델에서는 물질끼리 서로 잡아당기는 힘과 진공이 밀어내는 힘이 균형을 이루면서 팽창의 속도는 느려진다.

아인슈타인이 1917년 우주상수를 도입했을 때는 허블이 우주가 팽창한다는 것을 발표하기 전이다. 그러나 허블이 1929년과 1931년 우주가 팽창한다는 결정적인 증거를 내놓자 아인슈타인에게 치명타가 터진다. 그럼에도 아인슈타인은 이에 대해 반응을 내놓지 않았는데 이 연극의 주역은 바로 허블이다.

허블은 자신의 논문으로 아인슈타인을 강타한 후 아인슈타인 부부를 윌슨산천문대로 초청했다. 허블의 발표가 워낙 충격적이므로 아인슈타인은 대서양을 건너 후커 망원경이 있는 윌슨산천문대에 도착했다. 아인슈타인은 천문대에서 자신이 물러서야 한다는 것을 느꼈다. 천문대의 망원경이 자신의 머릿속에서 만들어 낸 정적인 우주 모형이 틀렸다고 말하기 때문이다. 1931년 2월 아인슈타인은 윌슨산천문대에서 기자들에게 다음과 같이 말했다.

아인슈타인의 윌슨천문대 방문

'나는 허블의 관측 기록을 받아 드리며 나의 정적인 우주 모형이 틀렸고 프리드만과 르메트르의 팽창하는 우주 모형이 합당하다고 전합니다.'

더불어 자신이 우주를 꼼짝하지 못하게 만들려고 우주상수를 추가한 것이야말로 일생일대의 최대 실수라고 첨언했다. 아인슈타인의 이 말로 르메트르는 단번에 슈퍼스타가 되었다. 세상에서 가장 걸출한 아인슈타인이 자신은 틀렸고 르메트르가 옳다고 공식적으로 선언했기 때문이다. 더구나 그는 신부였다.[64]

64) www.britannica.com/biography/Georges-Lemaitre

<노벨상과 인연이 먼 허블과 르메트르>

아인슈타인에 버금가는 수퍼스타가 된 르메트르는 그야말로 많은 명예를 얻었다.

1934년 벨기에 왕 레오폴 3세로부터 벨기에 최고의 과학상인 프랑키 상(Francqui Prize)을 수상했고 1936년 프랑스천문협회의 최고상인 쥘 장센 상을 수상했고 같은 해, 교황청 과학원의 회원으로 선출되었다. 1941년에 벨기에 왕립과학예술아카데미의 회원이 되었으며 1953년에 영국 왕립천문학회에서 수여하는 초대 에딩턴 메달을 받았다. 1960년 교황 요한 23세에 의해 국내 성직자(몬시뇰)로 임명되었고 죽을 때까지 회장으로 봉사했다.

르메트르는 결국 노벨상을 받지 못하고 1966년 6월 20일 우주의 탄생을 확인해주는 우주마이크로파 배경복사의 발견을 알게 된 직후에 사망했다.

한편 노벨상에 관한 한 20세기가 낳은 위대한 천문학자로 불리는 허블도 노벨상을 받지 못했다. 그러므로 그의 천문학계의 업적에도 불구하고 노벨상을 받지 못한 비운의 과학자로 설명되나 허블에 관한 한 노벨상위원회는 변명의 여지가 있었다. 그가 언젠가 노벨상을 받을 개연성은 충분하지만 1953년 사망했기 때문이다. 노벨상은 살아 생전에 받는 상으로 사후에는 수여하지 않는데 바로 그 원칙을 적용받은 것이다.

더욱 놀라운 것은 허블의 생각이다. 천체물리학에서 위대한 족적을 남긴 허블은 사후에 그의 족적이 남는 것을 한사코 반대했다. 죽음이 임박하자 그는 아내에게 이런 부탁을 했다.

'내가 죽거든 남에게 알리지도 말고 장례식도 치르지 마시오. 화장한 다음 남기지 말고 먼지처럼 아무데나 뿌려 없애버리시오. 무덤도 묘비도 세우지 마시오. 나와 관련된 어떤 유품도 남기지 말기 바라오.'

인류사에 족적을 남긴 사람의 유언이 남다르기는 하지만 허블의 생각은 그야말로 독특하지 않을 수 없다. 훗날 아인슈타인은 허블의 천재적인 업적을 이렇게 높이 평가했다.

'그는 헤아릴 수 없을 정도로 심오한 양반이다. 천재 중의 천재로 단순히 생각만으로 실제 우주는 우리가 보는 우주와는 전혀 다르다는 걸 발견한 사람이다.'[65]

참고적으로 2018년 10월 26일, 허블의 법칙은 '허블-르메트르 법칙'으로 바뀌었다. 이는 조르주 르메트르가 에드윈 허블보다 조금 앞서거나 비슷한 시기에 우주 팽창에 대한 수학적 증거를 제시했다는 점을 인정하였기 때문이다. 그러나 허블상수는 그대로이다.

학자들이 다소 아쉬워하는 것은 이런 상관관계를 처음 주장한 사람은 소련의 알렉산드르 프리드먼(1888~1925)이라는 점이다. 그가 1922년 이런 법칙을 주장하였지만 1925년 급사하는 바람에 그의 이름은 소련에서조차 잘 알려지지 않았다.[66]

천문학계의 고민은 현 단계에서 허블 상수가 확실하게 정해진다 해도 그것이 곧바로 우주의 나이 등을 말해주는 것이 아니라는 점이다. 허블 상수라는 것 자체가 상수가 아니기 때문이다. 우주 초기에는 모든 것이 서로에

65) 「허블 망원경과 허블」, 김형근, 사이언스타임스, 2008.08.25
66) 「은하 형성이론 수정 불가피」, 심재율, 사이언스타임스, 2018.11.02

게서 떨어져나가고 있으므로 허블 상수는 현재보다 더 높은 것은 자연스러운 일이다. 중력이 모든 것을 늦추고 있지만 우주 안에 포함되어 있는 질량 등 믿을만한 수치를 구할 수 없는 한 감속의 비율을 딱 부러지게 정할 수 없기 때문이다. 이 말은 우주의 질량을 정확하게 알게 되었을 때 비로소 우주 나이와 운명을 알 수 있다는 뜻이다.[67]

67) 『아름다운 우주 스토리』, 낸시 훼더웨이, 세종서적, 1998

참고문헌

「대폭발이론이 태어나기까지」, 라대일, 과학동아, 1992년 12월

「우주의 시작에서 마지막까지 표준우주모델 시나리오의 기틀 마련」, 김성원, 과학동아, 1993년 9월

「20세기 대우주탐험가 에드윈 허블」, 김지현 외, 과학동아, 2000년 12월

「허블 망원경과 허블」, 김형근, 사이언스타임스, 2008.08.25.

「은하 형성이론 수정 불가피」, 심재율, 사이언스타임스, 2018.11.02

「조르주 르메트르」, 위키백과

「세페이드 변광성」, 위키백과

www.britannica.com/biography/Georges-Lemaitre

『대폭발과 우주의 탄생』, 배리 파커, 전파과학사, 1996

『아름다운 우주 스토리』, 낸시 훼더웨이, 세종서적, 1998

『처음 읽는 우주의 역사』, 이지유, 휴머니스트, 2013

『모든 것의 기원』, 데이비드 버코비치, 책세상, 2017

제3장 : 빅뱅(BB, Big Bang)

대폭발 가설을 빅뱅(BB, Big Bang)우주론으로 부르는데 이 폭발은 보통의 평범한 폭발이 아니다. 빅뱅이론은 다음과 같이 설명된다. 1979년 노벨물리학상을 수상한 외인버그는 『처음 3분 간(The First Three Minutes)』에서 빅뱅이론을 다음과 같이 설명했다. 다소 길지만 이해를 돕기 위해 상당 부분 게재한다.

빅뱅 상상도

'처음에 한 폭발이 있었다. 지상에서 우리가 익히 아는 폭발, 곧 일정한 중심에서 시작해서 퍼져나가면서 점점 주위의 공기를 휘말아 들이는 그런 폭발이 아니고 어디서나 동시에 일어나서 처음부터 전 공간을 채우고 모든 물질의 입자가 다른 모든 입자들로부터 서로 떨어져 나가는 폭발이다. 여기서 말한 '전공간(全空間)'이란 무한한 우주의 모든 것을 의미하거나 혹은 한

구(球)의 표면처럼 제 안으로 굽은 유한한 우주의 모든 것을 의미할 수 있다. 둘 중 어느 가능성도 확인하기 쉽지 않지만 이것에 구애받을 필요는 없다. (중략) 우리가 얼마간의 자신을 가지고 말할 수 있는 가장 이른 시점인 약 100분의 1초에서 우주의 온도는 대략 1,000억도(10^{11})였다. 이것은 가장 뜨거운 별의 중심에서 보다도 훨씬 고온이며 이 고온 때문에 실제로 보통 물질의 성분인 분자, 원자는 물론 원자의 핵들까지도 지탱할 수 없었다. 그 대신 이 폭발에서 퍼져나가는 물질은 여러 가지 종류의 소위 소립자들로 되어 있었다.

(중략) 폭발이 계속됨에 따라 온도가 내려갔다. 최초의 3분이 끝날 무렵에는 1조도까지 떨어졌다. 그것은 양성자와 중성자가 결합해 복잡한 원자핵을 만들 수 있는 온도이다. 맨 먼저 양성자 하나와 중성자 하나로 이루어진 중수소 원자핵부터 만들어졌다. 우주의 밀도는 여전히 아주 높았다. (중략) 그래서 이들 가벼운 원자핵들은 아주 빠르게 결합해 가장 안정한 가벼운 원자핵인 헬륨 원자핵(양성자 2개와 중성자 2개로 이루어짐)을 만들 수 있었다. (중략) 최초의 3분이 끝날 무렵 우주의 성분은 주로 빛과 뉴트리노(중성미자)와 반뉴트리노로 이루어져 있었다. (중략) 이 물질들은 계속 서로 멀리 달아났고 우주의 온도는 계속 식어가면서 밀도도 낮아졌다. 시간이 한참 지난 뒤, 그러니까 수십만 년 뒤, 우주의 온도가 충분히 내려가 비로소 전자들이 원자핵들과 결합해 수소 원자와 헬륨 원자가 만들어졌다.'[68]

가모프의 모형은 선배인 르메트르의 모형을 수정한 것이라 볼 수 있는데 르메트르와 가모프의 모형에서 차이는 비교적 간명하다. 가모프는 당대의 핵물리학과 원자폭탄에 대한 이론과 실제를 도입했기 때문이다.

68) 『처음 3분 간』, 스티븐 와인버그, 현대과학신서, 1986

르메트르는 거대한 핵이 점점 더 작은 성분으로 와해해 들어가는 것을 상상했지만 가모프는 '형성' 과정이 보다 중요하다고 생각한 것이다. 가모프는 초기의 우주가 많은 복사에너지를 포함하고 있었으므로 온도가 대단히 높았다고 확신했고 이것은 입자들이 원자폭탄 폭발처럼 서로 충돌한다는 것을 의미했다. 즉 핵반응이 중요하다는 것이다.

이를 배리 파커 박사는 다음과 같이 부연하여 설명했다.

'무한소의 씨앗으로 시작한 우주는 광속보다 더 큰 속도로 팽창했다. 초기의 우주는 순수한 복사에너지 덩어리였지만 팽창하면서 입자들이 생성되어 가스구름을 형성했다. 그리고 팽창을 계속하면서 미세한 요동(flucturation)이 발달했고 그 요동이 수십 억 년에 걸쳐 응축되어 은하와 별 그리고 행성들이 형성되었다. 대폭발로 우주가 창조되었던 것이다. 대폭발 이전에는 아무것도 심지어는 빈 공간조차 존재하지 않았다.'

가모프의 빅뱅이론은 20세기 천문학계를 가장 뜨겁게 달구었는데 일반인들이 갸우뚱한 것은 어떻게 우주의 모든 물질이 한 곳에 다 모여 있을 수 있겠느냐 하는 점이다. 어떻게 온 우주가 작은 '알'에서 태어날 수 있었을까?

태초의 알은 고온과 밀도를 갖는 특이점(singlularity)일 수밖에 없다. 여기서 특이점이란 현대 물리학으로는 도저히 알 수 없는 마치 수학에서 분모가 0이 되는 점과 같은 난해함을 갖고 있다.[69] 빅뱅이론은 다음 세 가지 단서에 기반을 두고 있다.

69) 「태초 초고밀도의 한점-대폭발 급팽창」, 박석재, 과학동아, 1995년 1월

특이점

① 우주가 팽창하고 있다. 이는 은하들이 우주적 규모에서 보면 서로 멀어져 가고 있다는 것은 우주가 시공간적으로 은하들이 서로 멀어지고 있다는 것으로 설명된다. 우주가 팽창하고 있다는 사실은 우주의 과거로 갈수록 점점 작아지고 어떤 순간에는 크기가 영(0)이었을 것임을 추정하게 한다. 이는 우주가 태어난 시점이 있으며 나이가 있다는 것을 의미한다. 현재 과학계에서 설명하는 나이는 138억 년에서 141억 년으로 알려진다.

② 오늘의 우주는 마이크로파로 된 빛으로 가득 차 있다. 이 마이크로파는 온도가 영하 270도 정도로(3K) 우주배경복사(cosmic background radiation)라고도 부른다. 우주의 에너지는 보존되므로 과거에 우주가 작았을 때 우주 배경복사는 현재에 비해 매우 뜨거웠을 것이다. 태어났을 때 우주의 온도는 매우 높았지만 팽창하면서 식고 있다. 그런데 우주 배경복사의 온도를 정밀하게 측정하니 하늘에서의 위치에 따라 10만분의 1도 정도로 미세한 차이가 발견됐다. 이런 우주 배경복사 온도의 공간적인 변화는 밀도 변화를 나타내므로 우주 초기에 밀도가 높고 낮은 지역이 있었다는 것을 의미한다. 밀도가 높은 지역에서는 후에 은하와 은하단 등이 태어났을 가능성을 제기한다.

③ 오늘날 관측되는 천체들의 화학적 성분으로 수소 70퍼센트, 헬륨 25퍼센트 그리고 헬륨보다 약간 무거운 원소들로 이루어져 있다. 무거운 원소들은 일반적으로 무거운 별의 내부에서 만들어지며 헬륨과 가벼운 원소들은 별의 내부보다 더욱 뜨겁고 밀도가 높은 환경에서 주로 만들어진다. 헬륨이 핵융합으로 생성되려면 최소한 온도가 1,000만℃ 이상이어야 한다. 따라서 헬륨이 무려 수소의 3분의 1가량이나 존재한다는 사실은 우주가 태초에 엄청난 고온에서 시작됐다는 증거가 된다. 따라서 헬륨과 가벼운 원소는 별이 만들어지기 훨씬 전에, 즉 우주의 초기 온도와 밀도가 매우 높았을 때 만들어졌을 것으로 추정된다.

이와 같은 세 가지 단서를 기반으로 빅뱅이론이 태어나자 천문학계가 온통 술렁거렸는데 우주가 한 점으로부터 시작되었다는 가설은 사람들의 조롱을 받기 십상이었다.[70)]

70) 「150억 년 우주 드라마」, 이명균, 과학동아, 1998년 2월

그런데 빅뱅이론의 근거가 된 우주배경복사(cosmic background radiation)가 1965년 벨 연구소의 아르노 펜지아스(Arno Penzias)와 로버트 윌슨(Robert Wilson)에 의해 발견되자 상황은 완전히 돌변했다. 대폭발 이론에 의하면 이 복사가 현재 가지고 있을 온도를 대략 3K로 예측했는데 2.7K의 우주배경복사가 발견된 것이다. 그들의 우주배경복사 발견은 곧바로 정상우주론에 큰 타격을 주었고 그들은 1978년 노벨상을 받았다.

펜지아스와 윌슨

물론 빅뱅 이론에도 심각한 문제가 남아 있었다.

불덩어리 복사는 매우 매끄러워서 관측에 따르면 약 1/10,000까지 균일하다. 빛으로부터 물질이 생성되었음을 고려하면 물질분포도 그만큼 균일해야 한다. 그런데 오늘날 발달된 측정 장비에 의하면 우주는 어디에서나 불균일하게 흩어져 있는 별과 은하와 은하단으로 구성되어 있다. 우주의 물질 분포는 대단히 우툴두툴하다. 이것은 원래의 가스구름에 있는 물질의 분열을 말해주므로 만일 우리가 과거를 충분히 멀리 본다면 배경복사에서 이런 분열의 증거 즉 약간의 얼룩을 찾을 수 있어야 한다는 것을 의미한다.

학자들은 이러한 불균일성이 초기의 우주가 완전히 균질하지 않고 요동(ripple of matter)이 일어났기 때문이라고 추정했다. 원자들은 우주가 10만 년이 되었을 때 형성되기 시작했다고 설명되는데, 이때가 복사선이 아원자 입자들과 충돌 없이 우주 도처로 자유롭게 움직이게 된 시기이므로 이 시기에 커다란 우주의 요동이 있었다는 것이다. 가모프는 이 초기 우주의 요동은 우주 마이크로파 배경 복사선의 온도 변이로 검출될 수 있다고 예측했는데 실제로 우주배경복사가 발견되었음은 물론이다.

더불어 1992년 캘리포니아대학교의 조오지 스무트(George Smoot)를 주축으로 하는 연구팀이 1989년에 발사한 코비(COBE) 위성으로부터 관측 지점들 간의 미세한 온도 차이를 발견했다고 발표했다. 관측된 하늘에 있는 점들 간의 온도 차이는 3천만 분의 1정도였지만 이것이야말로 대폭발의 마지막 중요한 난점 중에 하나가 제거되는 순간이었다.[71)]

참고적으로 빅뱅이란 말은 빅뱅이론을 제창한 가모프가 아니라 이에 반대되는 선에 서있는 호일 박사가 만든 것이다. 빅뱅이론에 가장 신랄한 비판자들 가운데 한 명인 호일은 1949년 영국 BBC 방송사의 한 TV 토론 프로그램에 출연한 영국의 천문학자 프레드 호일은 바로 앞에 앉은 조지 가모프에게 다음과 같은 말을 던졌다.

71) 『대폭발과 우주의 탄생』, 배리 파커, 전파과학사, 1996

'당신 말대로라면 우주의 모든 것들이 아주 옛날 어느 한순간에 일어난 '빅뱅'으로부터 만들어졌겠군요.'

'빅뱅(Big Bang)'의 Bang는 폭발할 때 나는 '펑!' 소리와 같은 의미의 의성어이다. 요즘엔 빅뱅을 대폭발로 알아듣지만, 당시만 해도 '크게 나는 펑 소리' 정도로 이해됐다. 즉, 말도 되지 않는 이론이라는 조롱의 의미였는데 이것이 대폭발이라는 고정 명사화한 셈이다.

1993년에 빅뱅보다 더 나은 명칭을 명명하기 위해 국제명칭공모대회를 열었다. 이 당시 과학저술가 티모시 페리스, 천문학자 칼 세이건, TV 기자 휴 다운스가 심사위원을 맡았는데 41개국에서 들어 온 13,099개의 명칭 중 빅뱅보다 나은 것은 하나도 없으므로 이후에도 계속 빅뱅으로 불린다.[72]

가모프는 팽창하고 있는 우주의 시간을 되돌리면 어떻게 되느냐를 다음과 같이 생각했다.

'우주에 있는 물질이 한 곳으로 모이면서 압축되어 온도와 밀도가 엄청나게 높아지며 원자핵과 전자가 모두 분리되고 온도와 밀도가 엄청나게 높아지면서 원자핵과 전자가 분리된다. 특히 원자핵조자 양성자와 중성자로 분리될 만큼 뜨겁고 밀도가 높은 상태가 된다.'

가모프는 이런 상태의 이름을 '옐름(yelm)'으로 붙였다. 옐름의 뜻은 '모든 물질이 될 수 있는 물질'이다. 물론 현재는 옐름을 아무도 사용하지 않는다. 여하튼 가모프는 자신의 가설을 수학적인 공식으로 만들어야 했다. 이는 우주 초기의 상황에서 현재 우주에 있는 수소와 헬륨의 관측값과 잘 맞는

72) 『21세기에 풀어야 할 과학의 의문 21』 존 말론, 이제이북스, 2003

공식이다.

그런데 가모프는 수학에 상당히 약했다. 더불어 당대에는 컴퓨터도 없었다. 방법은 수학을 잘하는 제자를 발탁하는 것이다. 바로 수학에 재능이 있고 유머 감각까지 갖춘 랠프 앨퍼를 발탁했다.

앨퍼는 가모프와 함께 우주 초기 아주 짧은 시간에 이루어졌을 원자핵 합성에 몰두했는데 여기서 짧은 시간이란 길어야 10분에서 20분 정도이다. 수학에 일가견이 있는 앨퍼가 수행할 업무는 간단치 않았다. 고려할 것이 너무나 많기 때문이다.

'처음 우주 상태는 온도와 밀도가 높아 양성자와 중성자가 날뛰는데 이 경우 서로 부딪치기는 하지만 결합하지는 못한다. 우주가 팽창하고 시간이 흐르면 온도가 낮아져 입자들의 간격이 넓어지고 서로 부딪칠 기회가 줄어든다.'

움직이지 않으면 상대를 만날 없는데 여기서 고려할 사항은 중성자는 아주 불안한 입자이므로 10분이 지나면 원래 있던 중성자 중 절반이 양성자로 변한다. 시간이 지날수록 중성자가 사라진다는 뜻이다. 문제는 중성자가 있어야 헬륨을 만들 수 있다는 점이다. 1시간이 지나면 우주 초기에 있던 중성자 가운데 2%만 남으므로 그 전에 헬륨과 무거운 원소를 만들어야 한다는 점이다.

앨퍼와 가모프는 그들의 계산에 각 입자의 충돌 단면적에 대한 계산까지 넣었다. 수학에 천재라고 알려진 앨퍼도 워낙 만만치 않은 주제이므로 계산하는데만 무려 3년이나 걸렸다. 그는 우주의 원시 수소 스프가 폭발한 뒤

300초 즉 5분 안에 수소 원자 10개당 1개가 헬륨이 되었다고 계산했다. 우주가 폭발된 지 단 5분 만에 현재의 우주가 요리되었다는 뜻이다. 이 연구 내용은 1948년 <물리학리뷰>에 「화학 원소의 기원」이라는 논문으로 발표했다. 논문이 발표된 지 많은 과학자들이 더욱 정밀하게 계산한 결과 5분은 3분으로 줄었고 이를 설명한 것이 노벨상을 받은 스티븐 와인버그 박사의 『3분 간』이다.

「화학 원소의 기원」의 논문은 「알파-베타-감마」 논문으로 잘 알려지는데 여기에서 알파는 앨퍼, 베타는 베테 그리고 감마는 가모프이다. 엄밀하게 말해 베테는 태양에서 수소 핵융합이 일어나는 과정을 밝혀 상당히 주목받는 과학자이지만 우주의 원천과는 관련이 없는 사람이다. 그런데 가모프가 앨퍼와 상의 없이 베테를 넣은 것은 매우 재미있다.

가모프가 논문의 별칭을 '알파-베타-감마'로 생각했는데 베타에 해당하는 알파벳 'B'로 시작하는 과학자가 필요하다는 것이다. 가모프는 앨퍼와 상의하지 않고 베테를 논문 공저자로 넣었는데 역사는 아이러니하게 가모프와 엘퍼를 제외하고 베타가 노벨상을 받았다.

가모프와 앨퍼의 역심의 작품은 처음에 엄청난 반발을 받았다. 사실 우주가 엄청난 폭발로 생겨났고 그것도 단 5분 만에 우리의 우주가 태어났다는 것을 받아들이는 것은 간단한 일이 아니다. 더불어 그들의 계산이 측정치와 딱 맞는 것도 아니었다. 가장 큰 지적은 헬륨보다 무거운 원소들이 만들어지는 과정을 적지 않았다는 점이다. 그러나 그들의 논문이 완벽한 것은 아니지만 허블이 이야기한 우주가 확장되고 있다는 측정치를 볼 때 그들의 주장에 상당한 신빙성이 있다는 주장도 제기되었다. 한마디로 그들이 르메트르의 우주 모형에 물리적인 배경을 입혀주었다는 것이다.

그러나 중요한 것은 헬륨 다음으로 무거운 리튬이 어떻게 만들어지는냐이다. 그런데 앨퍼는 헬륨보다 무거운 원소를 만드는 일은 펜으로만 해결할 수 없다는 것을 알고 있었다.

당시 원자물리학자들의 가장 큰 고민은 핵자 수에 관한 것이다. 핵을 이루는 양성자와 중성자를 합한 것을 '핵자 수'라고 하는데 이 숫자가 말끔하게 처리되지 않고 있었다. 리튬은 안정된 상태에서 양성자 3개, 중성자 3개로 핵자가 6개인데 핵자가 5개인 원소는 없다. 그렇다면 핵자 6개인 리튬이 어떻게 만들어지느냐이다.

이때 바로 컴퓨터가 등장했고 가모프는 IBM 대형 컴퓨터를 구입하여 초기 상태에 대해 집중적으로 연구했다. 이때 로버트 허먼이 그들의 연구에 합류했다.

그들은 5분 간(추후 3분으로 변경)의 기초 여건이 막 지난 후 수소와 헬룸의 핵은 태어났지만 아직 전자와 만나 온전한 원자를 만들 수 없다고 추정했다. 온도가 너무 높았기 때문인데 우주가 팽창을 시작한 지 한 시간 정도 지났을 때 우주의 온도가 약 100만K로 떨어졌다. 그러나 이때도 수소원자핵인 전자를 낚아챌 수 없었는데 이는 혼돈의 플라즈마 상태에서 전자가 너무 빠르기 때문이다.

우주가 플라즈마 상태에서도 빛은 있었지만 입자들이 빽빽하게 모여 빠르게 움직이고 있었기 때문에 빛도 곧바로 나갈 수 없었다. 그런데 30만 년 정도 시간이 지나자 온도가 3,000K로 떨어지자 수소와 헬륨 원자핵들이 속도가 떨어진 전자들을 낚아챘다. 한마디로 비로소 우주에 수소 원자와 헬륨 원자로 가득차게 되었다는 설명이다.

이어서 가모프 팀은 우주온도 3,000K일 때 매우 중요한 사건이 일어났다는 것을 발견했다. 전자들이 원자핵과 결합하면서 우주에 있던 입자의 수가 줄고 온도가 낮아져 원자들도 예전처럼 빠르게 움직이지 못했다. 우주에 빈틈이 생긴 것으로 이 틈을 타서 빛이 어떤 입자와도 부딪히지 않고 곧바로 뻗어나갈 수 있게 되었다는 것이다. 한마디로 빛이 입자들 사이에서 탈출할 수 있었다는 것이다.

여기에서 앨퍼와 허먼은 이때 풀려난 빛이 지금도 우주를 여행하고 있다고 생각했다. 그리고 우주는 공 간자체가 팽창하고 있으므로 그때 생긴 파장도 고무줄처럼 늘어났을 것으로 생각했다. 그들은 이때 자유를 찾은 빛이 1/1,000mm 파장을 갖고 있을 것으로 예상했다. 당시 온도는 3,000K, 그런데 현재 우주의 온도는 3K 정도이므로 그 빛이 1,000배 정도 길어졌다는 것이다. 이들은 자신의 이론이 맞다면 우주 전역에 이 밀리미터파가 골고루 깔려있고 우주 어느 곳을 관측해도 발견할 수 있다고 예측했다. 바로 '우주배경복사'이다. 우주배경복사를 검출할 수 있다면 우주가 폭발로 인해 태어났다는 것을 증명할 수 있다는 것이다.

그런데 여기에서 가모프팀의 비극이 시작된다. 배경복사를 검증할 수 있는 연구비를 구할 수 없게 되자 방법은 단 하나, 팀을 해체하는 것이다. 가모프는 우주론과 관련이 없는 DNA화학 분야로 진로를 바꾸었고 엘퍼는 제너럴일렉트릭 연구원으로 갔으며 허먼은 제너럴모터스로 자리를 옮겼다. 1953년대의 일이다.

가모프 팀은 르메트르의 원시 원자를 뜨거운 물질로 그것이 폭발한 뒤 시간이 지남에 따라 우주가 어떻게 변했을까를 구체적으로 계산하고 우주배경복사를 예측했다. 그들의 우주 모형은 그야말로 혁신적으로 과학 교과서에서 빅뱅우주론의 창시자가 가모프라고 나오는 것은 바로 이 논문들 때문이다. 한마디로 가모프 팀이 없었다면 교과서에서 그들의 이름을 찾을 수 없었을 것이라는 내용이지만 가모프가 예산 때문에 팀을 해체하고 다른 분야로 시선을 돌렸다는 점이 그에게 치명타를 안긴다.[73]

73) 『처음 읽는 우주의 역사』, 이지유, 휴머니스트, 2013

참고문헌

「태초 초고밀도의 한점-대폭발 급팽창」, 박석재, 과학동아, 1995년 1월

「150억 년 우주 드라마」, 이명균, 과학동아, 1998년 2월

「우주는 모든 물질이 한 점에 모여 일으킨 대폭발의 결과」, 박석재, 『신동아』 2004년 신년호 특별부록

『처음 3분 간』, 스티븐 와인버그, 현대과학신서, 1986

『대폭발과 우주의 탄생』, 배리 파커, 전파과학사, 1996

『21세기에 풀어야 할 과학의 의문 21』, 존 말론, 이제이북스, 2003

『처음 읽는 우주의 역사』, 이지유, 휴머니스트, 2013

제4장 : 정상우주론(CC, Continuous Creation)

가모프 박사가 1947년 그동안의 천체 관측과 아인슈타인의 이론과 천체 관측을 근거로 우주가 팽창하고 있다는 빅뱅이론을 제시하자 세계의 천문학계가 발끈했고 당대 천문학계의 또 다른 슈퍼천재인 영국의 프레드 호일(Fred Hoyle, 1915~2001), 영국의 토마스 골드(Thomas Gold, 1920~2004), 헤르만 본디(Hermann Bondi, 1919~2005)) 등이 1948년 정상우주론(steady state theory, Continuous Creation)을 제시했다. 가모프의 빅뱅이론이 발표된 바로 다음 해이다.

일반 사람들이 다소 혼란스러운 것은 두 우주론의 결론이 정반대라는 점이다. 한마디로 우주가 영원 불멸하다는 주장과 그렇지 않다는 것으로 맞선다. 정상우주론은 운동에너지와 인력에 의한 위치에너지가 같은 경우로 태초의 우주가 모든 면에서 지금과 마찬가지라는 내용이다.

정상우주론 3인방은 정기적으로 헤르만 본디의 집에 모여 토론을 벌였다. 골드는 수학 능력이 뛰어나 주로 계산했고 본디는 물리학에 뛰어나 방정식의 의미를 찾아내는데 소위 도사였고 호일은 이들보다 나이가 많아 좌장 역할을 했다.

이들의 좌장인 프레드 호일은 빅뱅 가설이 제기될 때부터 빅뱅을 강력하게 반대했다. 이 당시 이들이 강력하게 빅뱅을 공격한 것은 당대의 우주 나이로 우주의 나이가 별들의 나이보다 젊다는 것과 빅뱅 이전의 일을 설명할 수 없다는 점 때문이다. 당대 방사성 연대측정으로 얻어진 지구의 나이는 30억 년이 넘었는데 허블 박사의 계산에 의하면 우주의 나이가 18억 년에 지나지 않았다.

호일은 우주의 나이를 보아도 빅뱅이 어처구니 없는 모순을 드러내고 있다고 주장하면서 빅뱅 자체가 말도 안 되는 주장이라고 공격했다. 사실 이런 어처구니없는 실수가 나온 것은 당시 허블의 거리 측정에 심각한 오류가 있었기 때문이다.

호일 박사의 주장은 명쾌하다. 현 우주는 천문학적 관측을 통해 알 수 있는 것보다 훨씬 오래 되었으며 항상 존재해 왔고 앞으로도 그럴 것이다라는 설명이다. 그는 은하들은 광대한 영겁의 시간을 통해 탄생, 성숙, 소멸하며 그 파편에서 새로운 은하가 태어나 예전 것을 대체한다고 주장했다. 새 은하가 반드시 옛날 것이 있던 자리에 생기는 것은 아니지만 우주 전체의 질량은 항상 균형을 이룬다. 이런 관점에서 보면 우리가 현재 관측할 수 있는 가장 오래된 은하들도 더 큰 상황 안에서는 사실 아주 새로운 은하라는 것이다.

특히 그는 허블이 관측한 우주의 팽창이 명백하다면 시간이 감에 따라 우주의 밀도는 작아진다고 설명했다. 그러므로 진화하면서도 변화하지 않는 우주모델이 되려면 우주가 팽창함에 따라 은하 사이의 공간에서 새로운 물질이 나타나면 된다고 설명했다.

우주가 무한하다면 우주가 2배로 커져도 역시 무한하다. 은하 사이에 물질이 만들어지기만 하면 우주 전체는 변하지 않고 그대로 남아 있을 수 있다는 뜻으로 이를 '정상상태이론(Steady State theory, Infinite Universe Theory)'라고 말한다. 정상상태이론은 영원하고 정적인 우주로 우주가 팽창하지만, 영원하고 근본적으로 변하지 않는 동적이며 무한한 우주가 가능하다는 것을 말한다. 한마디로 우주가 팽창한다는 놀라운 관측 사실도 말끔하게 설명할 수 있다는 뜻이다.

고대인들이 생각한 우주는 지구가 우주의 중심이고 모든 천체가 지구 주위를 돈다는 지구 중심 우주 모델이다. 그러나 이 모델은 코페르니쿠스의 태양 중심 모델로 부정되었고 지구는 특별하지 않다는 것이 확인되었다. 이후 우주가 팽창한다는 사실이 발견되자 우주에 중심이 없으며 모든 은하는 서로 멀어지고 있다는 사실로부터 우주는 어떤 방향으로도 동일하다는 '우주원리'가 대두되었다. 이 원리는 우리 은하와 주변 환경은 우주의 다른 곳과 근본적으로 같다는 것으로 우리는 우주의 특별한 장소에 사는 것이 아니라는 것으로 아인슈타인이 일반상대성이론을 전체 우주에 적용할 때 적용한 원리이기도 하다.

그런데 정상이론은 여기서 한 걸음 더 나아가 우주는 시간적으로도 동일하다는 것이다. 이것은 우리 주위의 우주가 다른 지역의 우주와 같을 뿐 아니라 우리 시대가 다른 시대와 같다는 말로 설명된다. 다시 말해 우리는 우주의 특별한 장소에 살고 있는 것도 아니며 특별한 시대에 살고 있는 것도 아니라는 것이다.

더불어 정상우주론의 장점은 빅뱅우주론이 우주가 과거로 거슬러 올라감에 따라 은하가 하나씩 없어지면서 높은 밀도와 온도가 있어야 한다는 특이점의 모순점을 피할 수 있다는 점이다. 이런 의미에서 정상이론은 바로 관측되는 우주의 팽창은 받아들이되 초기의 특이점을 피할 수 있도록 고안된 모델로 설명된다.[74)]

여하튼 1948년에 발표된 모형을 '고전적인 정상우주론'이라고 하는데 이 우주론의 기본 가정은 '완벽한 우주원리(perfect cosmological principle)'이다. 즉 우주가 공간적으로 균일하고 등방일 뿐만 아니라, 우주는 시간적으

74) 「태초 초고밀도의 한점-대폭발 급팽창」, 박석재, 과학동아, 1995년 1월

로도 균일 등방이라는 것이다.

다소 이상하게 들릴지 모르지만 우주는 거시적으로 볼 때 어느 곳이나 어느 쪽으로나 똑 같으며, 시간적으로도 옛날이나 지금이나 미래나 늘 같은 꼴이라는 주장이다. 따라서 우주에서의 진화는 없으며 빅뱅 모형처럼 떠들썩한 시작이나 비극적인 종말도 없다고 설명된다. 이 우주론에서는 시간이 제 방향으로 흐르면 은하가 하나씩 생긴다. 그래서 이 우주론을 연속창생 즉 'CC(Continuous Creation) 우주론'이라 부른다. 정상우주론에서도 우주공간은 현재 모든 곳에서 일정한 비율로 늘어난다. 그러므로 멀리 있는 은하일수록 더 빨리 멀어진다는 허블의 법칙도 성립한다.

공간이 팽창한다는 것은 매우 중요한 점을 시사한다. 즉 팽창하지 않았다면 무한한 시간 동안 태어났던 별들이 계속 죽으며 쌓여 오늘날 우주는 백색왜성, 중성자별 등으로 꽉 차있어야 한다. 그러나 새 공간이 계속 생기므로 그런 염려가 없다는 설명이다.

공간이 팽창하면 밀도가 낮아진다. 따라서 우주의 상태가 시간이 흘러도 변하지 않으려면 물질이 꾸준히 생겨나야 한다. 그래야만 새로 생긴 물질로부터 별과 은하가 태어나 우주를 밝혀줄 수 있기 때문이다.

<관측 없는 정상우주론>

호일은 우주가 예전이나 지금이나 변함없고 앞으로도 이 상태가 계속 유지된다는 정상우주론자이다. 그러나 수많은 관측 결과에 의하면 우주가 팽창하고 있다는 것을 보여주므로 빈 공간이 늘어난다는 것을 인정하지 않을 수 없었다. 그러므로 두 가지 조건을 만족시키려면 빈 공간에서 물질이 생겨야 했다.

1949년 호일은 100억cm^3 당 1년에 수소 원자 1개가 생기면 현재 우주를 유지할 수 있다는 논문을 발표했다. 1948년 가모프가 우주배경복사에 관한 논문을 발표한 것에 대응하는 차원이다.

그러나 호일의 논문에 곧바로 지적이 나왔는데 그야말로 조금씩 수소가 생긴다 해도 갑자기 어디에서 그 많은 수소가 튀어나올 수 있느냐이다. 여기에서 다소 골머리 아픈 문제가 튀어나오는데 바로 창조라는 생각이다. 빅뱅 즉 대폭발은 이전에 아무것도 없는 곳에서 우주가 생성되었다고 볼 수 있으므로 창조라는 단어를 연상시킬 수 있다. 천체 과학자들은 우주가 창조되었다는 말에 매우 촉각을 곤두세웠는데 호일도 바로 그 점을 지적했다. 그런데 놀랍게도 러시아 과학자가 호일의 주장에도 창조가 포함되어 있다고 지적했다. 수소 원자가 갑자기 만들어지는 것도 창조와 다름없다는 것이다.

더불어 아기 은하에 관한 문제도 있다. 호일은 어마어마한 공간이지만 100년에 1개 정도의 수소가 생기면 이 물질들이 새로운 아기 은하나 아기 우주를 만들 수 있다고 설명했다. 그렇다면 아기 우주가 우주 어느 곳에서나 생길 수 있으므로 우리 은하 근처에서 발견되어야 한다는 것이다. 결론은 천문학자들이 우리 은하 근처에서 아기 은하를 발견하지 못했다는 점이다.

사실 당시에 이 질문에 관측된 증거를 제시하라는 것은 문제가 있었다. 당대의 측정 장비에 문제가 있기 때문이다. 당대에 은하와 성운도 구별하지 못하는 상황이기 때문으로 호일 박사는 당장에 관측 결과가 나오지 않아도 양자 역학이 보다 발전하면 이런 문제들을 적절하게 풀어낼 수 있다고 생각했다.

그러면서도 마냥 기다릴 수만 있는 것은 아니다. 그는 수소 창조를 위해 창조장이라는 새로운 힘의 장을 도출했다. 그는 우주가 한 점과 같은 작은 구역에서 폭발과 부풀어 오르는 과정을 통해 현 우주가 되었다는 역동적인 모형보다 현실적이라는 설명이다. 더불어 무거운 원소는 별 안에서 만들어질 수 있으므로 빅뱅과 같이 우주 초기에 무거운 원소를 만드는 대폭발이 필요하지 않다고 주장했다.

그런데 정상이론의 커다란 결점은 관측으로 태어난 가설이 아니라는 점이다. 바로 빅뱅론자들이 유효적절하게 이점을 공격했는데 그 문제에 관한 한 사실이므로 CC론자들이 답변할 수 있는 성질은 아니다.

여하튼 우주의 시작에 관한 한 한 치도 알 수 없는 평행상태가 진행되는데 두 사람 모두 재주가 만만치 않으므로 언론을 움직이는데 주저하지 않았다. 한마디로 두 사람의 설전은 세계적인 관심을 모았고 그동안 주목받지 못했던 우주론이 일반인들에게 알려지기 시작했다. 특히 호일이 말해준 우주 폭발을 의미하는 빅뱅은 그야말로 간단하면서도 명쾌하여 세계인들에게 각인되었다.[75]

<준정상론>

호일은 빅뱅 자체를 반대하지만 빅뱅에 관한 정보가 축적되자 본래의 정상우주론을 약간 개선하여 1993년 준정상우주론(quasi-steady state cosmology)을 제시했다. 새 모형에서는 우주는 항상 같은 모형이 아니고 짧은 시기 동안에는 약간씩 진화할 수 있지만 장기간에 걸쳐 보면 우주는 역시 꼭 같은 모습을 유지한다는 내용이다.

그의 설명에 따르면 물질의 생성은 우주공간 모든 곳에서 서서히 일어나

75) 『처음 읽는 우주의 역사』, 이지유, 휴머니스트, 2013

지 않고 중력이 매우 강한 곳에서는 급격한 공간 팽창과 함께 폭발적으로 일어난다. 즉 빅뱅이론에서의 급팽창과 같은 현상이라 할지라도 이미 존재하고 있는 우주공간 안에서 산발적으로 일어난다고 설명한다. 이 말은 작은 빅뱅(mini Big bangs)들은 계속 일어날 수 있다는 것인데 한 가지 특이한 것은 작은 빅뱅이 일어날 때마다 물질과 공간이 창조되는 짧은 시기와 이들이 자유롭게 팽창하는 긴 시기가 있어 우주공간은 조금씩 진동하면서 팽창한다고 설명된다.

이 모형은 우주배경복사와 물질의 원소비율(수소와 헬륨의 비가 3 : 1)도 설명해주는 것은 물론 빅뱅이론에서 필요로 하는 보통의 물질 이외에 반드시 존재해야 하는 암흑물질을 생각하지 않아도 된다는 장점이 있다. 많은 학자들이 암흑물질을 찾으려고 노력하지만 명쾌한 해답을 찾아내지 못하고 있었는데 준정상이론은 그 이유는 우주에 암흑물질 자체가 존재하지 않기 때문이라고 설명한다.

호일의 정상이론 약점은 우주는 항상 똑같이 남아 있다는 것으로 가정되는데 관측에 의하면 우주는 팽창하고 있으므로 은하들 사이의 공간이 증가하고 있다는 것을 부정할 수는 없다는 점이다. 그럼에도 불구하고 평균밀도를 일정하게 유지하기 위해서는 이 지역에서 물질이 만들어져야 한다는 것을 의미한다. 놀랍게도 그 양이 작아서 한 면이 100미터인 입방체 안에서 1년마다 약 한 개의 수소원자가 만들어지면 된다. 즉 이런 물질이 응축되어도 새로운 은하들을 만들어낸다면 우주는 정상상태로 남아 있을 수 있다는 것이다.[76)]

이 이론에 따르면 우주의 나이는 무한대이다. 즉 정상이론에 의한 우주

76) www.terms.naver.com/entry.nhn?docId=3568055&cid=58941&categoryId=58960

속의 은하들은 나이가 상당히 다양할 수 있다. 즉 어떤 것은 매우 나이가 많고 어떤 것은 매우 젊을 수 있다. 더욱이 우주 깊숙한 곳을 들여다본다고 해도 근본적으로 물체들이 똑같아 보일 것이라는 것이 정상이론의 주된 설명이라고 배리 파커 교수는 설명했다.

한편 린데(Linde) 박사는 호일과는 다른 맥락으로 우주의 영원성을 주장한다.

그가 주장하는 요지는 우주에는 급팽창 거품들이 끊임없이 생겨나 자식 우주들을 만들어낸다. 그런데 개개의 소우주에서는 서로 다른 물리법칙이 성립할 수 있다. 그러므로 소우주들은 빅뱅 우주모형과 같은 진화를 하더라도 전체 우주는 무수히 가지 친 모습이 바뀌지 않는다는 설명이다.

박창범 교수는 이것을 마치 한 개인은 태어나서 죽을 때까지 짧은 삶을 누리나 인류는 장기간 지속되는 것과 같은 비유라고 적었다. 이를 더욱 확장시켜 생각한다면 지구에서 발생한 인류문명은 결국 사라지더라도 우주의 다른 곳에서 새로운 생명체가 태어나 또 다른 문명을 일으킬지도 모른다는 낙관론도 포함한다.[77]

새로운 과학이론이 올바른 이론으로 받아들여지기 위해서는 반드시 두 가지 시험을 통과해야 하는데, 하나는 관측 결과와 일치해야 하며 다른 하나는 한 번도 예측되지 않은 사실을 예측하는 것이다. 그러자 학자들도 잠시 휴식기를 갖기로 했다. 정상상태우주론과 빅뱅우주론 중 어느 우주론이 옳은지를 판정하는 것을 유보하고 지구인들의 보다 진전된 과학 기술 즉 관측 등을 통해 판별될 때를 기다리자는 것이다. 시간이 필요하다는 뜻이다.

77) 「크게보면 같은 꼴-시작도 끝도 없다」, 박창범, 과학동아, 1995년 1월

<우주의 나이>

빅뱅이든 정상우주론이든 우주의 나이는 매우 중요한 요건이다.

그런데 우주의 나이는 그동안 수없이 수정에 수정이 가해졌다. 이는 당대의 과학기술 수준에 의해 우주의 나이가 정해지기 때문이다. 사실 과거 수많은 지구인들을 후끈 달군 화두는 우주의 크기, 형태, 나이 그리고 궁극적인 운명이 무엇이냐였다. 그 중에서도 학자들을 가장 혼란스럽게 만든 것은 우주의 나이에 관한 문제로 이곳에서 근래에 발표된 우주의 나이를 정하게 된 내용을 설명한다.

1912년 여성천문학자인 헨리에타 스완 레비트(Henrietta Swan Leavitt, 1868 ~1921)은 페루 산중에 설치된 하버드대학의 망원경으로 촬영한 별의 사진들을 살피던 중 세페이드변광성의 광도 차이가 별들의 크기가 아닌 지구로부터 떨어진 거리와 관련된다는 것을 알았다.

1920년부터 1952년까지 하버드천문대 대장을 밭았던 미국의 할로우 새플리는 이 발견의 중요성을 곧바로 알아차렸다. 세페이드 변광성은 며칠에서 몇 주에 이르는 간격을 두고 밝아졌다 어두워지는 반복성을 갖고 있었다. 뉴턴은 어떤 광원이 관찰자로부터 멀어질 때 거리에 제곱하는 비율로 광도가 감소한다는 것을 증명했다. 거리 계산에는 선원들이 배에서 등대까지의 거리를 재는 데 전통적으로 이용해 온 방법인 기본적인 삼각법이 사용되었다. 천문학에서 지구는 배이고 세페이드 변광성은 등대인 셈이다.

새플리는 이 방식을 사용하여 1916년 태양계가 우리 은하의 중심부가 아닌 외곽에 위치한다는 것을 밝혔다. 또한 실제 중심까지의 거리를 5만 광년으로 계산했는데 현재는 3만 광년으로 수정되었다. 잘 알려진 에드윈 허블은 우리 은하가 셀 수 없이 많은 은하를 담고 있는 전체 우주에서 단지 하나에 불과하다는 것을 밝혔다.

허블의 이름을 딴 허블우주망원경(Hubble Space Telescope)이 태어나기 전까지 우주 나이의 추정치는 140~200억 년이었다. 1994년 일단의 연구팀은 허블우주망원경을 사용하여 처녀자리 초은하단의 중심부에 있는 M100은하의 세페이드 변광성을 연구하여 이들이 원래 생각했던 것보다 훨씬 가까이에 있다는 결론을 얻었다.

다소 놀라운 결과에 학자들의 연구는 각지에서 진행되었는데 큰곰자리의 경우 우주는 생각했던 것보다 15퍼센트 더 작다는 연구결과도 발표되었다. 이 말은 우주의 나이가 과거보다 15퍼센트 더 젊은 것을 뜻한다. 일부 학자들은 우주가 훨씬 빠른 속도로 팽창하므로 우주의 나이를 80억 년으로 줄여야 한다는 주장도 있지만 현재 기본적으로 받아들여지는 우주의 나이는 138억~141억 년으로 이곳에서는 138억 년을 우주의 나이로 설명한다.[78)79)]

---

78) 『21세기에 풀어야 할 과학의 의문 21』, 존 말론, 이제이북스, 2003
79) 『열정의 과학자들』, 존 판던 외, 아이세움, 2010

참고문헌

「대폭발이론이 태어나기까지」, 라대일, 과학동아, 1992년 12월
「크게보면 같은 꼴-시작도 끝도 없다」, 박창범, 과학동아, 1995년 1월
「141억 년 우주의 과거, 자외선으로 되돌아본다」, 이영완, 조선일보, 2004.06.21
「우주 나이는 1조년이다」, 이상협, 동아사이언스, 2006.5.18.
www.terms.naver.com/entry.nhn?docId=3568055&cid=58941&categoryId=58960
『21세기에 풀어야 할 과학의 의문 21』, 존 말론, 이제이북스, 2003
『처음 읽는 우주의 역사』, 이지유, 휴머니스트, 2013

4부

빅뱅 전성시대

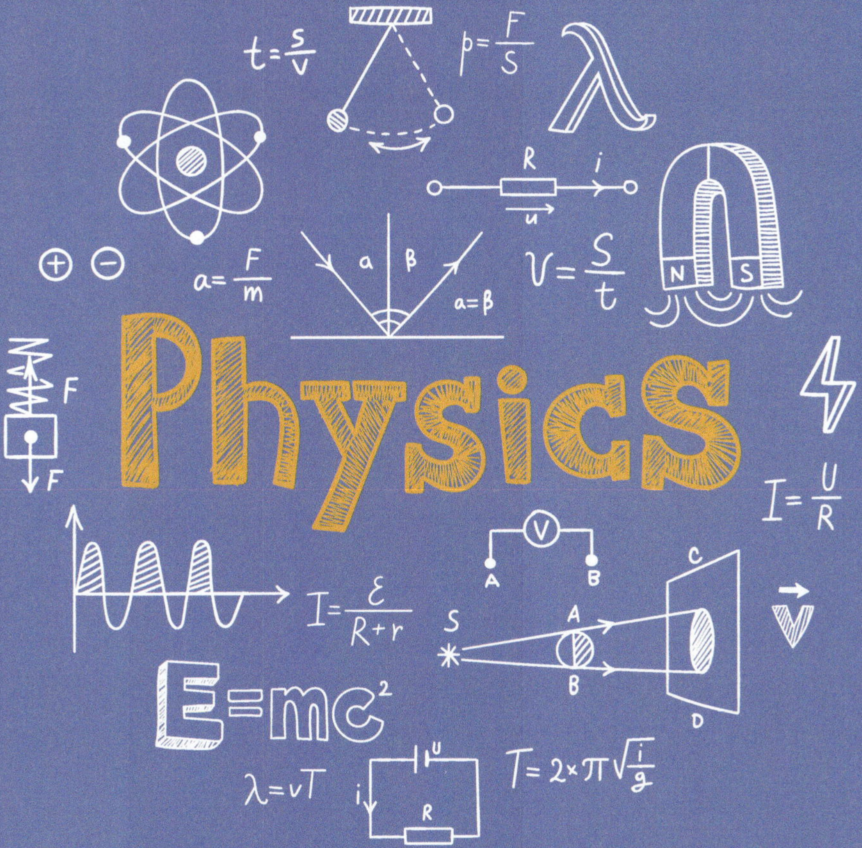

t=s/v
p=F/S
λ
R i
u
a β
a=F/m
a=β
V=S/t
N S
F
F
Physics
I=U/R
V
A B
C
I=ε/(R+r)
S
A
B
D
E=mc²
u
λ=vT
i
R
T=2×π√(l/g)

제4부 : 빅뱅 전성시대

1927년 발표된 르메트르의 논문은 우주가 무한소의 점으로부터 시작했다는 것을 의미한다. 역으로 말하면 우주의 나이가 유한하며 동시에 '탄생'되어야 한다는 것을 암시한다. 중요한 것은 이 탄생 전에 어떤 우주도 존재하지 않았다는 것으로 바로 '빅뱅'이라는 개념을 포함한다.

그러나 빅뱅이 워낙 파격적인 생각의 발상을 의미하므로 순탄치 않은 과정을 밟았다. 한마디로 빅뱅이 자리 잡기 위한 여정에 수많은 천문학자들의 노고가 배어있다는 뜻으로 여기에서 그 장대한 과정을 설명한다.

빅뱅이 하나의 우주론으로 대두되는데는 르메트르의 핵심을 정확히 집어내어 빅뱅을 하나의 이론으로 제시한 조지 가모프(George Anthony Gamow, 1904~1968) 박사의 공이 결정적이라 볼 수 있다. 그런데 가모프가 거의 독보적으로 빅뱅에 매달릴 수 있었던 것은 당대의 천문학계 상황에 기인한다. 한마디로 가모프가 투신할 수 있는 여건이 되었다는 뜻이다.

영국의 세실리아 헬레나 페인가포슈킨(Cecilia Helena Payne-Gaposchkin, 1900~1979, 이하 페인)은 케임브리지 대학교에서 과학을 공부한 후 대학원에 들어가 박사학위를 받고 싶었지만 대학에서 여성을 받은 적이 없다며 거절했다. 결국 페인은 여성을 받아주는 미국 하버드로 유학을 떠났다. 하버드에서 페인은 태양의 스펙트럼 사진을 분석하는 일에 매달렸다. 태양을 구성하는 원소가 무엇이냐이다.

그런데 세실리아 페인은 이 결론에 이의를 제기하고 계속 흡수선 분석에 몰두했다.

그녀의 끈질긴 분석 결과 태양은 수소 90%, 헬륨 10%로 이루어진 것이 확실했다. 한마디로 태양은 무거운 철 덩어리가 아니었다. 태양이 수소와 헬륨으로 구성되어 있다면 우주의 다른 별들도 이와 다르지 않다고 생각하는 것은 자연스러운 일이다. 그러나 당대의 과학자들은 페인의 연구 결과를 받아드리지 않았다. 하늘에 떠 있는 뜨거운 태양이 수소와 헬륨 같은 기체 덩어리라니 인정할 수 없다는 주장이다. 심지어 그녀의 박사 학위 논문 심사위원은 다음과 같은 문구를 넣도록 강요했다.

'이것은 거의 확실하게 사실이 아닐지 모른다.'

당대에 여자가 박사학위를 받는 것이 간단한 일이 아니므로 페인은 교수가 시키는대로 문구를 삽입했고 1925년 박사학위를 받을 수 있었다. 우여곡절 끝에 박사학위 심사에 통과했다는 뜻인데 아이러니한 것은 이 논문은 현재까지 천문학 분야에서 나온 가장 천재적인 박사학위논문으로 평가된다.

제1장 : 뜨거운 원시핵

20세기 초반만 해도 당시 사람들은 태양의 구성 물질에 대해 기원전 5세기 수준의 지식이었다. 그리스의 아낙사고라스는 하늘에서 떨어진 운석을 태양에서 떨어졌다고 생각했다. 불이 붙은 채 떨어지는데 그런 열을 내는 것은 태양밖에 없었다. 하늘에서 떨어진 운석을 조사하니 주로 철로 이루어져 있었으므로 아낙사고라스는 당당하게 태양이 철과 암석으로 되어있다고 주장했다.

이후 방사능이 마리 퀴리에 의해 등장하자 태양에너지의 원천이 방사성 원소일지도 모른다고 생각했다. 방사능이 철보다는 보다 그럴듯했다.

당시에도 분광기술이 상당히 발달하였고 태양의 스펙트럼 사진도 있었다. 그런데 놀랍게도 이들 흡수선은 철의 흡수선과 유사했다. 한마디로 기원전 5세기의 이론이 맞는다는 선에서 종결되는 듯 했다.

그러나 천문학 분야의 발전은 그야말로 급진전되어 태양에 있는 수소가 핵융합을 통해 엄청난 에너지를 낼 수 있다는 결과가 제시되었다. 이에는 독일 괴팅겐의 프리츠 후터만스(Friz Houtermans, 1903~1966) 박사가 장본인이다.

그는 태양의 대부분이 수소로 이루어져있고 헬륨이 약간 포함되었다면 태양에서 나오는 빛과 열은 수소가 타면서(핵융합) 나오는 것이 분명하다고 생각했다. 수소 4개가 합쳐진다면 헬륨을 만들 수 있고 헬륨은 수소 다음으로 간단한 원소이기 때문이다.

후터만스가 수소 4개가 모여 헬륨으로 변하는 것이야말로 태양에너지의 원천이라고 생각은 했지만 이들의 변환과정은 알지 못했다. 이유는 당대에 중성자의 존재가 발견되지 않아 수소 핵융합 과정을 자세하게 알 수 없었기 때문이다. 중성자는 1932년에 알려졌다.

여하튼 후터만스는 태양의 온도와 밀도를 계산하여 태양 속에는 수소 원자핵이 융합할 수 있을만큼 압력이 크고 온도가 높다는 것을 확인했고 이를

1929년에 발표했다. 그의 발표에 세계가 깜짝 놀랐는데 후터만스는 그야말로 불행한 사람 중 한 명이다.

그가 공산당원이기 때문이다. 그는 독일 나치를 피해 러시아로 피신했는데 소련의 스탈린이 과학자들을 숙청하는 와중에 소련 비밀 경찰에 체포되어 고문을 받은 후 감옥에 갇혔고 1940년 석방된 후 다시 독일 게슈타포에 체포되어 고생을 했다. 그의 연구 실적이 워낙 탁월하여 처형당하지 않은 것이 위안이라면 위안이다.

후터만스가 감옥을 전전하며 고생하는 동안 그의 연구 주제 즉 보다 완전한 수소핵융합과정은 1932년 중성자가 발견된 뒤, 한스 베테(Hans Bethe)에 의해 밝혀진다. 베테는 원래 독일인이지만 어머니가 유대인이므로 미국으로 건너갔고 여기에서 별에 대해 집중 연구했다.

별 속에서 수소가 헬륨으로 바뀌는 과정은 몇 가지가 있는데 그 중의 하나는 양성자-양성자 연쇄 반응이다. 이 반응은 중심온도가1,000~1,500만 K 범위에 있는 태양과 같이 가벼운 별에서 주로 일어나는데 3가지 과정을 거쳐 헬륨의 원자핵이 만들어진다.

첫 번째 과정은 수소 원자핵(1H)인 양성자 두 개가 서로 결합하여 중수소핵(2H)을 만드는 과정이다. 두 양성자가 융합되기 위해서는 서로 가까이 다가가야 한다. 양성자 사이에 작용하는 척력은 서로 가까이 접근하기 어렵게 만들지만 압력과 온도가 충분히 높으면 서로 가까이 접근하여 강한 핵력에 의해 융합될 수 있다.

두 양성자 사이에는 높은 에너지장벽(쿨롱장벽)이 있고, 장벽 너머에는 안정된(에너지가 낮은) 에너지 상태가 있다. 이것은 골프공을 쳐서 가파른 언덕 꼭대기에 있는 홀에 집어넣는 것과 비슷하다. 여기서 골프공은 양성자이고, 언덕은 양성자가 서로 결합하기 위해 넘어야 할 에너지장벽이다. 홀은 두 수소원자핵이 결합된 상태를 나타내는데 홀의 반경은 접근해야 할 거리, 깊이는 결합된 에너지의 크기를 나타낸다. 이 언덕은 매우 가파르고 구멍은 아주 작다. 골프공이 언덕을 올라가기 위해서는 충분히 큰 운동에너지를 가져야 한다.

계산으로 얻어진 태양의 중심온도는 언덕을 오르는데 필요한 에너지 값에 훨씬 못 미쳐서 고전 역학으로는 수소핵융합이 불가능하다고 여겨졌다. 하지만 양자역학은 공이 언덕꼭대기까지 오르지 않고도 양자터널링 현상을 통해 언덕 중간을 뚫고 구멍 속으로 들어갈 수 있다고 말해준다.

별 속에서는 양성자 사이에 작용하는 전기적 반발력을 극복하는 다른 방법이 있다. 그것은 두 양성자 중 하나가 전하를 잃고 중성자가 되는 것이다. 중성자와 양성자 사이에는 전기적 반발력이 작용하지 않는다. 양성자는 자발적으로 중성자로 변환되지 않지만(중성자는 양성자 보다 질량이 더 크다) 에너지가 더해지면 가능해진다. 하지만 이 과정은 약한 상호작용에 의존하므로 매우 느리게 일어난다. 양성자가 중성자로 전환될 때 양전자(e^+,positron)와 중성미자(ve)가 방출된다. 양전자는 전자의 질량과 같지만 전하의 부호가 반대인 반입자이고, 중성미자는 전하가 없고 질량이 거의 0인 입자이다.

이상의 과정을 정리하면 다음과 같다.

태양 속에서 생긴 중성미자(ve)는 태양을 빠져나가고, 양전자는 전자와 쌍소멸하면서 감마선(γ) 형태로 빛을 방출한다. 중수소핵(2H)은 다른 수소의 원자핵과 융합하여 헬륨의 가벼운 동위원소인 헬륨-3(3He)을 형성하고 감마선 광자(γ)의 형태로 에너지를 방출한다. 이어서 헬륨-3(3He)로부터 헬륨-4(4He)가 만들어진다. 이 과정은 여러 갈래로 진행된다.

수소 1kg이 핵융합을 일으키면 0.9929kg의 헬륨이 만들어지며 0.0071kg은 아인슈타인의 상대성이론에 따라 $E=mc^2$ 라는 어마어마한 에너지로 바뀐다. 약 640조Joule 인데 이것은 전 지구인이 1년 동안 석유와 석탄을 태워 얻는 에너지의 약 10배와 맞먹는다. 태양이 매초4×10^{26}J에너지를 우주공간으로 방출하는데 이 에너지는 매초 6억 톤의 수소를 헬륨으로 전환하면 얻어진다.

태양이 엄청난 에너지를 발산하므로 태양이 얼마나 오래 탈 수 있을까하는 질문이 있는데 만약 태양의 전 질량 2×10^{30}kg이 모두 헬륨으로 전환된다고 하면 약 1,000억 년이 걸린다. 그러나 태양의 수명이 1,000억 년이라는 것은 아니다. 태양의 온도는 바깥층으로 갈수록 떨어지므로 태양 속에 있는 모든 수소가 핵융합의 원료로 사용될 수는 없기 때문이다. 태양이 핵융합으로 태울 수 있는 부분은 중심 주위, 태양질량의 1/10 정도 되는 양으로 이에 따르면 태양의 수명은 약 100억 년이 된다.

현재 사용하고 있는 원자력 에너지는 바로 핵융합과는 정 반대의 개념이다. 핵융합에너지는 연료가 무한하며 방사선 낙진이 생기지 않고, 유해한 방사능이 적다는 장점을 가지고 있다. 원자력 에너지의 연료인 우라늄의 원자핵을 분열함으로써 발생하는 에너지를 사용하고 있지만 원자핵융합은 태양이 빛과 열을 내는 원리이므로 '인공태양'이라고 불린다.[80][81]

80) 「인공태양으로 불리는 '핵융합'」 이슬기, 사이언스타임스 2014.12.23
81) 『처음 읽는 우주의 역사』 이지유, 휴머니스트, 2013

<빅뱅의 아버지 조지 가모프>

조지 가모프(George Anthony Gamow, 1904~1968)는 1904년 우크라이나 오데사에서 태어났다. 가모프는 오데사 노보로시아대학에서 물리학을 공부할 때 젊고 능력있는 원자핵 물리학자로 불렸다. 그는 오데사에서 상트페테르부르크로 갔는데 그곳에는 팽창하는 우주를 주장한 프리드만이 있었다. 가모프가 역동하는 우주개념을 직접 프리드만으로부터 배울 수 있는 행운을 얻을 수 있었다는 뜻으로 프리드만이 젊은 나이에 사망했으므로 가모프가 프리드만의 우주론을 계승한 유일한 제자로 설명된다.

프리드만이 사망하였으므로 지도교수가 새로 위임되었지만 그는 일반상대성이론에 관심이 없는데다 소련에서 정치노선에 따라 학자들을 나누므로 밤새 사라지는 사람들이 비일비재했다. 가모프는 이미 영국과 오스트리아의 물을 먹은 적이 있으므로 위험을 느끼고 러시아를 탈출하기로 했다. 1932년 아내와 함께 카약을 타고 터키로 탈출할 계획을 세웠지만 날씨가 여의치 않아 포기했는데 1933년 벨기에에서 열리는 솔베이회의에 러시아 대표로 참석하게 되자 부인과 함께 학회에 참석한 후 미국으로 옮겼다.

가모프는 미국의 조지워싱턴 대학에서 자리잡고 당대 가장 인기있는 핵물리학에 투신했다. 당시 상당수 많은 학자들이 원자폭탄 프로젝트에 투입되었는데 가모프는 러시아 붉은 군대 장교였다는 이력 때문에 참여하지 못하고 자신의 연구에 집중했다.

1938년 가모프는 '별들의 에너지 원천에 관한 문제'에 관한 학술회의를 개최했는데 이 회의에 큰 영감을 받은 베테가 곧바로 수소핵융합 과정을 규명하기 시작했다.

태양에서 수소 4개가 융합하여 헬륨을 만드는 과정은 두 가지이다. 첫째는 수소와 중수소가 참여하는데 1932년 마침 중성자가 발견되어 이에 대한 원리가 알려졌다. 둘째는 중수소가 아닌 보통 수소와 탄소가 등장하는데 여기에서 탄소는 수소를 헬륨으로 바꾸는 공장 역할을 한다.

베테가 이런 연구 결과를 1939년에 발표했지만 학자들이 수긍하지 않았는데 1940년대가 되어 베테가 주장한 두 가지 핵반응이 태양에서 충분히 일어날 수 있다는 것이 밝혀졌고 1967년 노벨상을 받는다. 그러나 그의 노벨상 수상은 가모프가 노벨상 수상에서 제외되어 큰 논란을 일으키기도 했다.

학자들은 태양의 경우로 보더라도 수소가 주제라면 수소가 우주 시작과 함께 생겼을 개연성은 매우 높다고 추정했다. 그런데 수소가 헬륨을 만드는 것까지는 이해가 되지만 그 뒤는 알 수 없었다. 가모프는 이 문제를 차근차근 해결해야겠다고 생각했다. 우선 우주에 수소와 헬륨이 이렇게 많은 이유가 무엇이며 더욱 어떻게 처음부터 태양에 탄소가 포함되었으며 어떻게 하여 우주에 물질이 생기는가이다.

가모프는 이 문제를 르메트르의 원시 원자에서부터 시작하는 것이 합리적이라고 생각했다. 당초 가모프는 당대에 발견된 중성자를 원시 입자에 채워 넣으려고 생각했는데 여기에 커다란 문제점을 발견했다. 중성자로 이루어진 원시핵이 분열을 거듭하면서 결국 가장 안정한 상태의 원소에서 분열을 멈추는데 그건 철이다. 철은 더 이상 분열하지 않으므로 이 세상이 철로 채워져야 하는데 실제는 그렇지 않았다. 철은 우주에서 아주 적은 원소이고 수소와 헬륨이 주성분이다. 특히 주기율표에 있는 모든 원소를 모두 합해도 헬륨보다 적었다.

고심 끝에 가모프는 중성자를 포기하고 애초부터 수소로 채워진 뜨거운 원시핵을 생각했다. 큰 원자를 쪼개서 작은 원자를 만드는 것이 아니라 작은 원자 즉 수소로 채워진 원시핵이 핵융합을 일으켜 점점 큰 원자가 되었다는 것이다. 이는 원자를 만드는 방법에서 르메트르와 반대인데 핵융합을 일으킬 방아쇠가 필요한데 바로 폭발이라고 생각했다.

이 당시 허블이 외부은하들이 멀어져간다는 것을 관측으로 밝혀 수퍼스타가 되었는데 그의 논문에 의거 시간을 거꾸로 돌리면 외부은하들이 하나로 모여 있다는 것을 의미한다. 그런데 수많은 은하들을 한 곳에 모아놓으면 그 안은 그야말로 아수라장이지 않을 수 없다. 별은 대부분 수소로 이루어져 있는데 온도와 밀도가 어마어마하게 높다면 수소의 엉망진창 공간이 될 수밖에 없다는 뜻이다.

그러므로 만약 이런 핵이 실제로 존재한다면 매우 불안정해서 폭발을 일으킨다는 것이 자연스러운 수순인데 이런 폭발은 우주 규모가 되어야 한다고 생각했다. 가모프는 이 폭발 과정에서 수소의 일부가 헬륨으로 바뀌고 헬륨보다 더 무거운 탄소도 합성될 수 있다고 추정했다. 우주의 역사 초기에 탄소가 만들어졌기 때문에 태양에 탄소가 들어갈 수 있다는 뜻이다.

이런 가정이 성립되려면 우주 초기에 뜨거운 원시핵이 있어야 한다는 점이다. 가모프가 빅뱅의 아버지가 되는 이유를 알 수 있을 것이다.[82]

82) 『처음 읽는 우주의 역사』, 이지유, 휴머니스트, 2013

참고문헌

「인공태양으로 불리는 '핵융합'」, 이슬기, 사이언스타임스 2014.12.23.

『처음 읽는 우주의 역사』, 이지유, 휴머니스트, 2013

제2장 : 인플레이션 이론

빅뱅을 일반사람들이 이해하기 어려운 것은 그야말로 조그마한 점에서 갑자기 어마어마한 크기의 현 우주로 확장했다는 것이다. 핀 머리만한 것이 커다란 오렌지나 축구공 크기로 단숨에 변했다는 것이 아니다. 놀랍게도 우주의 부피가 한 순간에 10의 50제곱, 다시 말해 1에 0이 50개 붙는 비율로 증가하는 것이다.

순간적으로 급팽창하는 시점이 지나면 우주는 상대적으로 매우 완만하게 증가하며 현재까지 지속된다고 설명한다. 그런데 우주도 휴식기가 있다. 최초의 순간에는 슈퍼맨처럼 활동적이었으나 현재는 그런 변화를 그만두고 기나긴 우주의 역사 동안 본래의 평범한 인간으로 돌아가 생활하고 있다는 것이다.[83)]

빅뱅에서 제기되는 문제점은 폭발이 일반사람들이 상상하는 것보다 훨씬 커야 한다는 점이다. 허블이 외부은하가 멀어져가고 있다는 사실이 확인되었으므로 우주가 폭발 이후 줄곧 같은 비율로 팽창하고 있다고 가정하며 논리를 전개했다. 그러자 몇 가지 문제가 제기됐다.

첫째는 우주의 지평선 문제(Horizon Problem)이다.

우주배경복사는 우주 초기에 생겨 우주의 나이만큼 멀어져 간 빛으로 엄밀하게 말하면 우리가 볼 수 있는 가장 먼 곳에서 온 빛이다. 이 빛은 2.7K로 어느 방향이든 온도가 거의 같다. 우주배경복사의 온도는 방향에 따라 100,000 : 1 의 차이만을 보이고 이는 18μK에 해당한다. 예컨대 뜨거운 물

83) 『21세기에 풀어야 할 과학의 의문 21』, 존 말론, 이제이북스, 2003

이 담긴 찻잔에 차가운 얼음을 집어넣는다면 얼음을 중심으로 열 교환이 이루어져서 결국에는 찻잔 내의 물은 열평형을 이루게 된다. 다시 말해 찻잔 속의 모든 지점의 온도는 동일하게 된다.

빅뱅이론에서의 문제는 우주배경복사 당시의 지평선 거리인 38만 광년보다 멀리 떨어진 두 지점의 우주 공간의 온도가 거의 차이를 보이지 않는다는 것이다. 전통적인 우주론에서 우주의 반대편에 보이는 두 부분의 온도가 같다는 것은 불가능하다. 왜냐하면 정보의 교환 즉 에너지의 교환 속도는 빛의 속도를 넘어설 수가 없기 때문에 지평선을 넘어서는 거리의 두 지점의 우주 공간은 한 번도 정보가 오간 적이 없는 곳이기 때문이다. 다시 말해 우주의 모든 물질이 섞일 시간이 부족한데도 우주의 모든 곳이 바탕 온도가 같고 똑같은 우주배경복사가 발견된다는 것이다.

둘째는 평탄성 문제(Flatness Problem)이다.

상대성 이론에 따르면 시공간은 다양한 곡률을 가질 수 있으며 우주가 평탄해야 할 하등의 이유가 없다. 게다가 평탄한 우주는 불안정하기 때문에 빅뱅 초기에 약간의 곡률만이 존재해도 순식간에 평탄성이 깨져 버린다. 하지만 관측 결과 우주는 현재까지도 매우 평탄한 상태를 유지하고 있는 것으로 나타난다.

이를 이지유 박사는 지구의 예로 설명한다. 지구는 공모양이지만 지구가 너무 광대해 둥근 땅 위에서 산다는 것을 느끼지 못한다. 그런데 지구가 둥글다는 것은 지구에서 멀리 떨어져보면 확실하게 알 수 있다.

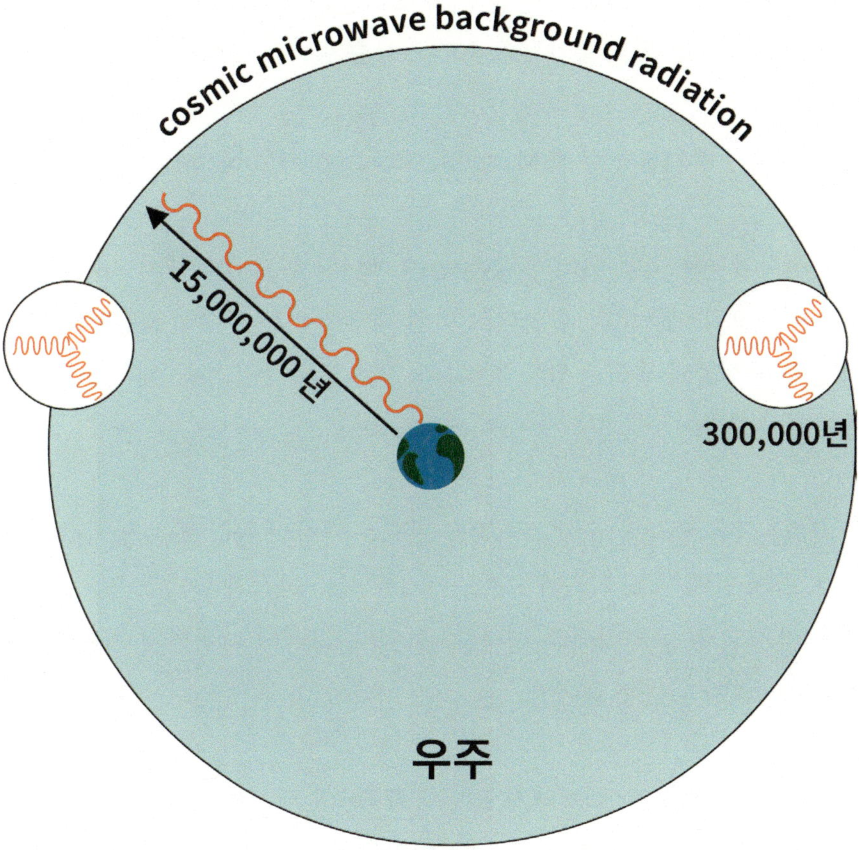

우주지평선

우주도 마찬가지다. 우리가 볼 때 우주는 어떤 굴곡도 없는 것처럼 보인다. 지구가 원형이라는 것을 알기 위해 먼 곳에서 바라보는 것처럼 우주가 어떻게 생겼는지를 알려면 우주에서멀리 떨어져야 하는데 그런 일은 불가능하다.

학자들은 우주가 이렇게 상식에 알맞게 생긴 것은 우주의 역사 초기에 정확하게 우주의 물질 밀도가 맞춰 있었기 때문이라고 설명한다. 우주가 오늘과 같은 모습이 되려면 우주 초기 밀도가 100조분의 1자리까지 맞춰진 환경이 필요하다는 것이다. 이 말은 거의 불가능하다는 말과 같은데 한마디로 우리는 탄생할 수 없는 불가능의 우주에 살고 있다는 뜻이다.

세 번째는 자기홀극 문제(Magnetic Monopole Problem)이다.

천문학자들은 빅뱅 초기와 같은 높은 에너지 밀도 상태에서 자기홀극이 생성될 것으로 예측한다. 한마디로 빅뱅 직후 생성된 무수히 많은 자기홀극이 일반 물질들의 밀도를 압도할 정도의 양으로 우주를 가득 채우고 있어야 한다는 뜻이다.

자기홀극은 홀극의 꼴의 자기장을 만드는 가상의 물질 또는 입자로 설명된다. 쉽게 말해, 항상 N극과 S극을 가지고 있는 자석과 달리 N극 혹은 S극만을 가지고 있는 자석이라 생각할 수 있다. 그런데 아직까지 자기홀극이 발견된 사례가 없다는 점이다.

빅뱅이 다소 곤경에 처해져 있을 1979년대 말 코넬대학의 알란 구스(Alan Guth)가 빅뱅 모형의 몇 가지 어려움을 제거할 수 있는 방법을 제시했다. 바로 인플레이션 이론이다.

그는 빅뱅보다 더 큰 폭발로 설명하면 빅뱅의 모순점을 해결할 수 있다고 생각했다. 빛보다 빠른 속도로 우주 공간 자체가 부풀었다는 것이다. 빛보다 빠르다니 무슨 소리냐고 반문하겠지만 어떤 입자가 빛보다 빠르게 달린 것이 아니라 공간 자체가 빛보다 빨리 늘었다는 설명이므로 물리적으로도 틀린 개념이 아니다.

그는 대폭발 후 약 10^{-35}초가 되었을 때 우주가 '과냉각' 상태로 진입하면 빅뱅이론에서 문제가 되는 팽창 문제 등을 해결할 수 있다고 주장했다. 그는 이 상태를 소위 '가짜 진공(false vaccum)'이라고 표현했는데 결론은 우주가 가짜 진공상태에서 현재의 우주인 진짜 진공상태로 옮겨갔다는 것이다. 그 결과 팽창률이 급격히 변했으며 이를 인플레이션이 일어났다고 한다. 구스는 폭발 후 약 10^{-35}초에서 10^{-33}초 까지 이 상태가 지속되었다고 계산했다.

빅뱅 초창기에 열평형 상태를 유지하던 우주가 급격하게 팽창했다는 인플레이션 이론을 가정하면 첫 번째 문제를 설명할 수 있다. 우주의 반대편이라도 원래는 매우 가깝게 붙어있던 곳이 거대한 공간으로 부풀었기 때문에 우주의 모든 지역의 온도가 같은 것을 설명할 수 있다. 그래서 우주가 생긴지 30만 년 후에 자유를 얻고 출발한 빛들이 오늘날 온 사방에서 똑같이 발견된다는 것이다.

이를 다음과 같이 설명하기도 한다. 대규모 팽창을 통해 나타나는 첫 번째 현상은 곡선이 평평하게 펴지는 모습을 보여준다. 예를 들어 100원짜리 동전이 지구만큼 커졌을 때는 동전의 테두리가 수평선과 같은 직선으로 보인다. 우주의 지평선 문제는 더 수월하게 설명할 수 있는데 현재 관측되는 우주는 우주 지평선 이내의 영역에 해당되기 때문에 방향에 상관없이 우주배경복사가 거의 같은 온도를 지닌다고 설명될 수 있다는 것이다.[84)85)]

둘째 문제도 인플레이션에 의해 과거 존재했던 시공간의 굴곡이 희석되어 우리의 관측 범위 내에서 보이는 우주는 거의 평탄하게 되었다는 설명이 가능하다. 요컨대 우주가 너무 거대해졌기에 둥근 지구 위에 선 사람이 땅이 평평한 것으로 느끼는 것처럼 우주가 거의 평탄하게 보인다는 것이다.

84) 『물리법칙으로 이루어진 세상』, 정갑수, 양문, 2007
85) 『처음 읽는 우주의 역사』, 이지유, 휴머니스트, 2013

자기홀극 문제도 인플레이션 우주론을 받아들이면, 빅뱅 초기에 생성되었던 높은 밀도의 자기홀극이 인플레이션을 거치면서 희석되었다고 해석할 수 있다.

인플레이션 이론이 도출되자마자 많은 천문학자들이 환호성을 지른 것은 가장 골머리를 썩이던 평평함 문제를 해결할 수 있기 때문이다. 우선 인플레이션이 일어날 때 공간의 팽창 속도는 광속불변의 원리에 의해 제한을 받지 않는다는 점이다. 즉 인플레이션에 의한 팽창은 빛의 속도를 능가하는데 우주의 팽창은 공간 그 자체가 뻗어나가는 것이기 때문이다.

구스의 스승으로 약전자기력 이론으로 노벨상을 받은 스티븐 와인버그는 구스의 논문을 보고 다음과 같이 말했다고 한다.

'아니. 그렇게 간단한 것을 내가 왜 못 생각했지?'

인플레이션 이론은 사실 논란의 여지가 많은 가설이였다.

우주인플레이션(매일경제)

그런데 빅뱅에 관한 문제점을 상당 부분 해소해 줌으로써 빅뱅이론이 우주 탄생의 정설로 자리잡을 수 있게 만드는데 큰 기여를 했다. 이는 앞에서 설명했지만 백뱅이 일어나고 거의 138억 년이 지났음에도 우주 반대편에 있는 두 지점의 온도가 아직도 같다는 것은 태초에 이 지점들이 상당히 긴 시간 동안에 접촉 상태에 있었다는 것을 의미한다. 만약 두 지점이 접촉 상태에 있지 않았다면 아무런 정보도 교환되지 않았을 것이므로 오늘날 온도가 같은 이유를 설명할 방법이 없었는데 인플레이션이론 덕분에 빅뱅 이론의 큰 지지점이 되었다. 하나의 점에 가까웠던 우주가 급속도로 팽창하여 유한한 크기에 도달하면 모든 영역이 동일한 온도를 유지할 수 있다는 뜻이다. 즉 빅뱅 + 인플레이션 이후 우주는 이전보다 느린 속도로 계속 팽창했지만 공간의 모든 지점이 이미 정보를 교환했으므로 균일한 온도 분포가 지금까지 유지될 수 있었다는 것이다.[86)]

물론 정작 인플레이션을 어떻게 부드럽게 끝내느냐가 알려지지 않았는데 1981년 펜실베이니아대학교의 폴 스타인하드트(Paul Steinhardt)와 안드레아 알브레치트(Andreas Albrecht)가 해결책을 제시했다. 그들은 가짜 진공 주변의 경계 모양이 약간 변하기만 하면 인플레이션이 부드럽게 끝날 수 있다는 것이다. 이를 신인플레이션 이론(new inflation)으로 불린다. 구소련의 안드레이 린데(Andrei Linde) 박사도 그들의 주장과 같은 견해를 제시했다.

<해결되어야 할 문제>

인플레이션 이론으로 빅뱅의 우주가 갖고 있는 결정적인 문제점을 슬기롭게 해석할 수 있다고 평가되었는데 근래 첨단 관측 장비로 우주를 보았더니 예상치 못한 장애물이 나타나 인플레이션 이론에 문제점을 제기했다.

우주에서 발견되는 구조 문제이다. 1970년대 중반에 스티븐 그레고리(Stephen Gregory)와 윌리암 티프트(William Tifft) 박사가 코마(Coma) 은

86) 『모든 것의 기원』 데이비드 버코비치, 책세상, 2017

하단 지역에서 거대한 빈 공간을 발견했고 이후 은하집단들의 우주 공간에 1억 광년이나 뻗쳐 있는 사슬 모양의 구조들을 발견했다. 학자들은 우주가 거대한 사슬 모양의 은하집단인 초은하단들과 그들 사이에 있는 거대한 빈 공간 즉 은하들이 하나도 없는 지역으로 구성되어 있다고 생각한다.

1989년에는 소위 만리장성(Great Wall)이라 불리는 길이가 5억 광년이고 너비가 2억 광년이며 거의 1,500만 광년의 두께를 가진 은하들로 이루어진 얇은 판형 구조를 발견했다. 그것은 우리 은하로부터 약 2~3억 광년 거리에 있다. 이런 장성은 그후 계속 발견되었고 이를 '거대중력체(Great Attractor)'이라 명명한다. 이것은 우리의 국부은하군과 근처의 다른 몇몇 은하군들을 중력으로 무언가가 끌어당기고 있다는 것을 의미한다.

이런 구조는 빅뱅 이론을 혼돈에 빠뜨렸다. 대폭발이론은 대규모 우주가 균일해야 한다고 예측하기 때문이다. 더구나 실험측정에 의하면 이들 구조들이 대폭발 후 150~160억 년에 형성되기에는 너무 크다는 것이다. 전형적인 은하속도는 광속의 약 1/300 정도이다. 그러므로 150~160억 년 안에 2억 광년 길이의 빈 공간을 만들어내기 위해서는 은하들이 상당한 거리를 움직여야 한다. 그런데 천문학자들은 만리장성들이 4억에서 8억 광년 떨어져 있다는 것을 발견했는데 이러한 구조들을 생산해 내기 위해서는 우주의 나이가 몇 배 더 되어야 한다는 것이다.

물론 이 문제에 대한 해답은 보이지 않는 우주물질이 존재한다는 것이다. 즉 현 우주는 보이지 않는 물질(암흑물질)이 보이는 물질과 뒤섞여 있다는 설명으로도 풀이된다. 그러므로 보이는 물질 지역은 사실 과잉밀집지역이라고 볼 수도 있으므로 물질이 그렇게 많이 움직일 필요는 없어진다는 설명이다.

또한 일부 학자들은 대폭발이론은 초기우주를 설명하는 것이지 우주가 진화되면서 뒤늦게 발달된 구조는 별개라는 것으로 설명될 수 있다고 말한다.

여하튼 학자들이 빅뱅이론을 선호하는 것은 우주의 과거를 예측할 수 있다는 가능성 때문이다. 빅뱅이론에 의하면 태초의 우주에서의 온도와 밀도를 예측할 수 있다. 이것은 종국에 아인슈타인의 일반상대성이론이 무너진다는 것을 의미한다. 우주가 너무 작아서 양자(원자) 효과가 중요해지면 일반상대성이론보다는 양자우주론이 요구되지만 아직 양자화된 일반상대성이론을 개발하지는 못했다.

바로 이점이 대폭발 후 10^{-43}초 이전에 어떤 일이 벌어졌는지 아무도 정확히 모르는 이유이다. 학자들은 이 시간이야말로 매우 중요한 시점이라고 설명하는데 이때가 바로 우주의 팽창을 위한 초기 조건들이 형성되었던 시간이기 때문이다. 그런데 바로 이점이 빅뱅이론의 가장 중요한 문제점이기도 하다.

이외에도 대폭발에서 나온 가스구름이 어떻게 분열하여 은하들을 형성했는가 하는 은하생성문제, 초기우주가 믿을 수 없을 정도로 낮았다는 엔트로피 문제, 반물질 문제, 광자 문제, 우주에 왜 회전축이 없는가하는 회전 문제 등이 있는데 이들은 앞으로 계속 제시되는 새로운 정보로 우리들 앞에 나타날 것으로 생각한다.

대폭발이론이 나름대로 우주론에서 기선을 잡고 있다고는 하지만 앞에 설명한 것과 같은 문제점이 있다는 것은 아직 대폭발이론이 완성상태에 있지 않다는 것을 의미할 수 있다.

더구나 많은 근원적인 질문들이 대기하고 있다. 왜 인플레이션이 일어나야만 했을까? 인플레이션이 왜 갑자기 멈추었을까? 인플레이션 다음에 서서히 일어난다는 팽창은 어떻게 결정될까 등도 상당한 의미를 갖게 된다.

더불어 다소 철학적인 문제로 공간도 시간도 에너지도 없는 '무'의 세계가 정말로 가능한가이다. 빅뱅의 문제를 풀기위해 인플레이션이론이 도출되었는데 이렇게 풀었더니 또 다른 질문들이 태어나오는 것이다.

한마디로 지금은 대폭발 이론을 정설로 설명하지만 빅뱅이 진리로 확정되는 데는 상당히 많은 관문을 거쳐야 한다는 뜻이다.

참고문헌

www.namu.wiki/w/%EC%9D%B8%ED%94%8C%EB%A0%88%EC%9D%B4%EC%85%98%20%EC%9A%B0%EC%A3%BC%EB%A1%A0

『21세기에 풀어야 할 과학의 의문 21』 존 말론, 이제이북스, 2003

『물리법칙으로 이루어진 세상』 정갑수, 양문, 2007

『처음 읽는 우주의 역사』 이지유, 휴머니스트, 2013

『모든 것의 기원』 데이비드 버코비치, 책세상, 2017

제3장 : 빅뱅 이후의 우주

학자들은 빅뱅을 정설로 인정한다면 빅뱅 이후 우주가 어떻게 되었는가를 찾아내는데 집중했다.

그런데 빅뱅 이론의 방정식은 생성의 '순간' 이후 10^{-43}초 후에만 의미가 있다. '플랑크 시간'이라고 불리는 이 시간 전에는 우리가 갖고 있는 물리 법칙들이 의미가 없다.

우주는 그때까지만 해도 너무 작아서 현미경으로도 찾을 수 없을 정도라고 볼 수 있다. 처음 보는 엄청난 숫자에 겁을 낼 필요는 없지만 10^{-43}초란 1초의 1조의 1조의 1조의 1,000만 분의 일이다.

이 시간 즉 플랑크 시간 직후의 우주에는 자연의 네 종류의 힘인 중력, 전자기력, 약한 핵력(약력), 강한 핵력(강력)이 하나로 통합되어 있었으나, 이때 이후 네 힘들은 분리되었다고 생각한다.

1979년, MIT의 알랜 구스(Alan Guth)가 발표한 '인플레이션' 즉 초팽창(빅뱅 직후 1초보다 아주 짧은 순간에 일어난 우주의 급격한 팽창)이 일어난 후에 오늘날과 같은 비교적 느린 속도의 팽창이 뒤따랐다고 생각하면 오늘날의 우주를 설명할 수 있다고 주장했다.[87]

빅뱅 모형에 따르면 우주는 탄생 직후 10^{-34}초마다 그 크기가 두 배로 늘어나면서 정신없이 팽창하기 시작했다. 그런 팽창은 1초의 100만 분의 100만 분의 100만 분의 100만 분의 100만 분의 1에 해당하는 10^{-30}초에 끝나버

87) 『대폭발과 우주의 탄생』, 배리 파커, 전파과학사, 1996

렸지만 그 결과 현미경으로 볼 수도 없을 정도로 작은 우주가 무려 10,000,000,000,000,000,000,000,000,000배로 커졌다고 구스는 설명했다.[88]

다소 어지러운 이야기이지만 우주의 나이가 1초였을 때 우주의 온도가 100억도 정도로 식었고 이때 새로운 입자들이 나타나기 시작했다. 이들 입자는 뉴트리노(중성미자)와 양성자와 중성자였다. 다시 1분 30초가 지나자 이번에는 양성자와 중성자들이 결합하여 원자핵을 만들기 시작했다. 3분 후에는 우주의 온도가 10억 도로 떨어졌으며 우주의 나이가 100만 년이 되었을 때, 그 온도는 3,000도로 떨어졌다. 이후 팽창하는 우주 속에서 은하가 탄생했고, 별이 태어났으며, 우리의 태양계가 형성되었다는 뜻이다.

우주의 나이가 1백만 년이 되어서야 비로소 원자가 형성되기 시작했다. 그 이전에 아원자 입자들은 복사 광자들과 계속해서 충돌하고 있었으며 50만 년 이후부터 1백만 년까지의 사이에 광자들은 우주 도처로 움직이기 시작한 것이다.[89] 이때 사방에 흩어져 있던 전자들이 원자핵에 포획되어 전기적으로 중성인 원자들이 생성되었다. 그리고 약10억 년이 지난 후 중력에 의해 은하, 별, 행성 등이 만들어지기 시작했다는 설명이다.

우주의 역사를 담은 필름을 거꾸로 돌려보면 여섯 단계의 중요한 사건들과 만난다. 각 단계에서 우주는 근본적인 변화를 겪는데 이를 '냉각'이라 부른다.

① 10^{-43}초 :

이 기간을 양자역학의 아버지인 막스 플랑크의 이름을 따서 '플랑크

88) 『거의 모든 것의 역사』, 빌 브라이슨, 까치, 2005
89) 『물리법칙으로 이루어진 세상』, 정갑수, 양문, 2007

시간'이라 부르는데 탄생으로부터 이때까지 중력, 전자기력, 강력, 약력 등 모든 힘은 하나였다. 물질의 입자들은 가장 기본적인 모습을 하고 있었고 단일한 힘을 매개로 하여 상호작용을 하고 있었다. 이 당시를 묘사한다는 것이 간단하지 않지만 학자들은 이때 우주의 씨앗이 들어있다고 말하는데 일부 학자들은 기포라고도 말한다. 프랑크 시간보다 짧은 시간, 플랑크 길이보다 짧은 길이는 측정할 수 없다고 말하는데 사실 인간이 이를 설명할 수 있는 지식은 축적되어있지 않다.[90)]

② 10^{-35}~10^{-33}초 :

강력이 전자기 약력과 결합하고 중력이 혼자 남는다. 이 단계에서 두 가지 중요한 사건이 일어나는데 하나는 우주가 소립자만한 크기에서 커다란 귤 만한 크기로 팽창한다. 이 과정을 인플레이션이라 부르는데 이 시기에 우주는 빛의 속도보다 빠르게 팽창했다. 이때 반물질은 물질과 충돌하면서 소멸해 가고 그 과정에서 방사선을 만들어낸다. 이때의 온도는 무려 10^{32}K로 상상하기 어려운 차원이다. 학자들이 이 단계에 자연의 기본 힘은 단 한 종류였다고 설명한다. 자연에 존재하는 기본 힘은 입자의 교환을 통해 작용하는데 이때 교환도는 입자를 매개 입자라고 한다. 예를 들어 전자기력의 매개 입자는 빛의 구성 입자인 광자(Photon)이다. 자석이 냉장고에 붙는 것은 바로 이 전자기력 때문이다. 다른 입자 즉 약력, 강력 중력도 교환하는 입자는 다르지만 유사한 방식으로 작용한다.

여기에서 학자들은 빅뱅 직후 이 매개 입자들이 한 종류였다면 현존하는 4개의 힘들은 하나의 통일된 힘으로 존재했음이 분명하다는 것이다. 그러므로 하나의 힘이 4개로 분리된 과정을 수학적으로 설명하기

90) 『처음 읽는 우주의 역사』, 이지유, 휴머니스트, 2013

위한 것이 1950년대부터 많은 학자들이 투입된 통일장이론(Unified Field Theory, UFT)은 물론 만물이론(Theory of everything, TOE)이다. 제2부 <만물의 이론(TOE)>에서 다루었지만 현 단계에서 중력을 제외한 세가지 힘은 표준모형(Standard Model)으로 통일하는데 성공했다고 설명된다. 아직 완벽한 이론은 도출되지 않았지만 2012년 이론물리학의 최대 현안이었던 힉스 입자(Higgs particle)가 발견되어 표준모형의 입지가 더욱 탄탄해졌는데 이 부분은 뒤에서 다시 설명한다.

여하튼 중력만은 아직 통일하지 못했는데 이는 중력이 워낙 다른 힘에 비해 작기 때문이다. 초끈이론(superstring theory) 또는 고리양자중력이론(loop quantum gravity) 등이 통일장이론의 대안으로 떠오르고 있다는 것도 앞에서 설명했다.

③ 10^{-10}초 :

약력과 전자기력이 합쳐져 전자기 약력이 된다. 이때의 온도는 가속장치를 통해 인공적으로 만들어낼 수 있으므로 많은 자료들이 축적되고 있다.

④ 1천만 분의 1초~1초 :

인플레이션은 갑자기 시작되었다가 갑자기 끝났다. 인플레이션이 끝날 때 우주의 온도가 10^{27}K로 떨어졌지만 우주는 천천히 팽창했다고 추정한다. 그러나 무엇이 인플레이션을 멈추게 했는지는 여전히 미지수이다. 쿼크와 반쿼크, 글루온이 생기고 전자기력과 약력이 분리되어 우주에 4가지 힘이 생겼다. 한마디로 핵을 구성하는 모든 기본 입자들과 렙톤이 존재하기 시작했다. 그런데 중성자와 반중성자가 만나 사라지고 양성자와 반양성자가 만나서 사라지는 쌍소멸이 발생하는데 이는 우주에 이들이 사라지면서 내놓은 에너지로 가득 찼다는 것을 말한다. 즉 이때 방출된 복사에너지의 양은 유명한 아인슈타인의 $E=mc^2$으로 결정된다.

이론대로라면 이 경우 우주에 아무것도 남지 않고 사라져야 하는데 어찌된 일인지 물질이 반물질보다 조금 많았다. 이 당시 반물질이 10억 개 있었다면 물질은 10억 1개가 있었다고 말한다.

그런데 이와는 달리 반물질이 물질보다 많았다면 어땠을까라는 의문이 들기 마련이다. 결론은 아무것도 달라지지 않는다. 데이비드 버코비치 박사는 다만 별과 행성 그리고 우리의 몸을 비롯한 모든 것이 반물질로 이루어졌을 것이지만 우리는 그것을 '물질'이라고 부를 것이라고 말했다. 뒤에서 설명하는 암흑물질도 이 무렵에 탄생했다.

⑤ 1초 이후 3분까지 :

빅뱅 후 1~100초에 우주가 한층 더 식어 양성자와 중성자가 결합하여 최초의 원자핵이 만들어졌다. 그러나 혼자 돌아다니는 중성자(자유중성자)는 상태가 불안정하므로 양성자와 전자로 붕괴되려는 경향이 있다. 그래서 빅뱅 후 100초가 지났을 무렵 평균 16개의 핵자 중 양성자가 14개, 중성자가 2개였으며 이들 중 양성자 2개와 중성자 2개가 합하여 헬륨 원자핵이 되었고 남은 12개의 양성자는 수소 원자핵이 되었다. 그런데 양성자와 중성자는 질량이 거의 같으므로 이 시기에 우주에 존재하는 질량의 1/4는 헬륨, 나머지 3/4는 수소였다. 빅뱅 이론에 따르면 현재 우주에 존재하는 질량의 75%는 수소, 25%는 헬륨이며 리튬보다 무거운 원소들이 나머지 극소량을 채우고 있다.[91] 여하튼 이 시기

91) 『모든 것의 기원』, 데이비드 버코비치, 책세상, 2017

우주는 아수라장인 부엌과 마찬가지이며 우주는 불투명했고 앞을 볼 수 없는 상태다. 가모프는 5분 간이라고 설명했는데 이후 3분으로 정리되었다.

⑦ 3분~30만 년(38만~50만 년) :

3분이 지난 후에야 핵은 비로소 안정을 얻었다고 볼 수 있다. 대폭발에서 탄생한 핵은 수소, 헬륨 등이며 나머지 원소들은 나중에 별 안에서 만들어졌다. 우주는 점점 팽창하고 온도는 점점 더 떨어졌지만 전자와 광자가 마구 엉켜 혼탁한 상태이다.

우주의 온도는 계속 내려가 태양의 표면보다 조금 낮은 3,000K로 식는다. 그때 양성자와 전자가 결합해서 최초의 원자, 즉 우리가 지금 보는 모든 것을 구성하고 있는 원자들이 최초로 만들어진다. 그 전까지는 전자가 어떤 핵 주변 궤도에 들어가도 다른 입자와의 충돌에 의해 튕겨져 나가곤 했다. 즉 50만 년 이전까지의 물질은 자유로이 돌아다니는 전자와 핵의 형태로만 존재했는데 이런 상태를 플라즈마라 부른다.[92]

30만~38만 년이 되자 광자 즉 빛이 당시까지의 구속에서 벗어나 탈출하며 우주로 퍼지는데 이때 출발한 빛이 바로 우주배경복사이다. 38만 년 전에 출발한 우주배경복사가 138억 년이나 지난 지금 우주배경복사라는 이름으로 온 우주에서 발견된다는 것이다.

물론 이때 출발한 빛들이 138억 년과 정확히 똑같은 것은 아니다. 그사이 우주가 1,000배 커졌기 때문에 빛도 늘어나 파장이 1,000배나 길어졌다. 그래서 38만 년 전에는 3,000K가 빛을 대표했지만 지금은 3K를

92) 『과학의 열쇠』, 로버트 M, 헤이즌 외, 교양인, 2008

대변하며 현대의 학자들이 정확하게 2.7K를 대표하는 빛을 발견했다. 학자들은 이 빛들이야말로 빅뱅을 경험한 증인이라 부른다.

앞의 간략한 설명을 일반인들이 이해하기 어려운 것은 사실이다. 그러므로 우리의 우주가 단 한 순간에 만들어졌다는 개념만 이해하면 충분하다. 구스의 이론에 의하면 우주는 지름이 수천억 광년에서 무한 사이의 어떤 값이 될 정도로 광대하고 별과 은하와 다른 복잡한 계들이 만들어질 준비를 완전히 갖추고 있다고 설명된다. 여하튼 이러한 기본 원리에 의해 우리 지구를 비롯한 우주가 존재할 수 있다는 것으로 학자들은 이후 우주의 변화를 다음과 같이 설명한다.[93]

⑧ 10억 년까지 :

빅뱅으로 우주가 탄생했지만 우주는 완벽하게 균질한 상태가 아니었다. 그러므로 수소와 헬륨같은 바리온들이 조금씩 모여 있는 곳과 빈 곳이 있었다. 물질과 암흑물질이 모여 있던 곳에서 중력의 영향으로 더 많은 물질이 모였고 이것이 발전하여 별도 생겼고 은하도 생겼다. 이때부터 별들이 핵융합반응으로 산소, 철 등을 만들고 계속 중금속들이 만들어졌다.

⑨ 65억 년 :

우주는 65억 살이 될 때까지 천천히 팽창하면서 은하에 있던 별들이 죽고 태어나기를 반복했다. 거대 은하들이 작은 은하들을 흡수하는 일도 많았고 은하 간 충돌도 많았다. 그런데 학자들이 놀라는 것은 65억 년 무렵 갑자기 우주가 빨리 팽창하기 시작했다.

93) 『거의 모든 것의 역사』, 빌 브라이슨, 까치, 2005

왜 이런 현상이 생겼는지는 아직 모른다. 이의 원인으로 암흑에너지를 거론하기도 한다. 우주의 고속 팽창은 현재도 계속되고 있다는 설명이다.

⑩ 85억 년 :

우리 은하의 변두리인 나선팔 부근에 우주 먼지와 가스들이 모인 거대한 원반이 있는데 그 중심부가 요동치고 있었다. 바로 태양이 태어난 것이다. 원반은 원래 같은 방향으로 도는데 태양과 함께 태어난 행성들도 원래 돌던 방향으로 태양을 공전한다. 행성들 가운데 작은것들끼리 공전하다가 서로 합쳐 큰 행성이 되었고 오늘날의 태양계가 되었다. 한편 우주의 팽창 속도는 20억 년 전보다 더욱 빨라졌다.

⑪ 90억~138억(141억 년) :

태양이 85억 년 전에 태어나고 약 5억 년 후 지구를 포함한 지구가 태어났다. 그사이 우주는 더 빨리 팽창하고 있으며 우주는 2.7K로 식었다. 이후 고작 500만~700만 년 전에 인간이 태어났고 현재 지구의 패자가 되었다.[94)]

94) 「블랙홀 존재 의구심 연구 잇따라」, 과학과 기술, 2006년9월

참고문헌

「또 다른 지구를 찾아서」, 팀 아펜젤러, 내셔널지오그래픽, 2004년 12월

「블랙홀 존재 의구심 연구 잇따라」, 과학과 기술, 2006년9월

『대폭발과 우주의 탄생』, 배리 파커, 전파과학사, 1996

『거의 모든 것의 역사』, 빌 브라이슨, 까치, 2005

『물리법칙으로 이루어진 세상』, 정갑수, 양문, 2007

『과학의 열쇠』, 로버트 M, 헤이즌 외, 교양인, 2008

『처음 읽는 우주의 역사』, 이지유, 휴머니스트, 2013

『모든 것의 기원』, 데이비드 버코비치, 책세상, 2017

제4장 : 빅뱅 증명, 배경복사

빅뱅은 실제로 우리들이 상상하는 폭발은 아니다. 우선 음파가 존재하지 않았으므로 그것과 연관된 폭음이 있을 리 없다. 또한 빅뱅은 공간이나 시간에서 일어나지 않았다. 우주가 팽창됐다고 말하는 것은 시공간 자체가 팽창함을 의미하기 때문이다.

모든 물체는 빛의 형태로 열을 방출하며, 물체에서 나오는 빛의 파장은 물체의 온도와 밀접한 관계가 있다는 것은 이미 설명하였다. 온도가 높은 물체에서는 에너지가 높은 빛, 즉 파장이 짧은 빛이 나오고 온도가 낮은 물체에서는 반대로 파장이 긴 빛이 방출된다.

빅뱅 직후에는 에너지와 물질 사이에 상호교환이 일어나지만 우주가 팽창함에 따라 온도가 내려가면서 더 이상 상호교환은 일어나지 않았고 이때 남아 있던 빛은 우주 팽창과 더불어 우주 속으로 흩어지면서 도플러 효과에 의해 파장이 점점 길어지게 된다. 이것을 다른 말로 표현하면 우주의 팽창에 따라 우주의 온도는 계속 떨어졌다는 것이다.

가모프는 계산을 통해 빅뱅 때 나온 초기의 우주복사선 파장을 7.35센티미터로 예측했다. 가모프는 빅뱅 이후 고온의 우주에 충만해 있던 빛이, 이제는 빛이 아니라 전파(마이크로파)가 되어 우주를 떠돌아다니고 있다고 추정했으며 이 빅뱅의 흔적인 전파를 우주 배경복사라고 불렀다. 이것은 3°K의 물체가 내는 빛과 같은 파장으로 우주 전체에 퍼져 있으므로 분명히 검출할 수 있다고 단언했지만 이것이 만만하다고 생각하는 과학자들은 거의 없었다.

그러나 이런 도전이 가능한 것은 제2차 세계대전이 전파 기술을 최대로 끌어올리는 1등공신의 역할을 했기 때문이다. 적기와 적의 위치 및 동향을 파악하는 기술, 독일 나치의 자랑 V-2 로켓의 유도장치를 망가트리는 기술 등 모두 전파를 이용한다.

전시에 사용된 전파 안테나는 현재 천문학자들이 전파망원경과 기능이 같았다. 접시 모양으로 생긴 전파 안테나가 전시에는 지상에서 오가는 전파를 잡아 적을 공격하는데 사용되었지만 접시를 하늘로 돌리면 우주에서 오는 전파를 얼마든지 잡아낼 수 있기 때문이다. 물론 이를 위해서는 아주 예민한 안테나를 만들어야 하는데 이미 안테나 기술은 상당히 발전한 상태이다.

<20세기 최대의 발견>

가모프가 백 수십 억 년 전에 일어난 빅뱅의 증거, 즉 3K의 우주배경복사를 검출할 수 있다고 주장했지만 이것은 잃어버린 과거의 생물 화석을 찾아내는 일보다도 엄청나게 어려운 일이다.

그러나 역사에는 불가능하다고 생각되던 것이 현실로 나타나기도 하는데 바로 그런 일이 천문학계에서 일어난 것이다. 3°K의 우주 배경복사를 벨 연구소의 펜지어스(Amo Pansias)와 윌슨(Robert W. Wilson)이 우연하게 발견했는데 학자들은 이 발견을 '우주론에 있어서 20세기 최대의 발견'이라고 일컫는다.

펜지어스는 1933년 독일에서 태어났지만 6세 때 부모와 독일을 탈출에 영국을 거쳐 미국 뉴욕으로 옮겨 정착했다. 뉴욕시립대학을 거쳐 컬럼비아대학교 물리학과에서 노벨상 수상자인 찰스 타운스를 지도교수로 전파천문학으로 박사학위를 받았으며 졸업 후 1961년 벨연구소의 연구원이 되었다.

그의 업무는 행방불명이 된 통신위성을 찾는 것이다. 벨연구소는 텔스타라는 통신위성을 발사했는데 하늘 어디엔가에서 실종되었는데 이를 찾으라는 것이다.

델스타 통신위성

전파천문학을 전공한 펜지어스는 통신위성을 찾는 일은 천문학자들이 하늘에서 전파은하를 찾는 것과 다름없다고 생각했다. 통신위성에서 전파를 내고 있지만 어디 있는지 정확히 모르는 것은 은하가 어딘가에서 전파를 내고 있지만 어디있는 은하인지 확실하지 않다는 것이다. 그런데 놀랍게도 펜지아어스가 델스타를 찾아내어 벨연구소의 스타로 떠오르면서 실력을 인정받았다.

1963년 로버트 윌슨이 벨연구소에서 그와 합류했다. 윌슨은 캘리포니아 공과대학에서 박사과정을 밟는 기간 동안 호일 박사의 우주론 강의를 듣고 큰 감명을 받았다. 당시 호일은 파울러 박사를 통해 들뜬 탄소를 찾아내 슈퍼맨이 된 달변의 인기 명사였다.

벨연구소에 날개없는 종이비행기처럼 생긴 삼각안테나가 있었다. 이 안테나의 용도는 통신위성의 신호를 잡는 것인데 그들의 당면 업무는 전파 안테나를 통해 들어오는 기본적인 잡음을 없애는 것이다. 은하계의 해와 달의 무리에서 복사되는 전파는 매우 약하기 때문에 지구에서 발신되는 보이지 않는 전파신호를 모두 제거하여야 했기 때문이다. 즉 두 사람은 우주 배경복사를 발견하려고 한 것은 아니다.

그런데 수신안테나의 잡음을 정확하게 계산한 후 그들이 포착한 전파의 온도를 계산했더니 예상보다도 2.5~3도나 더 높았다. 그들은 자신들이 포착한 잡음이 약 3.5°K의 전파라는 것을 알았지만 그 전파원이 어디인지를 알 수 없었다.

그들은 안테나에 보금자리를 만들고 있던 한 쌍의 비둘기를 발견하고 이것이 전파 잡음의 원인이라고 생각했다. 그러나 비둘기의 보금자리를 제거하고 측정했을 때 10%의 잡음은 제거되었지만 라디오의 공전에 필적하는 잔류 방사선인 잡음, 즉 3.5°K의 전파는 계속 남아 있었다. 그들은 결국 이 잡음의 근원을 우주로 추정하지 않을 수 없었다.

안테나가 하늘의 어디를 향하든지 잡음은 우주의 어느 방향으로부터도 균일하게 날아왔다. 밤낮은 물론 날짜의 변동도 없었고 계절적인 변동도 없었다. 그것은 인공적으로 발사된 전파도, 지구대기의 잡음도, 특정 천체나 성운으로부터 오는 전파도 아니라는 것은 명백했지만 그 이유를 설명할 수 있는 방법이 없었다.

마침 프린스턴 대학의 홈델 연구소에서 빅뱅에서 방출되었다고 예측된 복사선을 찾는 일에 종사하던 로버트 디키(Robert Dicke, 1916~1997)와 그의 팀원들을 만나서 자신들의 측정 결과를 상의했다. 놀랍게도 펜지어스와 윌슨이 포착한 전파는 그때까지 이론상으로만 거론되고 있던 빅뱅으로부터 남겨진 우주 배경 복사선가 분명하다고 생각했다.

그 후 다른 과학자들에 의해 계속된 연구로 이 복사선이 실제로 우주를 탄생시킨 우주적 사건의 잔존물임이 확인되었다. 우주의 배경 마이크로파를 구성하는 광자들이 가모프의 예상대로 100억 년 이상이나 도처에 널려 있었던 것이다. 이들은 빅뱅 후 약 100억 년 동안 다른 물체들과 전혀 반응을 하지 않고 남은 복사이다. 정확하게 말해서, 우주배경복사는 빅뱅 후 약 30만 년 후에 실제로 존재했던 우주의 모습으로 우주의 나이를 138억 년으로 본다면 137,999,700,000 년 전에 우주를 달린 것이다.[95)]

그들은 자신들의 발견을 1965년 논문으로 발표하며 우주 전 지역에서 2.7K에 해당하는 밀리미터파를 발견했다고 논문을 썼다. 한편 디키와 피블스도 빅뱅우주론을 연구하는 과정에 우주배경복사가 반드시 있어야한다는 이론을 게재했다.

<노벨상의 영욕>

1978년 노벨물리학상 수상자는 그야말로 세계를 놀라게 했다. 우주배경복사를 검출한 공로로 펜지어스와 윌슨 박사가 수상 대상인데 막상 빅뱅이

95) 『사이언스 오딧세이』 찰스 플라워스, 가람기획, 1998

론을 주도한 가모프는 물론 빅뱅의 이론을 만든 앨퍼와 허먼도 노벨상 명단에 들어있지 않기 때문이다.

그러므로 펜지어스와 윌슨은 노벨상 역사상 가장 운이 좋은 과학자로 일컬어지는 대신에 가모프는 모즐리, 나일론을 발명한 캐러더스(Wallace Hume Carothers)와 함께 노벨상을 받지 못한 가장 안타까운 사람으로 꼽힌다.

가모프가 노벨상을 받지 못한 이유로는 가모프 자신이 1950년대에 대폭발 이론에 대해 많은 관심을 두지 않고 DNA연구로 한 눈을 판데다 1956년 콜로라도 대학으로 옮긴 뒤에는 학문적으로 아주 고립된 생활을 했기 때문이다. 더구나 가모프는 엄청난 술고래로 종종 이 주벽 때문에 학회에서 추태를 여러 번 연출한 적이 있었다. 결국 그의 이런 특이한 행동이 물리학 공동체에서 자신의 위치를 몰락시키는 데 기여했고 대폭발 이론의 창시자에 대한 신뢰가 떨어지면서 노벨상 수여자의 명단에서도 탈락한 것이 아닌가 추정하고 있다. 노벨상을 타기 위해서는 학문적인 업적도 중요하지만 품행도 가지런해야 한다는 것을 생각하면 노벨상을 타는 것은 이래저래 어려운 일이 아닐 수 없다.

이런 현상을 발견한 사람은 펜지아스와 윌슨만은 아니었다. 그들과 같은 연구소에 근무하고 있던 과학자들도 똑같은 잡음을 발견했지만 그들은 잡음의 중요성을 파악하지 못하고 단지 안테나의 바탕 잡음을 조절하여 바탕 잡음보다 더 강한 신호를 찾는데 주력했다. 반면에 펜지아스와 윌슨은 그 반대로 바탕 잡음의 수준이 그 안테나에서 기대되었던 것보다 훨씬 더 높다는 것에 주목한 것이다. 같은 현상을 가지고도 해석하는 방법에 따라 한 팀은 노벨상을 받았고 다른 팀은 전혀 다른 길을 걸은 것이다.

그런데 우주배경복사선을 일반 집에서도 볼 수 있다고 라대일 박사는 적었다. 라 박사가 설명하는 우주배경복사선을 볼 수 있는 방법은 다음과 같다.[96]

'TV 수상기를 켠 다음 기존 방송이 없는 채널을 선택한다. 그 다음에 화면의 암영을 조절하는 콘트라스트(contract) 스위치를 돌려 약간 화면을 어둡게 하면 화면에 간혹가다 반짝거리는 신호를 볼 수 있다. 이런 신호의 약 10퍼센트는 바로 우주배경복사선에서 오는 것이다. 이들은 우리가 사는 우주 곳곳을 가득 채우고 있는 열전자파이므로 우주 어느 곳으로 TV수상기를 옮긴다 하더라도 그러한 반짝 신호는 절대로 없앨 수 없다.'

여하튼 빅뱅에 대한 연구가 계속되었다. 빅뱅에 의해 은하가 시작되었다면 우주는 사방으로 균일한 분포를 보이는 것이 정상이다. 그러나 현재의 우주는 은하들이 도처에 점점이 박혀있는 구조며 어떤 부분에 엄청난 숫자의 은하계이 밀집되어 있다. 이것을 은하단이라고 한다.

학자들은 이러한 불균일성이 초기의 우주가 완전히 균질하지 않고 요동(ripple of matter)이 일어났기 때문이라고 추정했다. 원자들은 우주가 10만년이 되었을 때 형성되기 시작했다고 설명되는데, 이때가 복사선이 아원자입자들과 충돌 없이 우주 도처로 자유롭게 움직이게 된 시기이므로 이 시기에 커다란 우주의 요동이 있었다는 것이다. 학자들은 이 초기 우주의 요동은 우주 마이크로파 배경 복사선의 온도 변이로 검출될 수 있다고 예측했다. 학자들의 예상은 정확했으며 1992년 NASA가 발사한 코비(COBE : cosmic background explorer) 위성이 실제로 마이크로파 배경에 10만 분의 6 정도의 작은 온도 요동이 있음을 발견했다.

96) 「대폭발이론이 태어나기까지」, 라대일, 과학동아, 1992년 12월

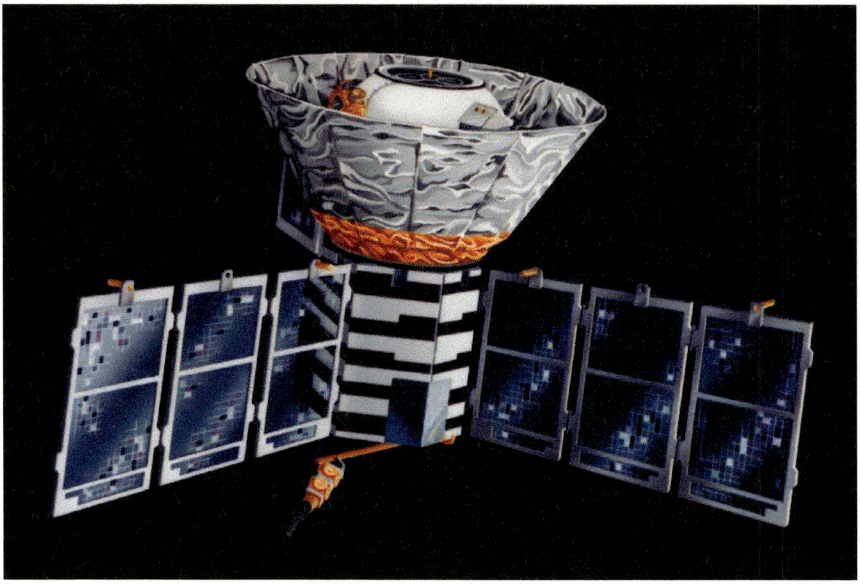

COBE 위성

이들은 1989년 발사한 COBE 우주관측 위성에서 얻은 자료를 바탕으로 극초단파 우주배경복사가 흑체(黑體) 복사 형태를 띠고 있고, 이방성(異方性)이 있음을 발견했다. 우주배경복사가 방향에 따라 온도가 달라지는 '이방성'이 있다는 것은 빅뱅 후 초기 우주에서 물질들이 고르지 않게 분포되었다는 것을 의미한다. 이것은 초기 우주의 미세한 양자 요동이 일반적으로 아주 균등하던 물질 분포를 흩뜨려 놓았을 것이라는 견해와 같은 맥락으로 은하와 별이 탄생할 수 있는 환경이 가능했음을 뜻한다. 쉽게 말하자면 아주 조금씩 덩어리가 진 스프에 비유할 수 있다. 밀가루는 고르게 퍼져 있지만 완전히 균일하지는 않으면 얼마 안 되는 양의 덩어리들이 계속 유지된다.[97] 이 같은 성과는 우주가 영하 270도로 균일하다고 알려진 내용을 뒤집는 것으로 빅뱅(Big Bang)이론의 타당성을 뒷받침하고 초기 우주와 은하, 별의 기원에 대한 이해를 넓힐 수 있게 했다.

97) 『21세기에 풀어야 할 과학의 의문 21』, 존 말론, 이제이북스, 2003

이때 찍은 복사 사진은 빅뱅 후 약 38만 년의 것으로 대단히 흐린 영상인데 그것은 미지의 원시 입자 습지가 인간을 만든 종류의 물질로 응고되는데 38만 년이 걸렸기 때문이다.[98] 이들의 검출 역시 빅뱅을 공고하게 만드는 증거로 인정되었다.

이들의 공도 인정받아 2006년 노벨 물리학상은 '코비프로젝트'의 책임 연구원인 미국 항공우주국(NASA) 고다드우주비행센터의 존 C. 매더(60) 박사와 버클리 캘리포니아대 조지 F.스무트(61) 교수에게 수여되었다.

매더 박사는 COBE 탐사선 연구의 총책임자로서 우주배경복사가 흑체복사 형태를 띤다는 사실을 확인했으며, 스무트 교수는 우주배경복사의 온도가 방향에 따라 다르다는 사실을 확인했다. 이는 그동안 우주생성론이 빅뱅이론 등 이론적 연구에 의존하던 시대에서 실제 관측과 측정을 통해 연구하는 시대로 접어들었음을 의미한다.[99]

---

98) 『100 디스커버리』, 피터 매시니스, 생각의 날개, 2011
99) 「노벨물리학상에 美매더 · 스무트」, 박도제, 헤럴드경제, 2006.10.4

참고문헌

「대폭발이론이 태어나기까지」, 라대일, 과학동아, 1992년 12월
「141억 년 우주의 과거, 자외선으로 되돌아본다」, 이영완, 조선일보, 2004.06.21
「우주 나이는 1조년이다」, 이상협, 동아사이언스, 2006.5.18
「노벨물리학상에 美매더 · 스무트」, 박도제, 헤럴드경제, 2006.10.04
『사이언스 오딧세이』, 찰스 플라워스, 가람기획, 1998
『21세기에 풀어야 할 과학의 의문 21』, 존 말론, 이제이북스, 2003
『100 디스커버리』, 피터 매시니스, 생각의 날개, 2011

5부

블랙홀 우주

제5부 : 블랙홀 우주

우주에 대해 문외한이라 하더라도 블랙홀이란 말을 모르는 사람은 없을 것이다. 간단하게 말하여 블랙홀에 들어가면 모든 것을 흡수하며 빛조차 일단 들어가면 빠져나올 수 없다는 것이다. 다소 황당한 일로 보이지만 우주에는 수많은 블랙홀이 존재한다.

블랙홀을 우주에서 가장 어두운 구멍이라고 하는 이유는 블랙홀의 중력을 벗어나기 위해 필요한 속도를 만드는 것이 불가능하기 때문이다. 지구의 중력을 벗어나려면 초속 11킬로미터의 속도가 필요하다. 그런데 블랙홀을 탈출하는데 이 속도는 물론 초속 30만 킬로미터에 달하는 빛도 블랙홀의 중력을 벗어날 수 없다. 현재까지 도출된 과학으로 볼 때 어떤 일이 있더라도 빛의 속도를 추월할 수 없다고 하므로 블랙홀에서는 빛도 빠져나올 수 없다는 뜻이다.

더불어 중력이 강력하므로 블랙홀의 내부를 관찰하는 것도 불가능하다. 블랙홀의 내부와 외부를 나누는 선을 사건 지평선이라고 하는데 이 선을 넘으면 별이든 행성이든 사람이든 영원히 사라져버린다.

놀라운 것은 아인슈타인이 블랙홀의 존재를 부정했다는 점이다. 블랙홀은 그의 상대성이론으로 입증되는데 아이러니한 것은 그는 실제로 그런 물체는 존재할 수 없다고 생각했다. 그는 중력이 일반적으로 그보다 더 강하다고 여겨지는 전자기력이나 핵력을 압도해 결국 우주에서 거대한 별의 핵이 사라질 수 있다는 것을 인정할 수 없었기 때문이다.

그러나 블랙홀이라는 개념은 아인슈타인보다 훨씬 전부터 제기된 것이다. 1783년 영국의 철학자 존 미첼(John Michell)은 블랙홀과 같은 개념을 논문으로 보고했으며 프랑스의 수학자 마르키스 드 라플라스(Marquis de Laplace) 역시 1796년 블랙홀의 존재를 예견했다. 그들은 만약 어떤 물체가 충분히 크고 또 조밀하다면 어떤 것도 그 중력의 손아귀에서 벗어날 수 없다고 말했다.[100)]

드 라플라스

100) 『아름다운 우주 스토리』 낸시 훼더웨이, 세종서적, 1998

물론 이 당시에는 블랙홀이라 부르지 않고 '얼어붙은 별', '어두운 별', '붕괴된 별'로 불렸으며 블랙홀에 관한 많은 논문을 제출한 슈바르실트도 블랙홀이 아니라 '슈바르실트 특이점'이라고 불렀다. 막상 기존의 블랙홀 개념을 '블랙홀'이라고 정의한 것은 미국인 물리학자 존 휠러로 그는 1967년 한 강연에서 '블랙홀'이란 말을 처음 사용했다.

이곳에서 블랙홀을 중점적으로 다루는 것은 블랙홀이야말로 우주를 이해하는데 첩경이기 때문이다. 한마디로 현 우주가 블랙홀을 기본으로 존재한다고 볼 수 있는데 근래 최첨단 천문학장비의 등장으로 블랙홀이 어떻게 생겼는지조차 파악할 수 있을 정도다.

제1장 : 블랙홀

블랙홀에 대해 사람들이 개념을 이해할 수 있게 된 것은 새로운 우주 관측 기술 덕분이다. 그동안 인간이 관측할 수 있는 분야는 가시 영역에 제한되었다. 그러나 1960년대 X선 및 전파망원경이 개발됨에 따라 천문학자들은 파장에 따라 빛을 구분해 성간 먼지의 방해를 받지 않고도 은하 내부의 구조들을 관찰할 수 있게 되었는데 대부분의 은하 중심부가 별, 가스, 먼지로 가득 차 있다는 것을 발견했다.

블랙홀의 정의에 의하면 블랙홀은 보이지 않는다. 오직 주변의 다른 별들과 은하들에 어떤 현상이 나타나는지를 통해 그 존재를 추론할 수 있을 뿐이다. 1990년 4월에 발사된 허블 우주망원경은 천문 관측 분야에서 혁혁한 공을 세웠지만 초반부에는 학자들의 기대에 못미쳤다. 그것은 초창기애 우주망원경이 보낸 사진의 화질이 나빴기 때문이다.

학자들은 반사경이 타원형으로 깎여야 하는데 완전히 구면으로 깎이는 바람에 초점이 제대로 맺히지 않았음을 발견했다. 그러므로 1993년 12월 광학보정장치를 만들어 망원경의 검출기 앞에 작은 보정렌즈를 달아 데이터를 보완했다. 허블 우주망원경은 지상에서 610킬로미터의 지구 궤도를 96분에 한 번씩 회전하며 천체를 촬영한다.

그러나 허블 우주망원경은 자주 기기고장을 일으켰다. 그러므로 NASA는 1994년 우주인들이 우주 유영으로 망원경을 수리하였는데 이때부터 비로소 블랙홀의 존재를 확신하기 시작했다.[101)]

그러므로 1990년대 말 관측한 증거를 통해 일부 천문학자들은 블랙홀에 두 종류가 있다는 것을 발견했다. 전형적인 쌍성계 유형의 블랙홀과 그보다 거대하여 태양의 10억 배나 되는 것이다. 이런 거대한 블랙홀들은 은하의 중심부에 위치하는데 폭우가 내린 뒤 빗물이 배수구로 빨려 들어가듯이 블랙홀 주변에서 원을 그리며 빨려 들어가고 있는 가스 원반의 속도를 측정하는 방법으로 2001년까지 30개 이상을 확인했다. 관측결과 은하의 크기가 클수록 중심부의 블랙홀의 크기도 큰 것으로 밝혀졌다. 은하 중에서도 중심부에 별이 밀집되어 볼록한 부분이 있는 타원 은하에서만 그런 블랙홀들이 나타났다. 중심부가 볼록하지 않은 은하에서는 블랙홀이 발견되지 않았다.

중심부의 볼록한 정도가 상대적으로 작은 편인 우리 은하에는 블랙홀이 있기는 하지만 태양 몇 개 정도에 맞먹는 다소 작은 크기들이다. 그리고 매우 큰 블랙홀이든 상대적으로 작은 것이든, 은하의 볼록한 중심부에서 그것이 차지하는 질량은 항상 0.2퍼센트였다. 거대한 블랙홀들이 계속 발견되자 미시건 대학의 더글러스 리치스톤 박사는 다음과 같이 말했다.

101) 「한 달 째 먹통 허블망원경 수리」, 이은정, 경향신문, 1999.12.21

'블랙홀들은 질량이 결정될 때 자신이 속하게 될 은하의 질량을 알고 있는 것처럼 보이며, 혹은 은하들이 주변에 블랙홀을 형성하거나 우연히 그렇게 되었을 때 그것의 질량을 알고 있는 것만 같다. 이들은 어떤 식으로든 서로를 조절하는 것 같다.'

양자 단계에서 전자들이 서로의 움직임을 '아는' 것 같다는 사실은 예전부터 알려졌지만 이런 상호작용이 우주처럼 규모가 큰 곳에서도 일어난다는 것에 많은 사람들이 놀랐다. 이런 예로 보아 학자들은 '닭이 먼저냐 달걀이 먼저냐'와 같은 질문 즉 은하와 블랙홀 중 어느 것이 먼저인지에 대해 설문을 돌렸다. 이 부분은 뒤에서 다시 설명한다.[102)]

여하튼 학자들의 추정으로는 우리 은하를 포함하여 1,000억 개 정도의 은하가 존재하는 것은 물론 근래의 정보로는 10^{500}개의 우주가 존재한다고까지 설명되는데 여하튼 은하의 중심부에 엄청난 질량과 밀도 그리고 상상을 초래할 정도로 큰 중력을 가진 물체가 있음을 기본 사항이다.

블랙홀은 규모가 어마어마하다. 우리 은하 중앙에 위치한 블랙홀의 질량은 태양의 430만 배, 이웃인 안드로메다의 질량은 태양의 1억 배이다. 근래의 발견으로 10억 배, 100억 배가 넘는 블랙홀도 있다는 것이 확인되었다. 블랙홀은 처음부터 이렇게 무거운 것이 아니라 시간이 지나면서 점점 더 무거워진다는 것이 특징이다. 그러므로 블랙홀은 우주 안에 흔하게 존재하며 우리의 우주 안에도 블랙홀이 무수히 많다고 설명한다.

물론 블랙홀을 본 사람은 아무도 없으며 앞으로도 그럴 것이다. 우선 눈에 보이는 것이 전혀 없다. 그러므로 블랙홀의 존재는 오로지 블랙홀 주변

102) 『21세기에 풀어야 할 과학의 의문 21』, 존 말론, 이제이북스, 2003

에 미치는 영향으로 유추한다. 창밖의 나뭇가지들이 한 방향으로 구부러져 있는 것을 보고 눈에는 보이지 않지만 강한 바람이 불고 있다는 것을 확신하는 것과 같은 이치다.

블랙홀은 자전하고 있으므로 기본적으로 우주 공간에 존재하는 깊은 소용돌이와 같다. 그런데 블랙홀을 향해 돌진하는 물질이 있다면 많은 양의 마찰열을 발생시킨다. 이 마찰열과 소용돌이의 효과가 더해지면 블랙홀로 떨어지던 물질의 상당량 때로는 90% 이상 연마기에 불꽃이 튀듯 사건 지평선을 통과하지 못하고 튕겨나간다.

이렇게 달궈진 물질은 우주를 가르며 돌진하는 제트 기류를 타고 엄청난 속도로 블랙홀에서 멀어진다. 이 제트 기류는 수백만 광년 거리를 뻗어나가 은하를 돌파하기도 한다. 다시 말해 블랙홀은 은하 중심에 있는 오래된 별들을 마구 휘저어 이 과정에서 생성된 초고온 가스를 은하 외부로 이동시킨다. 이 가스가 식은 뒤 뭉쳐져 결국 새로운 별을 만들므로 블랙홀을 은하를 재생시키는 젊음의 샘과 같다.

블랙홀에 대한 오해 중 하나는 SF 영화나 소설에 나오는 것처럼 모든 것을 빨아들인다는 것이다. 그러나 블랙홀의 흡인력은 평범한 별보다 더 크지 않다. 단지 크기에 비해 중력이 어마어마할 뿐이다. 만약 태양이 블랙홀이 된다면 지금과 질량은 같지만 직경은 현재의 139만2,000킬로미터에서 6.5킬로미터 이하로 줄어든다. 흥미로운 것은 태양의 크기가 줄었다고 하더라도 태양 주위를 도는 지구의 공전 궤도는 바뀌지 않는다. 태양이 블랙홀로 변하더라도 태양이 지구에 미치는 중력은 똑같기 때문이다. 지구가 블랙홀이 되더라도 크기는 줄어들지만 달의 공전 궤도에는 변화가 없다는 것과 같은 이치다.

블랙홀상상도 (서울신문)

시간에 관한 문제는 상당히 놀랍다. 시간과 블랙홀은 매우 이상한 관계다. 잘 알려진 사실이지만 엄청난 중력을 가진 블랙홀은 기본적으로 타임머신과 같다. 로켓을 타고 26,000광년 떨어져 있는 우리 은하의 중심부에 있는 블랙홀인 궁수자리A^{+}(Sgr A*)로 가면서 사건 지평선에 가까이 다가가되 그 선을 넘지 않으면 당시 그곳에서 보내는 1분은 지구에서의 1000년과 같다.

<사건지평선>

사람들의 궁금증은 만약 학자들의 말을 듣지 않고 사건지평선을 넘었다면 어떻게 될 것인가이다. 우선 밖에서는 당신이 블랙홀 안으로 떨어지는 장면을 보지 못한다. 당신은 그저 블랙홀의 가장자리에 영원히 얼어붙어 있는 것처럼 보일 것이다. 그러나 실제로 영원히는 아니다. 블랙홀조차도 영원하지 않기 때문이다. 스티븐 호킹 박사는 블랙홀도 이른바 호킹 복사를 통해 질량을 잃을 수 있고 시간이 지나면 결국 증발할 수 있다고 발표했다. 하지만 여기서 말하는 시간은 엄청나게 긴 시간이다.

블랙홀에서 탈출하는 것이 불가능하다는 것은 현대인의 상식이나 마찬가지다. 일단 블랙홀의 경계선을 넘어가면 중력이 너무 강해서 그 어떤 것도 심지어 빛조차도 블랙홀의 강력한 손아귀를 뿌리치고 벗어나는 것이 불가능하다. 블랙홀 속으로 들어가면 우리의 몸은 엄청난 힘을 받아 국수가락처럼 길게 늘어난다는 것이 상식인데 물리학자들이 블랙홀 속으로 뛰어든 용감한 우주여행자가 살 수 있는 방법을 발견했다.

아인슈타인의 일반상대성 이론에 의하면 블랙홀 중심에는 크기는 '0'이고 밀도는 무한대인 '특이점'이 존재한다고 예측했다. 특이점에서는 시공간의 곡률과 중력이 무한히 크기 때문에 거기에 들어가는 것은 어떤 것이라도 산산조각 나서 사라진다고 한다.

양자론의 중요 개념 중 하나인 파울리의 베티 원리에 의하면 양자 입자들은 같은 장소에 함께 존재할 수 없다. 양자 차원의 힘들이 입자들을 붙어 있지 못하게 밀어내기 때문이다. 이 원리에 따라 입자들끼리 서로 밀어내는 힘을 축퇴압이라 부르는데 찬드라세카르(Subramanyan Chandresekher, 1910~1995)는 이 원리를 죽어가는 별에 적용해 질량이 태양의 1.4배 미만인 별은 전자 축퇴압 때문에 중력 붕괴를 견뎌낼 수 있다는 결론을 내렸다.

전자 축퇴압으로 붕괴되지 않고 명맥을 유지하는 별을 백색왜성이라 하는데 이 왜성은 밀도가 매우 커 지구만 한 부피에 별 하나의 질량이 압축돼 들어 있는 것과 같다. 하년 원자폭탄 개발을 총 지휘한 로버트 오펜하이머 박사는 중성자들 사이의 축퇴압은 질량이 태양의 3배 미만인 별의 붕괴를 막아준다는 결론을 얻었다. 이런 별을 중성자별이라고 하는데 중성자별은 백색왜성보다 밀도가 높아 도시 하나 정도의 지름을 가진 구에 별 하나의 질량이 들어 있는 것과 같다. 그런데 초신성 폭발을 한 별의 질량이 태양보다 3배 이상 크다면 더 이상 중력 붕괴에 대항할 힘은 물리학에서 알려진 것이 없다. 이 별의 운명이 바로 블랙홀이다.

블랙홀 맨 바깥쪽 표면을 '사건의 지평선'이라 부른다. 사건의 지평선은 딱딱한 고체 표면이 아니고 중력이 아주 강해 빛이 절대로 탈출할 수 없는 블랙홀의 경계선에 해당한다. 사건의 지평선은 블랙홀의 특이점에서 일정 거리만큼 떨어진 구면을 이룬다.

1916년 독일의 카를 슈바르츠실트는 사건의 지평선 반지름을 계산했다. 질량 m인 블랙홀의 경우 그 반지름은 $2Gm/c^2$이다. 여기서 G는 중력 상수(6.6742×10^{-11}), c는 빛의 속도이다. 이 계산에 의하면 어떤 물체라도 충분히 작게 짜부라지기만 하면 블랙홀이 될 수 있다. 예를 들면 태양의 슈바르츠실트 반지름은 약 3킬로미터이다. 만약 지구가 블랙홀이 된다면 사건의 지평선 반지름은 겨우 9mm에 불과하다.

사건의 지평선을 향해 다가가는 우주 비행사는 가까이 다가갈수록 중력장이 점점 강해지는 것을 느낄 수 있다. 그리고 곧바로 다른 효과가 나타나는데 일반상대성이론에 의하면 강한 중력장 안에서는 시간이 천천히 흐른다. 이것은 광속에 가까운 속도로 달릴 때 일어나는 시간 지연 효과와 비슷하다. 이 효과 때문에 블랙홀 가까이에서 나오는 빛은 스펙트럼상에서 붉은색 쪽으로 이동하는 현상이 나타나는데 이것을 중력 적색이동이라 부른다. 이 현상은 빛이 블랙홀의 중력장을 뿌리치고 나오는 과정에서 에너지를 많이 소비하기 때문에 일어난다.

사건의 지평선에서는 중력이 미치는 효과가 무한대에 이르러 시간이 정지한 것처럼 보인다. 또 중력 적색이동으로 인해 우주비행사에게서 나온 빛은 블랙홀 속으로 더 깊이 떨어져갈수록 점점 더 긴 파장 쪽으로 이동한다. 그러다가 결국 가시 스펙트럼을 벗어나는 순간 우주 비행사의 모습은 사라진다. 하지만 우주 비행사가 실제로 경험하는 것은 이것과 전혀 다르다.

블랙홀에 다가가는 우주비행사에게는 뒤에 있는 별들의 강한 중력장 때문에 왜곡돼 보인다. 정상적으로는 우주 비행사의 눈으로 곧장 향해야 할 별빛들이 강한 중력 때문에 휘므로 우주 비행사의 눈에는 우주의 모습이 마치 어안렌즈로 보는 것처럼 보인다.

블랙홀에 다가갈수록 그 효과는 더 커진다. 블랙홀 중심에스 슈바르츠실트 반지름의 1.5배되는 지점에서 우주 비행사는 '광자 구'를 만난다. 이 거리에서는 중력이 매우 강해 빛이 블랙홀 주위에서 원을 그리며 궤도를 돈다. 물리학자들은 광자 구 위에서 잠시 머물며 좌우를 둘러보면 블랙홀 주변의 모든 풍경이 다 보이는데 극적인 것은 심지어 자신의 뒤통수까지 볼 수 있다고 말한다. 이것은 뒤통수에서 나온 빛이 밖으로 빠져나가지 않고 블랙홀 주위를 한 바퀴 돌아서 되돌아오기 때문이다.

블랙홀이 무한정 깊다고 하지만 바닥도 존재하는데 사건의 지평선으로 들어가는 우주비행사를 묘사해보자. 사건의 지평선에 발부터 먼저 들어가는 우주비행사는 머리와 발에 미치는 힘의 차이가 점점 커지는 것을 느낀다. 일반적으로 사람의 발은 머리보다 1.5미터 정도 차이가 날 뿐이지만 중력장이 엄청나게 강하므로 우주 비생사의 몸은 길게 늘어난다. 더불어 중력은 옆 방향으로 몸을 짜브라뜨려 가늘게 만든다. 특이점을 향해 더 가까이 다가갈수록 이 효과는 더 크게 나타나 머리와 몸이 떨어져나가고 몸통은 가

느다란 실처럼 늘어난다. 이렇게 되는 시간은 0.1초에 지나지 않는다. 학자들은 이런 현상을 '스파게티화'라고 하는데 보지는 못하지만 잔해는 바닥에 도착한다.

학자들은 특이점이 매우 작을 것으로 생각하는데 작은 단위가 엄청나게 무겁기도 하다. 그런데 특이점을 수조 배 확대하더라도 현 인간의 현미경으로는 볼 수 없다고 생각하는데 적어도 수학적으로 볼 때 특이점이 존재한다는 것은 확실하다는 점이다. 그런데 특이점에 대해서 아직 어느 누구도 정확하게 설명하지 못한다. 특이점은 상당히 상상하기 어려운 존재로. 특이점을 설명하려면 일반 상대성이론과 양자역학을 뛰어넘는 이론을 고안해야 한다. 두 이론은 지구상에서 무리없이 적용할 수 없지만 블랙홀이라는 극단적인 환경에서는 어느 이론도 적용이 불가하기 때문이다.[103)]

흥미있는 것은 미국의 물리학자 리처드 고트가 스파케티가 되는 시간을 조금 더 연장하는 방법을 찾아냈다. 한마디로 우주비행사의 수명을 늘리는 방법인데 그는 여행자가 허리 주위에 거대한 고리 모양의 물질을 두르면 강한 중력의 힘을 약간 상쇄시킬 수 있다고 주장했다.

그런데 그 고리의 규모는 상상할 수 없을 정도로 거대해야 하는데 무게가 최소한 큰 소행성 정도는 되어야 한다. 그런데 이런 고리로 장착하면 무려 0.1초를 더 살 수 있다. 0.1초지만 남은 수명을 무려 2배나 늘릴 수 있다는 설명이다.

다소 찝찝한 상황인데 여기에 묘수가 등장했다. 슈바르츠실트의 해석은 정지된 상태에서 생긴 블랙홀에 대해서만 다루었다. 그런데 뉴질랜드의 수

103) 「블랙홀에 관한 진실」, 마이클 핀클, 내셔널지오그래픽, 2014년 3월

학자 로이 커(Roy Kerr) 박사는 회전하는 질량에서 생겨난 블랙홀에 대해 설명했다. 정지한 블랙홀의 중심에 있는 특이점은 하나의 점이고 일단 사건의 지평선을 넘어가면 그 속으로 끌려들어가는 걸 피할 수 없다.

그런데 회전하는 블랙홀의 경우 특이점은 고리 형태를 하고 있다. 만약 블랙홀이 충분히 크고 고트 박사의 구명대를 차고 있다면 여행자가 특이점 고리를 곧장 통과하는 것이 가능하다.

이것이 수많은 SF 감독들을 환호케했다. 여행자가 고리의 반대편 쪽에서 새로운 우주 지역으로 나올 수 있다는 것이다. 블랙홀을 다룬 영화에서 주인공들이 죽지 않고 살아나오는 것은 바로 이런 상황을 연출하는 것인데 물론 새로운 우주 지역이 어떤 지역인지는 전혀 알려지지 않은 상태이지만 블랙홀로 우리 우주와 다른 우주를 여행할 수도 있는 장면을 만들 수도 있다. 제1권에서 설명한 「인터스텔라」가 바로 차용한 내용이다.

여하튼 이런 상황을 상정하여 많은 과학자들이 로이 커의 블랙홀을 웜홀 즉 시공간에 뚫린 터널이라고도 말한다. 우주에 존재하는 거의 모든 천체는 회전 운동을 하고 있으며 로이 커의 블랙홀은 예외적인 것이 아니라 오히려 보편적이라 볼 수 있다.[104)]

캘리포니아 공과대학의 물리학자 아모스 오리 박사가 보다 이 문제를 구체적으로 설명한다.

현재까지의 이론에 의하면 인간이 과거로 돌아가는 방법은 오직 블랙홀을 통과하는 방법이라고 단언해 말한다. 문제는 블랙홀에 일단 들어가면 빠

104) 『블랙홀에서 살아남는 법』, 폴 파슨스, 미래인, 2012

져나올 수 없다는 통설이다. 그러나 오리 박사는 절묘한 방안을 도출했다. 즉 빠른 속도로 회전하는 블랙홀 안에 갇힌 우주선이 엄청난 중력에 의해 으스러지지 않는다는 것이다. 원심력에 의해 블랙홀 중심부에 공간이 생겨 이 터널을 통해 우주선이 무사히 지날 수 있다는 것이다. 과거에 알려진 통상적인 블랙홀에 대한 설명은 다음과 같다.

'블랙홀 안에서는 시간과 공간의 조직이 심하게 뒤틀리기 때문에 이 조직 자체가 찢어진다. 찢어진 부분은 다시 붙지만 처음과는 다르게 붙는다. 그래서 이 터널을 지나가는 우주선은 시간을 거슬러 오르게 된다. 다른 현실로 들어가는 것이다.'

오리 박사는 위와 같은 일이 일어나지 않을 이유로 블랙홀로 빨려 들어오는 빛이 너무 약해서 우주선을 파괴할 수 없다고 주장한다. 큰 틀에서 태풍의 핵은 주변과는 달리 고요한 것과 일맥상통하다. 블랙홀에 관한 한 현 지구인의 지식은 그야말로 원초적이나 마찬가지다. 이를 현대에 적용하면 다음과 같이 부드러운 상황이 될 수 있다.

'서로 경쟁 관계에 있는 두 문명국이 어떤 은하계의 소유권을 놓고 싸운다고 가정하자. 전쟁을 벌이는 대신에 서로 다른 현실로 들어가서 똑같은 은하계를 소유할 수 있을 것이다.'[105]

그러나 블랙홀에 관한 한 학자들의 기본적인 견해는 냉철하다.

'인류 최고의 두뇌들과 수많은 방정식들이 동원되었지만 명백한 사실은 어떤 일이 일어날지 아무도 모른다.'

105) 『갈릴레오에서 터미네이터까지』, 에이드리언 베리, 하늘연못, 1997

참고문헌

「한 달 째 먹통 허블망원경 수리」, 이은정, 경향신문, 1999.12.21.

「블랙홀에 관한 진실」, 마이클 핀클, 내셔널지오그래픽, 2014년 3월

『갈릴레오에서 터미네이터까지』, 에이드리언 베리, 하늘연못, 1997

『21세기에 풀어야 할 과학의 의문 21』, 존 말론, 이제이북스, 2003

『블랙홀에서 살아남는 법』, 폴 파슨스, 미래인, 2012

제2장 : 퀘이사

현재 빅뱅이론(BB)이 정상이론(CC)보다 설득력이 높다고 설명되는데 이를 확실하게 증빙하는 증거로 제시된 것이 우주배경복사와 블랙홀이다. 그런데 블랙홀이 존재할 수 있다는 이론과 이를 검증할 수 있느냐는 전혀 다른 일이다. 더구나 블랙홀의 정의에 따르면 볼 수 있는 것도 아니다.

퀘이사

그런데 놀랍게도 바로 블랙홀의 증거가 발견되었다는 것이다.

학자들은 과학 즉 천문장비의 발전을 통해 블랙홀이 사실이라는 것을 확인하는데 총력을 기우렸다. 학자들의 염원은 응답을 받았는데 바로 퀘이사(QUASAR, 準星)로 6억 광년에서 300억 광년 사이 범위에서 발견되는 밝은 점광원이자 전파원이다. 학자들은 우주 어디에선가 가시광선 뿐만 아니라 모든 파장에서 막대한 에너지를 뿜어내는 천체를 발견했지만 그 실상을 파악치 못해 오랫동안 미스테리 천체로 분류하고 있었다.

현재 학자들은 이들 미스터리 천체를 퀘이사라고 부르며 퀘이사의 실체는 매우 먼 거리에서 발견되는 활동적인 초대질량 블랙홀으로 설명하는데 학자들에 따라 퀘이사가 블랙홀의 원본이라고 설명한다.

퀘이사는 우주에서 가장 밝은 단일 천체 중 하나이며 그 밝기는 최대 태양의 700조 배에 달하기도 한다. 700조가 얼마나 큰가는 700,000,000,000,000 배로 '0'의 숫자만 세어 봐도 알 수 있다.

다소 설명하기 어려운 천제를 퀘이사(QUASAR)로 부르는 것은 처음에 '별처럼 보이는 전파원(QUASi-stellAR radio source)'으로 불렸으므로 이들 약자를 사용한 것이다. 그러나 추후 연구에서 퀘이사가 전파만 발산하는 천체는 아니므로 '준항성상 천체(QSO, QUASi-stellAR object)', '준성(準星)'이라고 부르기도 한다.

1963년 마르텐 슈미트와 알란 샌디지 등에 의해서 수수께끼의 천체 퀘이사(quasar)가 발견되자 빅뱅론자들이 환호했다.

퀘이사야말로 빅뱅이론의 근거로 제시할 수 있기 때문이다. 잘 알려진 이야기지만 적색이동을 볼 때 대부분 수십억 광년이나 멀리 떨어져있는 다른 우주임에도 그 빛이 너무나 밝다는 점이다. 그런데 많은 퀘이사들이 일주일 정도 심지어는 며칠 정도의 짧은 주기로 광도가 변했다. 이것은 지름이 단 몇 광(light day)에 불과하다는 것을 의미했으므로 퀘이사는 은하보다 훨씬 작다는 것을 의미했다. 그런데도 불구하고 간단하게 비유하여 태양계만한 에너지원에서 별이 1,000억 개나 모인 우리 은하의 총 밝기에 해당하는 에너지가 나온다는 믿지 못할 결론에 도달한 것이다.

당시 천문학 지식으로는 이처럼 좁은 공간에서 퀘이사 정도의 에너지를 내는 메커니즘을 설명할 수 없으므로 일부 천문학자들이 팽창우주론이 과연 정확한 것인지조차 의심하기 시작했다. 즉 지금까지 대폭발 우주론을 구성하는 대 전제가 흔들리는 것이다. 그런데 학자들은 블랙홀이 퀘이사 중앙에 숨어 있다고 가정한다면 문제가 쉽게 풀린다는 사실을 발견했다.

현대 과학자들은 우선 퀘이사가 우주 초기 활발하게 형성중인 원시 은하의 핵이라고 설명한다. 실제로 퀘이사 주변에 희미한 은하의 모양 같은 것이 관측되고 있어 이를 뒷받침한다는 것이다. 이를 퀘이사가 속한 모은하(host galaxy)로 부르기도 한다. 즉 퀘이사가 우주 탄생 초창기에 존재한 것으로 추정하는데 바로 이 점 때문에 퀘이사를 빅뱅 우주론의 유력한 증거로서 제시한다.

더불어 최근으로 다가올수록 퀘이사가 적게 발견되는데 이는 우주 생성 초기에 있었던 퀘이사들이 우주 환경의 변화로 활동성을 잃어 더 이상 보이지 않게 되었다고 설명한다. 생성된 지 얼마 되지 않았을 때의 과거 우주와 현재 우주가 밀도 등에서 상당히 다를 수 있다는 것을 반증한다.

<초대질량 블랙홀>

현재 정설로 받아들여지는 퀘이사의 에너지원은 거대한 블랙홀이다. 이러한 블랙홀이 생기는 과정은 밝혀지지 않았지만 가장 유력한 가설은 다음과 같다.

'빅뱅 이후 탄생한 최초의 별들이 초신성 폭발을 하면서 충격파가 주변의 가스를 휩쓸고 지나가면서, 뭉치는 부분이 생긴다. 뭉친 가스들이 이후 자체의 중력에 의해 계속 수축하면서 거대한 별이 수백~수만 개가 태어나 신생

성단이 형성된다. 어떤 곳은 태양 질량의 100배가 넘는 거대한 별이 1만 개 이상 밀집되어 태어나기도 한다. 이 중 어떤 별은 태양 질량의 450배나 되는 거대한 별로 신생 성단의 중심지에 위치하여 여러 과정을 거쳐 괴물별이 탄생할 수 있다. 이러한 별이 초신성 폭발을 하면 일반적으로 태어나는 블랙홀보다 훨씬 큰 태양 질량의 15배나 되는 거대한 블랙홀이 태어난다.'

워낙 가스가 밀집된 지역이고 주위에 있는 대형별들도 초신성 폭발을 하고 밀집된 가스의 중력으로 외부 가스가 계속 유입되면서 대형별이 계속 태어나기를 반복한다. 이 과정이 반복되면서 워낙 많은 가스가 블랙홀로 들어와 중심의 블랙홀이 급격히 성장하면서 퀘이사로 발전한다는 가설이다.

주위의 블랙홀들이 가스를 조금씩 먹으면서 성장하는 과정에서 시간이 가면 갈수록 중심에 있는 블랙홀로 이끌리는데 한마디로 중심의 블랙홀과 합쳐지며 더욱 거대해지고 더 많은 가스를 빨아들인다. 더불어 우주 초기에 지금보다 훨씬 가스의 밀도가 높았다. 우주가 탄생할 때의 우주 부피와 현 우주 부피는 수천 배나 차이 나므로 밀도가 상당히 높아 많은 가스들이 블랙홀로 들어갔다. 이런 과정을 거쳐 중심의 블랙홀은 급격히 성장하는데 참고적으로 현재 우리 은하 중심 블랙홀의 질량은 태양의 431만 배이다.

여하튼 학자들은 과거의 우주는 지금보다 밀도가 훨씬 높았으므로 은하간 합병이 훨씬 빈번하여 퀘이사들이 급격히 성장하였고 우주 탄생 10억 년이 되었을 때 태양의 수십억 배나 되는 거대 블랙홀을 탄생시키기도 했다. 이런 거대 퀘이사들은 태양의 100~1,000조 배, 심지어 1경 배가 넘는 에너지 가스의 90% 이상을 이온화시켜서 은하 밖으로 방출시켰다. 이런 격렬한 활동을 하는 은하 중심 블랙홀의 질량은 은하 전체 항성질량의 0.1~0.2%까지 차지하기도 한다. 물론 한 때 격렬하게 성장하더라도 가스가 줄어들면 퀘이사의 활동도 멈추고 중심 블랙홀의 성장도 멈추는데 학자들은 이 과정을 다음과 같이 설명한다.

'블랙홀로 빨려들어 가는 가스는 소유한 에너지($E=mc^2$)의 10~40%까지 빛에너지로 내뿜으므로 핵융합에 비해 훨씬 더 밝고 뜨겁다. 하지만 블랙홀은 빨려들어 가는 물질의 1%도 못 빨아들이고 99% 다시 내뱉는데 강착원반에 엄청난 자기장과 폭발 에너지 때문이다. 즉 대부분의 물질은 블랙홀의 사건의 지평선 내로 들어가기 전에 제트 형태로 블랙홀을 탈출한다.'

뜨거운 몇몇 퀘이사의 밝기가 태양의 1,000조~1경 배에 달하더라도 분출 에너지가 나오는 영역이 극도로 좁은 곳에 집중되다는 것을 은하 중심부에 블랙홀이 있다는 것을 가정하면 설명이 가능하다는 것이다. 여기에서 학자들이 주목하는 것은 퀘이사가 은하의 예전 모습을 비춰주므로 현재 대부분의 은하 중심에서 발견되는 거대 블랙홀은 이러한 퀘이사들이 변해 현재의 모습이 되었을 가능성이다.

한편 퀘이사의 이런 엄청난 활동이 은하 자체의 밀도를 줄여주는 역할을 하는데 약 90%의 가스들이 은하 밖으로 탈출하고 10%만 남게 된다. 즉 이런 퀘이사의 활동이 없었다면 은하의 밀도는 지금보다 10배 이상 더 높고 별의 수도 훨씬 더 많았을 것으로 추정한다.

퀘이사의 활동은 120~132억 년 전에 가장 심하게 활동한 후 점차 줄어들었다. 실제로 우주에서 퀘이사의 활동이 끝나가는 80억 년 전부터 은하 내부의 별의 생성이 현재와 유사할 정도로 줄어든다.

이는 우주가 나이가 들수록 활동적인 퀘이사의 숫자가 계속 줄어든다는 것으로 설명한다. 현재 학자들은 다음과 같이 추정한다. 비슷한 크기끼리의 은하와 은하가 합병할 때 거대 퀘이사 활동이 발생하고 큰 은하가 작은 은하와 가스를 삼킬 때는 약한 퀘이사 활동이 일어난다는 것이다. 우리 은하처럼 비교적 가스가 많은 은하의 경우는 주기적으로 은하 중심부의 가스가 뭉쳐 대량의 별이 태어나면서 약한 퀘이사 활동이 일어나는데 2억 년쯤 후에 이런 활동이 일어난다고 설명한다.

한편 우리 은하와 안드로메다 은하가 정면 충돌하는 시점에는 거대 퀘이사 활동이 발생할 것으로 추정하지만 퀘이사 활동 규모가 어느 정도 될 지는 예측 불가이다. 우리 은하와 안드로메다 은하 모두 활동이 많이 줄어든 은하이기 때문이다.[106)]

<200년이 넘는 블랙홀>

블랙홀은 현대 천체물리학을 대변하므로 여러 번 설명되었는데 이곳에서 보다 정리하여 설명한다.

블랙홀의 개념이 현대 과학에 의해 태어난 것은 아니다. 블랙홀이 처음으로 태어난 것은 무려 200여 년이 훨씬 넘는다. 1783년 영국의 지질학자 존 미첼(John Mitchell)은 뉴턴의 만유인력과 탈출속도를 이용하여 만일 태양에 비해 지름이 500배 크고 밀도는 동일한 행성이 있다면 이 행성에서 물체의 탈출속도는 빛의 속도와 같고 이 때문에 이 행성에서는 빛이 빠져나올 수 없다고 주장했다.

10여년 뒤인 1796년 유명한 프랑스 수학자 비에르 시몽 라플라스가 『세계 시스템에 관한 해설』이란 책에서 미첼과 유사한 견해를 발표했지만 학자

106) 「퀘이사」, 나무위키

들의 뇌리에서 잊혀졌다.

현대적인 블랙홀 개념은 독일의 수학자 카를 슈바르츠실트(1873~1916)에 의해서 다시 태어났다. 그는 1916년, 아인슈타인의 상대성 이론에 기초하여 물체의 부피가 아주 작을 때 그 물체의 바로 곁에 극단적으로 크게 구부러지는 공간이 생긴다고 예언했다. 그는 중심점이 있고 정적인(회전하지 않는) 블랙홀이 존재할 수 있다고 결론을 유도했다. 이것은 표면이 없는 대신에 그 선을 넘어서면 탈출이 불가능한 경계가 있다는 점에서 아주 특이한 존재였다. 이것이 바로 우리가 오늘날 블랙홀이라 부르는 것이다.

이를 사건의 지평선(event horizon)이라 부른다. 사건의 지평선은 블랙홀을 둘러싸고 있는 구형의 경계인데 오늘날에는 슈바르츠실트를 기념하기 위해 중심점에서 사건의 지평선까지의 거리를 '슈바르츠실트 반지름'이라 부른다. 즉 만약 어떤 별의 질량이 매우 좁은 영역 안에 밀집되어 있어서 질량을 반지름으로 나눈 값이 어떤 임계값보다 커지면 시공간의 왜곡이 급격하게 심해지고, 그 근처에 존재하는 물체들은 모두 그 별의 중력에 빨려 들어가게 된다는 것으로 이것이 오늘날 우리가 말하는 블랙홀이다.[107] 태양과 같은 크기의 별인 경우 반지름이 약 3킬로미터이다.[108]

사실 슈바르츠실트는 매우 불운한 사람이라고 볼 수 있다.

당대에 그를 인정한 사람은 거의 없었다. 그의 가설이 황당무계했던 것은 블랙홀이 되려면 슈바르츠실트 반지름이 약 3킬로미터가 돼야 하는데 이것이 상식적으로 가능한가라고 지적했기 때문이다. 이것은 지구의 반지름이

107) 『물리법칙으로 이루어진 세상』 정갑수, 양문, 2007
108) 『열정의 과학자들』 존 판던 외, 아이세움, 2010

약 1센티미터가 된다는 뜻과 마찬가지이다.[109)]

더구나 일반 상대성 이론을 제창한 아인슈타인 자신은 블랙홀의 존재를 인정하지 않았다. 큰 질량을 가진 천체의 부피가 무한히 작아지기까지 수축하는 일 따위가 일어날 리 없다고 생각했고 블랙홀이 물리적으로 존재할 수 없음을 보여주기 위해 1939년, 「중력에 이끌리는 다체로 구성된 구상 균형을 이룬 정지계에 대하여」라는 논문을 통해 슈바르츠실트가 주장한 블랙홀을 반박하려고 했다.[110)]

그런데 1963년 수학자 로이 커(Roy Kerr)는 또 다른 블랙홀에 대한 해를 발표했다. 그것은 회전하는 블랙홀로서, 회전 때문에 시공간을 빨아들이는 영역이 사건의 지평선 바깥까지 뻗어 있는데, 이 영역을 에르고스피어(ergosphere)라 한다. 또 커의 회전하는 블랙홀은 특이점이라 부르는 중심점이 하나의 점으로 존재하지 않고 고리 모양으로 존재한다.

회전하는 블랙홀과 회전하지 않는 블랙홀은 오늘날 각각 '커 블랙홀'과 '슈바르츠실트 블랙홀'이라 부른다. 두 블랙홀은 모두 질량과 전하(양전하든 음전하든 간에 그 크기는 비교적 작을 것으로 추정)만으로 완전하게 기술할 수 있으며 커 블랙홀의 경우에는 회전 속도(각운동량)가 추가된다.[111)] 여기에 전하를 더한 것이 '커-뉴먼 블랙홀'로 가장 일반적인 개념의 천체다. 회전, 전하에 블랙홀의 질량을 더한 세 개의 양을 '털(毛)'로 비유하면 그 세 개의 '털' 이외의 물리적 정보는 블랙홀이 될 때 모두 소멸된다. 블랙홀을 특징짓는 것은 이 세 가지 '털' 뿐인데 실제로 커-뉴먼 블랙홀이 유일한 블랙

109) 「파란만장한 블랙홀 자서전」, 박석재, 과학동아, 1997년 5월
110) 「블랙홀 둘러싼 거장과 신인의 싸움」박진희, 과학동아, 2004년 9월
111) 『판타스틱 사이언스』, 수 알렌, 웅진닷컴, 2005

홀인지 또 다른 블랙홀이 있는지의 여부는 계속 연구 중이다.[112]

여하튼 블랙홀은 점점 학자들의 지지를 받아 수축이 이론상 일어날 수 있다는 것도 미국의 물리학자 로버트 오펜하이머(1904~1967) 등에 의해 제기되었다. 그리고 '중력붕괴'라는 수축 매커니즘을 통하여 만들어지는 중성자별이 실제로 발견됨으로써 블랙홀의 존재도 유력해졌다. 특히 블랜퍼드 등 몇몇 학자들은 블랙홀 질량이 태양보다 1억 배 정도 크면 충분히 은하 밝기 정도의 에너지를 꺼낼 수 있다는 것이다.

1970년대에 아인슈타인의 사후에 백조자리 방향에서 강력한 X선원이 발견되었다. 당초에 많은 천문학자와 물리학자들은 이 X선을 방출하는 천체로 중성자별을 생각했다. 그런데 학자들은 중성자별의 질량은 태양 질량의 약 3배 이하여야 한다는 것을 발견했다. 그런데 백조자리 X-1은 태양의 약 10배 이상의 질량을 갖고 있었다. 결국 백조자리 X-1은 중성자별이 아니라 블랙홀이라고 결론을 내렸다[113]

그후 허블망원경은 많은 은하의 중심에 거대한 블랙홀이 존재한다는 증거를 속속 찾아냈으며 이제는 대부분 은하 중심에 질량이 태양보다 100만~100억 배 더 큰 블랙홀이 존재한다는 것이 기정사실이 됐다.[114]

블랙홀의 존재를 확인한 방법은 직접 관찰한 것이 아니라 주변의 별이 빨려 들어갈 때 생기는 회전가스 원반 형태의 X선이나 감마선 빛을 관측해서 알아낸 것이다. 노벨물리학상을 수상한 킵 손 교수와 펜로즈 교수가 참여하

112) 『교양으로 읽는 과학의 모든 것』, 한국과학문화재단, 미래M&B, 2006
113) 「21세기판 상대성이론 입문」, 뉴턴 2004년 4월호
114) 박석재, 「우주는 모든 물질이 한 점에 모여 일으킨 대폭발의 결과」, 『신동아』 2004년 신년호 특별부록

여 제작한 「인터스텔라」에서 상세하게 묘사된 장면들의 근거이다.

참고적으로 블랙홀이란 단어는 1967년 미국 프린스턴대의 물리학자 존 휠러(John Wheeler) 박사가 당시 '중력적으로 완전히 붕괴된 물체'라는 이름을 보다 간편하게 하기 위해 '블랙홀'이라고 부르자고 한데서부터 시작되었다. 당시 블랙홀은 '얼어붙은 별(frozen star)' 또는 '붕괴된 물체(collapsed object)' 등으로 불리고 있었다. 지금은 초등학생이라도 개념을 알고 있을 블랙홀이라는 저명인사가 불과 50년 전에는 그 누구도 알지 못하는 무명인사였다.

참고문헌

「대폭발이론이 태어나기까지」, 라대일, 과학동아, 1992년 12월

「우주의 시작에서 마지막까지 표준우주모델 시나리오의 기틀 마련」, 김성원, 과학동아, 1993년 9월

「태초 초고밀도의 한점-대폭발 급팽창」, 박석재, 과학동아, 1995년 1월

「파란만장한 블랙홀 자서전」, 박석재, 과학동아, 1997년 5월

「150억 년 우주 드라마」, 이명균, 과학동아, 1998년 2월

「우주는 모든 물질이 한 점에 모여 일으킨 대폭발의 결과」, 박석재, 『신동아』 2004년 신년호 특별부록

「21세기판 상대성이론 입문」, 뉴턴 2004년 4월호

「블랙홀 둘러싼 거장과 신인의 싸움」, 박진희, 과학동아, 2004년 9월

「퀘이사」, 나무위키

『처음 3분 간』, 스티븐 와인버그, 현대과학신서, 1986

『대폭발과 우주의 탄생』, 배리 파커, 전파과학사, 1996

『판타스틱 사이언스』, 수 알렌, 웅진닷컴, 2005

『교양으로 읽는 과학의 모든 것』, 한국과학문화재단, 미래M&B, 2006

『물리법칙으로 이루어진 세상』, 정갑수, 양문, 2007

『열정의 과학자들』, 존 판던 외, 아이세움, 2010

『처음 읽는 우주의 역사』, 이지유, 휴머니스트, 2013

제3장 : 찬드라세카르

우주를 이야기하면서 1983년 파울러와 함께 노벨상을 수상한 수브라마니안 찬드라세카르(Subramanyan Chandresekher)를 설명하지 않을 수 없다. 천문학에 문외한이라도 천문학을 조금이라도 읽어보았다면 우주의 별의 운명에 대해 들어보았을 것이다.

다소 전문적인 설명이지만 그는 결론적으로 백색왜성은 태양 질량의 약 1.4배를 넘을 수 없다고 설명했다. 이를 '찬드라세카르 한계'라 부르는데 한마디로 그는 모든 별이 동일한 운명을 갖지 않는다는 사실을 발견한 것이다. 놀랍게도 이 내용은 찬드라세카르가 불과 20살 때 발견한 것이다.[115]

그런데 그는 노벨상 역사에서 비극적이라고도 할 수 있을 정도로 매우 늦은 수상 기록을 갖고 있다. 가모프 박사처럼 아예 노벨상을 받지 못한 사람도 있지만 여하튼 그가 우주학에 미친 영향이 지대하지만 인도인이었던 관계로 홀대를 받았다고 인식한다.

그는 1930년 19살의 나이로 마드라스(현재의 첸나이)의 프레지던시 대학을 막 졸업한 수재 중 한 명이다. 재학 중 성적이 워낙 뛰어나 인도 정부가 영국에서 공부할 수 있도록 장학금을 제공했다. 그것도 평범한 대학이 아니라 영국에서도 최고로 알려진 케임브리지 트리니티대학이다. 트리니티대학은 1546년에 설립되어 무려 400년의 역사를 갖고 있었다.

찬드라세카르가 노벨상을 매우 늦게 받았다고는 하지만 엄밀하게 말해 매우 행복한 사람 중 한 명이다. 인도의 유명한 카스트제도에서 최상위인

115) 『아름다운 우주 스토리』 낸시 훼더웨이, 세종서적, 1998

브라만에 속하는 집안이며 현재는 파키스탄 영토가 된 라호르에서 11명의 자식 중 장남으로 태어났다. 아버지는 인도 국철 공무원이고 어머니는 노르웨이의 세계적인 극작가 입센(Hennik Johan Ibsen)의 『인형의 집』을 타밀어로 번역한 작가일 정도로 유명세를 갖고 있는 집안이다. 또 작은 삼촌이 1930년 '라만효과' 발견으로 노벨 물리학상을 받은 찬드라세카르 라만(Sir Chandresekher Raman)이다. 소위 집안이나 과학계나 가장 좋은 집안에서 태어난 것이다.

찬드라는 인도에서도 보기 드문 천재로 15세(1925)에 이미 인도의 4대 명문대학 가운데 하나인 마드라시의 프레지던시 대학에 합격했고 1927년 물리학과에서 3년 후 수석으로 졸업했다. 특히 수학적 자질이 뛰어나 훗날 '수리천체물리학자'로 불렸다.

1928년 독일의 유명한 이론물리학자 아르놀트 조머펠트(Arnold Sommerfeld)가 인도 마드라스를 방문했다. 신문에서 그 소식을 접한 찬드라는 조머펠트를 만나려고 그의 숙소인 호텔에 찾아가 직접 이야기를 나누었다. 훗날 찬드라는 일개 대학생인 자신이 위대한 과학자를 무조건 만나자 하여 말을 거는 것은 매우 무례한 행동이라고 했지만 조머펠트는 찬드라에게 자세하게 물리학에 새로운 세계가 열린다고 알려주었다. 이후 하이젠베르크도 마드라스 대학에서 강의를 하였고 크게 영향을 받았다.

1926년 파울러가 '페르미-디렉' 통계 즉 전자의 움직임에 대한 통계적 분포를 발표했는데 랠프 파울러가 이 통계를 이용해 별이 붕괴해서 백색왜성이 되는 과정을 설명했다. 당시 17세였던 찬드라는 파울러의 논문을 읽고 그의 첫 번째 논문인 「콤프턴 산란과 새로운 통계」를 써서 파울러에게 보냈다. 파울러는 17살밖에 되지 않는 찬드라의 논문에 놀라 1928년 권위있는 <영

국왕립협회보>에 게재되도록 주선했다. 이 논문 덕택에 찬드라가 그 유명한 영국의 트리니티대학에 입학하는 것은 물론 파울러의 연구생이 될 수 있었다.

한가지 특이한 것은 대학교 재학 중 양자역학 논문 경영대회에서 1등을 차지하자 상품으로 도서관에서 본 책 한 권을 요청했다. 영국의 천문학자로 아인슈타인의 중력 이론을 증명한 아서 애딩턴이 쓴 『별의 내부 구조』이다. 에딩턴은 별이 중력이나 방사능에 의해서가 아니라 핵융합에 의해 연소된다고 말했다. 이를 기억하고 있는 찬드라는 1930년 영국으로 가는 뱃길에서 파울러 교수가 연구하고 있는 백색왜성의 안정성에 대해 고찰했다. 당시에는 별의 마지막 단계에서 별은 반드시 백색왜성이 된다고 생각했다. 백색왜성은 밀도가 높아 크기가 지구 정도라 하더라도 질량의 지구의 30배 이상이 되는 태양과 비슷하다. 이것은 평균밀도가 1세제곱미터당 1~10톤에 달한다. 물질이 그만큼 고밀도로 압축되면 전자가 기묘한 움직임 즉 원자핵에서 분리되어 '전자기체'가 되면서 소위 '파울리의 배타원리'를 따르게 된다.

배타원리에 따르면 원자 안에서는 두 개의 전자가 동시에 동일한 양자상태를 취할 수 없다. 바꿔 말하면 양성자 궤도에는 스핀이 동일한 전자가 한 개밖에 없다. 이 원리를 적용하면 백색왜성의 핵에서 원자궤도는 즉시 전자가 포화상태에 이르기 때문에 전자가 더욱 높은 에너지 상태로 이동하려고 하며 그런 현상이 잇달아 일어나 소위 '축퇴전자가스(denenerate electron gas)'가 생성된다.

찬드라는 그때 더욱 높은 에너지 수준을 지닌 전자는 속도가 더욱 빠르며 결국 광속에 접근한다는 것을 발견했다. 그렇게 되면 전자를 상대성이론으로 설명할 필요성이 생긴다. 이것은 백색왜성에 '임계질량' 즉 백색왜성이

스스로의 중력을 견디지 못하게 되는 질량의 한계가 있음을 의미한다. 별이 임계상태에 이르면 축퇴압(축퇴전자가스의 압력) 때문에 스스로 중력을 지탱하지 못하게 되어 '중력붕괴'를 일으킨다. 임계질량은 태양의 질량보다 약 1.4배 큰 것으로 계산되었는데 추후에 '찬드라세카르 한계'라 불린다. 찬드라의 이 발견은 별의 진화 연구에 매우 중요한 단서를 제공함에도 불구하고 파울러 박사를 비롯한 천문학자들이 이를 곧바로 이해하지 못했다. 실제로 찬드라도 1930년대 말에 비로소 '임계'라는 의미를 정확하게 이해했다고 말했을 정도이므로 찬드라가 이 발표로 왕따가 될 수 있는 완벽한 준비를 한 셈인데 바로 이 내용이 50년 후 그에게 노벨상을 안겨 준 것이다.

찬드라가 왕따를 당하게 되는 데는 유명한 아서 에딩턴 때문이라고 해도 과언이 아니다. 아인슈타인의 상대성이론을 증명해 준 당사자이기도 하는데 그는 당시 케임브리지대학 석좌교수이자 케임브리지천문대 대장으로 당시 천문학계의 중진 중 중진이었다.

1935년 1월 찬드라가 왕립천문학회의 정기발표회에서 백색왜성에 대해 자신의 생각을 발표했다. 그런데 놀랍게도 에딩턴 교수가 그가 도출한 결론을 완강하게 부정했다. 그는 별에는 그와 같은 터무니없는 움직임을 차단하는 자연의 법칙이 있다며 딱 잘라 말했다.

'별은 복사와 축소를 끊임없이 계속해야 한다. 내가 가정한 바로는 그렇게 반지름이 몇 킬로미터가 될 때까지 복사와 축소를 계속하면 중력이 너무나 강해져 복사를 내부로 끌어들이게 된다. 드디어 별이 평화를 얻는 시간이 온 것이다. 찬드라세카르 박사는 전에 이미 이런 결과를 얻었지만 이번엔 애써 그것을 무시하고 있다. 물론 다양한 우연의 사건들이 별을 구하기 위해 이 과정에 개입할 수도 있다. 하지만 나는 그 이상의 보호책을 원한다.

또한 별이 그런 불합리한 방식으로 행동하는 것을 막아주는 자연의 법칙이 반드시 존재할 것으로 생각한다.'

1936년 에딩턴은 하버드 대학 강연에서 찬드라세카르를 공개적으로 공격했다.

'찬드라세카르는 별이 그런 식으로 움직이는 것을 좋아하는 듯하다. 더구나 진짜로 그런 일이 벌어지고 있다고 철석같이 믿고 있다.'

에딩턴이 보기엔 죽어가는 별이 백색왜성보다 더 작아질 때까지 붕괴를 계속할 수도 있다는 찬드라세카르의 생각은 '익살'에 불과하다고 비아냥거렸다. 찬드라세카르가 1940년 아버지에게 다음과 같이 적었을 정도다.

'천문학자들은 단 한 명도 예외없이 제가 틀렸다고 생각하고 있습니다. 저 역시 그 사실을 알고 있어요. 그들은 제가 에딩턴을 죽이려하는 돈키호테로 여기는데 사실 이번 사건으로 저는 엄청나게 기운이 빠지고 있습니다. 천문학계의 거장과 논쟁으로 맞붙은 것, 천문학계에서 완벽하게 불신당하는 제 자신을 발견한다는 것 모두 말입니다. 저는 어떻게 처신해야 할지 빨리 마음의 결정을 내려야만 했습니다. 남은 인생을 싸움만 하다 보낼 것인가? 그때 저는 겨우 이십대 중반이었는데 말입니다. (중략) 하지만 제 관심 분야를 바꾸고 속히 다른 것에 몰두하는 편이 훨씬 더 나았습니다. 만약 제가 옳다면 언젠가는 진실이 밝혀질테니까요. 저는 별의 진화에 관해 너무나 중요한 의미를 가진 사람이라면 확립되건 부정당하건 언젠가는 진실이 판가름 난다고 확신했습니다. 그렇다면 내가 굳이 그 분야를 고집할 필요는 없다고 생각했고 그래서 그쪽 분야의 연구를 중단했습니다.'

거물 에딩턴 경과의 불화로 찬드라세카르는 1936년 아예 영국을 떠나 미국으로 이주하여 시카고 대학의 교수가 되었고 1953년에 완전히 미국인으로 귀화했다.

현재는 찬드라의 말이 옳고 많은 학자들도 그의 주장이 옳다고는 생각했지만 에딩턴에게 대놓고 주장하지는 못했다. 찬드라세카르의 말처럼 에딩턴은 영국에서 작위를 받을 정도의 과학계의 거물이었고 그것이 결국은 찬드라의 노벨상에도 영향을 미쳐 그야말로 늦게 수상했다는 것이다.

그런데 아이러니한 것은 천하의 에딩턴 박사가 1944년 사망할 때까지 노벨상을 받지 못한 것이다. 찬드라세카르의 이야기가 옳았음에도 이를 계속 부정했는데 그것이 발목을 잡았다는 것이다.

찬드라의 이론이 최종적으로 증명된 것은 1970년이다. NASA가 발사한 세계 최초의 X선천문위성 우후루가 북쪽 하늘 백조자리에 있는 강력한 X선 방사원인 '시그너스X-1'을 발견했다. 시그너스X-1은 '찬드라세카르 한계'를 넘어선 별의 마지막 진화단계이며 블랙홀로 인식한다.

찬드라와 에딩턴의 악연이 아니었다면 찬드라의 가설은 보다 빨리 인정받았을 것이며 노벨상도 매우 빠른 시기에 수상했을 것으로 추정한다. 사실 찬드라는 에딩턴의 공격으로 연구 의욕을 완전히 상실했다. 그러므로 찬드라는 에딩턴이 엉뚱한 주장으로 자신의 과학적 평가에 흠집을 냈다는 사실을 결코 잊지 않았다. 사실 그의 노벨상 수상으로도 치유되지 않았다. 찬드라세카르는 그의 전기작가에게 이렇게 말했다.

'그때 내가 너무 무례했다. 특히 사과하기 위해 먼저 말을 걸어왔는데도

끝끝내 용서하지 않았다.'

에딩턴과 찬드라의 알력은 상당한 문제를 알려 주었지만 현재 학자들은 찬드라에 대해 찬사를 그치지 않는데. 1995년 찬드라가 사망했을 때 독일 태생의 마틴 슈바르츠실트는 다음과 같이 말했다.

'찬드라가 우리 세대 가장 위대한 수리천문학자임은 천문학자 모두가 인정하고 있다.'

찬트라가 사망한 4년 후 NASA는 그때까지 최고 성능을 지닌 X선 관측위성에 그의 이름을 붙인 '찬드라X선 관측위성'을 지구궤도로 발사했다.[116]

챤드라X선 관측위성

<지속적 우주팽창 OK>

1930년대에 인도 태생의 수브라마니안 찬드라세카르가 어느 한 별에 특

116) 『교양인을 위한 노벨상 강의(물리학상)』, 야자와 사이언스연구소, 김영사, 2011

수상대성이론과 양자역학을 적용시킨 것은 천문학계를 한 단계 높은 쾌거로 인식한다. 그는 별이 특정 질량을 초과하면 그 별은 생애 마지막 단계에서 우리의 태양이 그럴 것처럼, 백색왜성으로 변하지는 않을 것이라고 발표했다. 대신 중력이 그 별을 하나의 점으로 압착시킨다는 것이다.

그의 논지는 거의 상상을 불허할 만큼 기이한 별들의 존재를 예상한다. 거대한 별이 폭발해서 초신성이 되는 격동의 과정 속에서 불과 20킬로미터 크기의 중성자 별이 태어난다. 중성자 별의 밀도는 이 세상 모든 자동차를 엄지손가락만한 크기 안에 집어넣을 수 있다. 그 다음으로는 어떠한 것도 빠져나올 수 없을 깊은 구멍을 시공 속에 만들어 놓을 정도로 훨씬 더 큰 별 또는 성단이 붕괴하면서 형성되는 특이한 물체가 있다. 블랙홀이다.

아인슈타인은 블랙홀이란 이름이 붙은 이 물체가 존재할 수 없음을 입증하려고 노력했다. 그는 블랙홀의 중심에서 물리학 법칙이 파괴되는 지점 즉 부피가 없고 밀도가 무한한 점이 나타나는 것을 꺼려했다.

그러나 천문학자들은 아인슈타인이 바라지 않는 바로 그것을 찾아냈다. 1963년 퀘이사가 처음으로 확인되었는데 그것은 중심부에서 태양에너지의 수조 배에 이르는 에너지를 방출한다. 1967년에는 우리 은하에서 펄서가 발견되었는데 펄서는 빠르게 회전하면서 짧은 주기의 전파를 방사한다.

학자들은 하늘 주변의 여러 지점에서 흘러나오는 강력한 X선과 감마선을 탐지해 냈다. 이 수수께끼 같은 새로운 신호들은 모두 중성자별과 블랙홀이라는 붕괴된 천체들의 존재를 확실하게 증명한다. 즉 이 천체들의 강한 중력과 빠른 회전이 이들을 막대한 에너지를 내뿜는 분사체로 만들어 놓는 것이다.

천문학자들은 중력이 서서히 우주의 팽창 속도를 늦추고 있다고 추정했었다. 그런데 1990년대 후반 폭발이 일어나는 먼 곳의 별들까지의 거리를 측정하던 학자들은 그와 정반대되는 현상을 발견했다. 바다 위에 부포들이 파도에 의해 멀리 흩어져 가듯 이 초신성들은 시공이 점점 더 빠르게 팽창하고 있었던 것이다.

아인슈타인에게 우주상수는 우주를 정지 상태로 만들기 위한 수단이었다. 그러나 서로 밀어내는 힘인 척력 효과(현재는 암흑에너지라고 불림)가 충분히 크다면 우주 팽창을 가속시킬 수 있다는 것이다.

중력파도 마찬가지이다. 학자들은 중력파를 감지하기 위해 워싱턴과 루이지애나 주, 이탈리아 피사 남쪽에 세 대의 거대한 감지장치를 설치했다. 각 장치에서 레이저 광선은 수 킬로미터 길이의 파이프를 오르내리며 만약 중력파가 지나간다면 생길 것으로 예상되는 시공의 근소한 확장과 수축을 측정하려고 한다. 이탈리아의 아달베르트 지아초토 박사는 두 중성자별이나 블랙홀들의 대충돌 또는 초신성 같은 격렬한 사건이 시공에 파문을 일으킬 수 있는데 그 유일한 신호가 중력파라고 추정한다.[117]

117) 「아인슈타인의 진화하는 우주」, 마르시아 바르투시아크, 내셔널지오그래픽, 2005년 5월

참고문헌

「아인슈타인의 진화하는 우주」, 마르시아 바르투시아크, 내셔널지오그래픽, 2005년 5월

『아름다운 우주 스토리』, 낸시 훼더웨이, 세종서적, 1998

『교양인을 위한 노벨상 강의(물리학상)』, 야자와 사이언스연구소, 김영사, 2011

제4장 : 블랙홀 만들기

태양계에서 태양은 매우 특별한 존재이지만 우주에서 태양은 황색 왜성이라 부르는 평범한 별 중에 하나이다. 별의 온도는 색으로 알 수 있는데 파란색 별은 붉은색 별보다 더 뜨겁다. 또 수명도 각각 다른데 질량이 작을수록 오래 산다. 즉 질량이 큰 별은 격렬하게 불타다가 연료를 일찍 소모하고 젊은 나이에 죽는 것이다.

별의 일생에 대해서 잠시 설명한다.

별은 탄생한 뒤 주계열 별, 거성(또는 초거성) 등으로 살다가 백색왜성, 중성자별, 블랙홀로 죽음을 맞이한다. 태양처럼 가벼운 별은 주계열 별, 거성, 행성상 성운을 거쳐 백색왜성으로 죽고 태양보다 수십 배 무거운 별은 주계열 별, 초거성, 중성자별이나 블랙홀로서 죽으며 죽기 전에 80퍼센트의 물질을 가스로 방출하여 새로운 별을 탄생시킨다. 별의 과정별 단계는 비교적 잘 알려져 있다.

① **주계열 별 :**
별의 진화 과정 중 청년층에 해당하는 시기로 물리적으로 가장 안정된 상태이다. 별은 일생의 대부분을 주계열 별로 지낸다. 태양과 비슷한 별은 주계열에 약 100억 년 동안 머문다. 별의 청년기인 주계열에서 머무는 별의 수명은 별의 질량에 따라 달라진다. 태양은 약 100억 년, 태양 질량의 10분의 1인 별은 수천억 년, 태양 질량의 5배인 별은 7천만 년, 태양 질량의 25배인 별은 300만 년, 태양 질량의 50배인 별은 100만 년 정도다. 주계열 이후 별의 수명은 비교적 짧아 주계열의 10퍼센트 정도다.

② 거성(초거성) :

태양과 같은 별이 주계열에서 벗어나면 이전 크기의 50~100배까지 팽창하여 적색거성이 된다. 거성은 주계열 별에 비해 온도는 낮지만 팽창으로 인해 크기가 커져 총 밝기는 태양보다 수백만 배이다. 거성보다 더욱 밝고 훨씬 큰 별을 초거성이라고 하며 태양이 진화한 거성보다 수만 배 밝은 별이다. 초거성이 되기 위해서는 질량이 태양의 20~60배여야 한다. 질량이 너무 크면 주계열 단계에서 대다수의 물질이 항성풍으로 벗겨져 헬륨으로 이루어진 별이 된다.

③ 행성상 성운 :

초기 질량이 태양의 0.08~8배인 별은 적색거성의 단계를 거친 후 항성의 외부층을 폭발시키듯 초당 수십 킬로미터의 속도로 가스를 방출한다. 이때 중심별의 온도는 약 10만도에 이르러 주위로 방출된 가스를 밝게 만드는데 이 빛은 지구의 오로라와 같은 성질이다.

④ 백색왜성 :

행성상 성운의 단계를 지나 내부 별의 질량이 태양의 약 1.4배 이하가 되면 중심에 존재하던 별이 전자의 축퇴압(수축된 별의 가스를 구성하는 전자에 의해 증가된 저항력)에 의해 크기가 유지되는 백색왜성이 된다. 백색왜성의 온도는 태양과 같은 별보다 높지만 서서히 식어 언젠가는 갈색왜성, 흑색왜성이 되어 더 이상 관측할 수 없는 존재로 된다. 크기는 지구의 반경 정도나 질량은 태양과 비슷하여 강한 중력을 가지고 있다.

⑤ 신성 :

거성 단계의 별은 바깥층의 물질을 순간적으로 우주 공간으로 방출하면서 몇 시간 만에 1~100만 배로 밝기가 증가하는데 이를 신성이라고 한다. 방출하는 물질의 양은 전체 질량의 10만분의 1 정도로 미미하다. 우리 은하에 보이는 별의 50퍼센트 이상이 사실은 쌍성계(두 별이 중력적으로 속박되어 회전하고 있는 상태)로 존재하는데 이런 별들은 신성의 형태로 종말을 맞는다.

⑥ 초신성 :
태양 질량의 12~20배 이상의 별은 노년기에 접어들면 중심핵의 온도가 매우 높이 상승하여 초고밀도의 상태가 된다. 그리고 마침내 질량의 대부분을 우주 공간으로 방출하며 초속 수천 킬로미터의 속도로 폭발하는데 이것이 바로 초신성이다. 초신성 폭발의 대표적인 것이 1054년 동양에서 관측된 '게 성운(Crabs Nebula)'이다. 별이 폭발하면 대다수의 물질은 공간으로 퍼지는데 중심에는 중성자별이나 블랙홀이 있다.[118]

이를 풀어서 설명하면 다음과 같다.

어떤 별이 블랙홀이 될지 안 될지는 질량으로 추정할 수 있다.

수많은 별들 가운데 태양의 질량은 중간 정도 이므로 약 50억 년 후 마지막 남은 수소 연료가 다 타버리면 태양의 외곽층은 떨어져나가고 핵은 결국에는 수축해 지구만 한 크기의 백색왜성으로 변한다. 태양보다 10배가 큰 별은 이와는 달리 초신성 폭발이 일어나 외곽층은 우주 공간으로 흩어지고 핵은 중력에 의해 수축돼 직경 약 20킬로미터의 중성자별이 된다. 중성자 별은 대개 지름이 10킬로미터 정도이다.

118) 『교양으로 읽는 과학의 모든 것』, 한국과학문화재단, 미래M&B, 2006

> 그런데 태양 질량의 20배가 되는 별은 상상을 초래한다. 이 별의 핵은 급속도로 수축되고 놀랍게도 온도는 550억 도에 달한다. 중력의 힘도 막강해 에베레스트 산보다 큰 쇳덩어리도 순식간에 모래알 크기로 압축시킨다. 원자는 전자, 양성자, 중성자로 쪼개지고 이들 소립자마저도 더 작은 단위인 쿼크, 렙톤, 글루온 등으로 분해된다. 그리고 이들은 갈수록 더 작고 더 밀도가 높은 입자로 분해된다. 그 이후의 과정은 아무도 모르는데 학자들은 이 별이 블랙홀이 되었다고 한다.[119]

<매력만점 블랙홀>

블랙홀이 우주의 기본을 알려준다는데 중요성이 있지만 지구인들에게 보다 매력적으로 보이는 것은 꿈과 같은 이야기를 현실로 만들어 줄 수 있다고 생각하기 때문이다.

블랙홀에 대한 매력은 사실 수많은 동화나 애니메이션, 영화에서 자주 나타나는 장면에서도 기인한다. 동화에서 하늘나라 나이와 지구 나이에 큰 차이가 있다고 설명되는데 간단하게 말하여 하늘나라에서 하루를 지내고 왔는데 지구에서는 수십 년이 흘렀다는 식이다.

그런데 블랙홀 개념을 차용하면 이런 가정이 실제로 일어날 수 있다는 데 작가들이 매력을 느끼는 것이다. 학자들은 블랙홀 근처에서 며칠을 지냈다 오면 지구에서는 수백 년이 흘러갈 수 있다고 추정한다.

현재까지의 과학으로 볼 때 시간을 늦게 가게 하는 방법은 두 가지로 예상한다. 첫째는 사람이 빨리 움직이면 된다. 그러나 사람 스스로 빨리 달릴 수 없으므로 빠른 우주선을 타면 시간이 느리게 간다는 것은 앞에서 이미 설명

119) 『판타스틱 사이언스』, 수 알렌, 웅진닷컴, 2005

했다. 초속 10킬로미터의 속도를 가진 우주선을 타고 70년을 달리고 지구로 돌아온다면 그는 무려 1초나 나이를 적게 먹은 셈이 된다. 1초라는 숫자가 작은 것 같지만 물리학에서 볼 때 매우 긴 시간임을 이해할 필요가 있다.

둘째는 중력이 엄청난 블랙홀 근처에서 며칠을 지내다 오면 지구에서는 수백 년이 흘러갈 수 있다. 블랙홀 근처와 지구 위에서의 시간은 동일하게 흐르지 않는다. 바로 「인터스텔라」에 나오는 시간차이 즉 시간이동이다.

실제로 아파트 20층에 사는 사람은 1층에 사는 사람에 비해 평생 10만분의 1초 정도 수명이 짧다고 한다. 1층에서의 중력이 더 크기 때문이다. 이런 약간의 중력 차이에도 시간의 흐림이 바뀌는데 태양 정도의 수조배나 되는 블랙홀의 중력을 갖고 있는 곳 근처에 가면 시간은 지구에 비해 엄청나게 더디게 갈 것은 당연한 일이다.

이 말을 경북대 천문대기과학과 박명구 교수는 아인슈타인의 이론을 사용하여 간명하게 설명했다.

'중력이 대단히 크면 시간과 공간이 함께 휘어지는데 이는 어떤 거리를 직선으로 갈 수 없다는 것을 의미한다. 이때 시간이 늦게 흘러간다는 것은 공간 뿐 아니라 시간까지도 역시 곡면을 돌아서 간다는 것을 뜻한다.'

<블랙홀은 무엇이든 무조건 집어 삼키는 송도 불가사리는 아니다>

블랙홀에 대한 또 다른 매력 중 하나는 블랙홀이 집어삼키기만 하는 놀부 심보를 갖고 있다고 생각하는 것이다. 블랙홀이 무엇이냐고 질문하면 대다수의 사람들이 빛도 빠져나올 수 없을 정도로 모든 것을 빨아들이기만 하는 암흑의 천체라고 대답한다.

그러므로 블랙홀은 주변의 모든 것을 빨아들이기 때문에 우주의 무법자처럼 알려져 있다. 그런데 블랙홀은 무한히 작은 점에 매우 큰 질량이 모여 있기 때문에 중력이 매우 크긴 하지만 중력이 작용하는 것은 일반 천체와 마찬가지이다.

이것은 블랙홀에서 두 배 먼 거리로 이동하면 블랙홀이 미치는 중력의 세기는 4분의 1로 줄어든다는 것을 의미한다. 따라서 우주선을 타고 블랙홀 주위의 궤도를 안전하게 돌 수 있다는 것이 결코 과장은 아니다. 그러나 블랙홀도 적당한 거리로만 떨어져 있으면 안전하다. 태양이 갑자기 블랙홀이 된다고 해도 그 주변의 수성이나 금성,·지구 등 태양계 행성은 빨려 들어가지 않는다고 예상하는 학자들도 있다. 블랙홀 역시 블랙홀에서 멀리 떨어진 궤도를 도는 천체에는 힘을 쓸 수 없다는 것이다.[120)121)] 많은 SF영화에서 차용하는 내용이다.

한편 2004년 7월 스티븐 호킹 박사가 블랙홀에 대한 자신의 이론이 틀렸다고 발표하여 세계 천문학계와 물리학계를 깜짝 놀라게 했다. 호킹 박사는 지난 1975년 거대 질량이 수축·붕괴해 생긴 '무한히 작은 점'인 블랙홀에는 엄청난 중력이 존재해 모든 것을 빨아들여 파괴되므로 블랙홀에는 아무런 구조도 정보도 없다는 것을 순수한 수학적 계산을 통해 입증했으며 이 이론은 블랙홀에 대한 절대적 진리로 간주되었다.

더욱이 그는 블랙홀 중력의 가장자리('사건의 지평선')에선 이른바 '호킹 복사'라는 에너지 방출이 일어나 블랙홀은 결국 질량을 잃어 소멸한다고 밝혔다. 호킹 복사는 애초 정보가 아닌 소실된 정보이므로, 결국 과거의 정보

120) 「블랙홀도 죽을 수 있다」 박방주, 중앙일보 2004년 3월 25일
121) 『판타스틱 사이언스』 수 알렌, 웅진닷컴, 2005

는 블랙홀 소멸과 더불어 '흔적 없이 존재를 상실한다'는 얘기다.

일반 사람들의 상식과는 달리 블랙홀은 소모한 에너지만큼 홀쭉해지기도 하며 마침내 증발하기도 한다. 미니 블랙홀이 에너지를 내뿜을 때는 검은색이 아닌 흰색이 될 수도 있다는 것이다. 현재까지의 이론에 의하면 미니 블랙홀이 소멸되면 그 자리에는 빛만 남게 된다. 이것이 유명한 호킹 박사의 증발 이론이다.

그러나 문제는 호킹의 블랙홀이 방출하는 호킹복사가 '뒤섞인 정보'라는 점이었다. 블랙홀 안을 보여줄 아무런 단서도 담지 못한 것이다. 뒤섞인 정보란 블랙홀의 호킹복사가 어떤 유한한 온도의 열평형 상태에서 이뤄지는 에너지 방출이라는 뜻으로 이것이 이른바 '블랙홀 정보 패러독스' 논쟁의 시발점이 됐다. 가마터 밖에서 열기를 느끼지만 열기만으로는 그 안에 무엇이 열을 내고 있는지는 알 수 없는 것과 비슷한 이치다.

호킹이 이와 같은 결론에 이른 것은 블랙홀은 거대한 질량이 자기 중력을 견디지 못하고 무한히 작은 점으로 수축·붕괴한 것인데, 무한히 작은 점에는 공간조차 존재하지 않아 모든 것은 질량·전하 외에는 파괴된 상태가 된다고 여겼기 때문이다.

그런데 양자 이론에 의하면 그의 설명은 '정보는 완전히 소실될 수 없으며, 모든 과정은 되돌릴 수 있는 가역성을 지닌다'는 양자역학의 기본과 모순하기 때문이다. 특히 우주 탄생 직후엔 작은 블랙홀들이 무수히 만들어졌던 것으로 추정되는데 호킹의 생각을 따르면 현재 우주는 태초 우주의 정보가 거의 유실된 이상한 상태에 도달했다는 것을 의미하기 때문이다.

당연히 양자이론 학계의 반격이 거세지자 호킹은 블랙홀은 지금의 양자이론으로는 설명되지 않는 '예외현상'이므로 양자이론은 수정돼야 한다고 주장해왔다.

1990년대 중반에 이런 논쟁은 고비를 맞이했다. 끈이론(string theory)이 블랙홀이 생성되는 과정을 규명할 수 있게 되자, 블랙홀의 미시계 역시 기존 양자이론의 원리에서 벗어나지 않는다는 근거를 확립했다고 여겨지기 때문이다. 블랙홀도 '예외현상'이 아니라는 것이다.

다소 어렵게 느껴지는 끈이론이 태어나게 된 배경은 다음과 같다.

일반적으로 블랙홀은 엄청나게 큰 질량을 가진 천문학적 대상이며 소립자는 물질을 이루는 최소 단위로서 규모의 차원에서 완전히 정반대로 극과 극을 달린다. 그런데 물리학자들은 블랙홀과 소립자가 동일한 존재의 다른 모습일 수도 있다는 놀라운 사실을 발견했다.

그것은 존 휠러(John Wheeler) 박사가 말한 '블랙홀은 머리카락이 없다(무모정리 no hair theorem)'는 것을 입증하는 강력한 증거들이 속속 발견되었기 때문이다. 무모정리는 존재 가능한 블랙홀의 유형을 엄격하게 제한하기 때문에 매우 중요한 개념으로 질량, 전하, 스핀을 제외하면 모든 블랙홀은 거의 비슷하다. 다시 말해 블랙홀은 그들끼리 구별될 수 있는 독특한 헤어스타일을 전혀 갖고 있지 않다는 뜻이다. 그런데 질량, 전하, 스핀으로 구별되는 것을 물질을 이루는 최소 단위인 소립자들의 특징이다.[122)]

여하튼 호킹 박사가 자신의 이론을 수정했다는 것은 양자이론 쪽으로 크

122) 『물리법칙으로 이루어진 세상』, 정갑수, 양문, 2007

게 후퇴한 것으로 풀이된다. 그는 블랙홀 안에서 모든 것이 파괴되는 것은 아니며 파괴되지 않은 정보는 오랜 시간에 걸쳐 블랙홀 밖으로 서서히 나올 수도 있음을 인정한 것이다. 물론 호킹의 수정은 블랙홀에서 일어나는 양자 수준의 미시현상을 이해하는 데 양자역학이 더 적합할 수 있음을 인정한 것을 뜻한다. 그러므로 호킹의 블랙홀은 우주 공간에서 실제 관측하는 거대 블랙홀과는 다른, 이론상으로 존재하는 매우 작은 블랙홀을 주로 말하는 것이어서 그의 이론 수정이 천문학의 블랙홀에는 영향을 끼치는 것은 아니라는 설명이지만 그의 이론 수정은 그의 이론에 기반을 둔 많은 아이디어들을 사장케 할지 모른다.[123]

블랙홀에 대한 그의 이론은 발표 당시 양자론과 중력을 결합시킨 첫 시도라는 점에서 주목을 받았고 후에는 열역학까지 합쳐져 '블랙홀 열역학' 분야도 생겨났다. 그러나 호킹은 빨려 들어간 정보가 모두 없어지는 것이 아니라 다른 형태로 다시 나온다고 말하여 가장 매력적인 이론 즉 블랙홀과 화이트홀 그리고 그 통로 역할을 하는 웜홀을 근본적으로 부정했다. 한 마디로 지금까지 수많은 상상과 희망을 주었던 시간 여행을 할 수 있으리라는 꿈을 부셔버린 것이다. 이래저래 어려운 시간 여행은 다른 곳에서 해법을 찾아야 할 계기가 되었다.

더욱이 블랙홀은 우주의 생성과 진화에 깊은 관련이 있는데 블랙홀에 대한 기존 이론이 바뀐다면 이러한 모든 이론이 수정되어야 함은 당연한 일이다. 관련 과학자들에게 비상이 걸린 것은 사실이지만 오히려 더 매력적인 이론이 나올 수 있기 때문에 그의 발표를 반기는 학자들도 있다.[124]

123) 「블랙홀 빠져나온 호킹」 「블랙홀 정보 방출한다」, 오철우, 『한겨레』 2004년 07월 28일
124) 「스티븐 호킹, 블랙홀 이론을 바꾸다」, 김성원, 과학소년, 2004년 9월호

참고문헌

「블랙홀도 죽을 수 있다」, 박방주, 중앙일보 2004년 3월 25일

「블랙홀 빠져나온 호킹」, 오철우, 『한겨레』 2004년 07월 28일

「블랙홀 정보 방출한다」, 오철우, 『한겨레』 2004년 07월 28일

「스티븐 호킹, 블랙홀 이론을 바꾸다」, 김성원, 과학소년, 2004년 9월호

『판타스틱 사이언스』, 수 알렌, 웅진닷컴, 2005

『교양으로 읽는 과학의 모든 것』, 한국과학문화재단, 미래M&B, 2006

『물리법칙으로 이루어진 세상』, 정갑수, 양문, 2007

제5장 : 블랙홀 만나보기

블랙홀은 중력이 강하여 시공간을 무한대로 휘게하며 빛조차 빠져나올 수 없다고 이야기한다. 그러나 인간들의 욕심은 한이 없어 보이지 않는다는 블랙홀이 어떻게 생겼는지에 대해 궁금해했다. 한마디로 블랙홀의 모습을 찾아보자는 것이다.

블랙홀에 대해서는 상당히 연구되었지만 엄밀하게 말해 초거대질량 블랙홀이 존재한다는 사실이 알려지기 시작한 것은 1990년대부터이다. 이는 과학 탐사 기술의 발달에 따라 은하 중심에서 움직이고 있는 별이나 가스의 속도를 측정한 결과 보이지는 않지만 강한 중력으로 별과 가스를 빠르게 회전시키는 무언가가 있다는 것이 포착되었다. 바로 블랙홀이 존재한다는 간접적이지만 뚜렷한 물리적 증거였다.

블랙홀의 모습을 찾아보자는 것이다. 천문학자들의 이와 같은 욕심은 천문학계에서 망원 장비가 획기적으로 발달했기 때문이다. 2007년 NASA의 찬드라 X선 망원경이 지구로부터 14억 광년 떨어진 곳에 위치하며 서로 약 20만 년 광년 거리에 있는 두 개의 은하 시스템 3C321에서 놀라운 것을 발견했다. 거대한 블랙홀에서 쏟아져 나온 강력한 입자 분출(jet)이 부근에 있는 은하를 강타하는 장면이 최초로 목격된 것이다. 학자들은 두 개의 은하는 궤도를 그리며 서로를 돌고 있으며 하나로 융합되는 과정이었던 것으로 추정했다. 블랙홀에서 나온 빔은 고에너지 X레이와 감마선 그리고 입자들로 구성되어 있는데 이 빔이 작은 은하 속의 수천 개 행성을 강타했다. 블랙홀은 막대한 중력 때문에 빛까지도 빨아들이지만, 인접한 일부 물질들을 제트 형태로 분출하기도 하는데 이는 자기장의 효과 때문인 것으로 추정된다.[125] 1999년에 우주로 발사된 찬드라 X선 망원경은 X선을 볼 수 있도록 특별히 고안된 우주 망원경이다.

2011년에는 역시 찬드라위성이 블랙홀이 우주가스를 빨아들이는 사진을 촬영했다.

지구에서 3,200만 광년 떨어진 NGC3115 블랙홀은 태양의 20억 배 크기의 블랙홀로 우주가스가 흘러 들어가는 모습을 촬영한 것이다. 학자들이 이 사진에 크게 환호했는데 이는 우주물리학에 있어서의 가장 근본적인 2개의 문제 즉 어떻게 블랙홀이 성장하며, 우주물질(우주가스, 우주먼지 등)이 짙은 중력 속에서 어떻게 움직이는가를 푸는데 결정적인 역할을 할 수 있다고 생각하기 때문이다.

카와 웡 앨러배마대 교수는 우주가스가 블랙홀로 흘러 다가감에 따라 가스가 압축되면서 더 뜨거워지고 밝아지는 것이 확인된 것이 중요한 성과라고 발표했다. 더불어 NGC3115의 중앙에 있는 블랙홀이 지구크기의 블랙홀을 만들고 있음을 보여준다고 설명했다. 또한 카와 웡 박사는 예상대로 은하계의 중심에 있는 블랙홀에 가까운 우주가스가 블랙홀 바깥 주변에 있는 우주가스보다 더 짙은 농도를 가지고 있음을 보여주었다고 설명했다.[126]

우리 은하의 중심에 블랙홀이 진짜 존재하며 처녀자리 은하단에 위치한 외부은하 M87 중심부의 초거대질량 블랙홀은 태양 질량의 무려 65억배나 된다. 이러한 증거가 축적되자 블랙홀의 '사건지평선'을 직접 관찰하자는 아이디어가 등장하여 '사건지평선망원경프로젝트(Event Horizon

125) 「'블랙홀의 에너지 빔, 이웃 은하를 강타' 최초 목격」, 박운찬, 팝시스, 2007.12.17
126) 「사상 첫 촬영…"블랙홀,우주가스 빨아들여"」, 이재구, ZDnetKorea, 2011.08.01

Telescope, EHT)'가 태동했다.

망원경은 빛을 모으는 능력인 집광력과 멀리 떨어져 있는 천체를 얼마나 잘 구분할 수 있는지를 나타내는 능력인 분해능이 좋아야 한다. 기본은 간섭 관측법(VLBI : Very Long Baseline Interferometry)이라 불리는 기술인데 이 VLBI 기술은 수백 킬로미터 이상 떨어진 전파 망원경들을 서로 연결하여 해상도를 높이는 방법이다. 전파망원경은 2개 이상의 망원경을 배열하고 천체에서 받는 신호를 시간 차이에 따라 서로 간섭된 신호를 증폭시켜 거대한 하나의 망원경처럼 작동하게 만들 수 있는데 전파망원경의 분해능 한계를 극복하기 위하여 개발된 기술로 이를 '간섭계'라 부른다. 한마디로 이를 이용하면 지구를 거대한 하나의 망원경으로 만들 수 있다. 이를 통하여 높은 분해능을 구현할 수 있다.

EHT 프로젝트 추진을 위해 ALMA(Atacama Large Millimeter/submillimeter Array), APEX(Atacama Pathfinder EXperiment), IRAM, NOEMA(NORthern Extended Millimeter Array)등 6개 대륙에 위치한 8개 전파망원경을 연결되었다.

전세계 전파망원경을 연결하여 마치 하나의 거대한 전파망원경을 사용하는 것과 같은 효과를 만드는 것이다. 아무리 초거대질량블랙홀이라 해도 은하 내에 존재하는 개별 천제인데다 빛도 내지 않으므로 지구 지름만 한 크기의 망원경 효과를 가지도록 한 것이다. EHT 연구팀에는 <한국천문연구원>을 포함해 전 세계 80개 기관, 300여 명의 천문학자가 참여했다.

참고로 한국에도 전파간섭계가 있다. 한국우주전파관측망(KVN : Korean VLBI Network)이라고 불리는 전파간섭계는 서울, 울산, 제주(연세전파천문대 울산전파천문대 탐라전파천문대)에 위치한 직경 21m 전파 망원경 3기를 활용한다. 이들 망원경을 이용하여 동시에 같은 천체를 관측한 후, 관측된 데이터를 하나로 합성하면, 마치 서울-제주의 거리에 이르는 500km 구경을 가진 전파망원경으로 관측한 것과 동일한 분해능을 구현할 수 있다. 한 개의 전파 망원경보다 무려 2만 배나 높은 분해능이다.

EHT는 약 60마이크로각초(parcsec)의 분해능을 갖는데 성능이 그야말로 놀랍다. 이 성능으로는 프랑스 파리의 커피숍에 앉아 뉴욕에 있는 신문을 읽거나 지구에서 달 표면에 놓은 햄버거를 찾아낼 수 있다. 각 전파망원경이 관측한 데이터는 미국 MIT와 독일 막스플랑크연구소의 슈퍼컴퓨터를 이용해 영상처리 작업을 거쳤는데 데이터의 양은 약 4페타바이트로 1테라바이트의 외장하드 4,000개 이상이 필요한 규모다.

전파 망원경

2017년 한국천문연구원 등 전 세계 연구 기관 20여 곳이 참여한 「사건 지평선 망원경(EHT)」국제공동프로젝트에서 남극, 안데스산맥 등 전 세계 8곳에 있는 전파망원경을 통해 처녀자리 은하단의 한가운데에 있는 M87 블랙홀을 동시에 관측해 그 모습을 처음으로 확인했다고 밝혔다. M87 블랙홀은 지구에서 5500만 광년 떨어져 있으며 질량은 태양의 65억 배(태양 질량은 지구의 33.2만 배)에 이른다. 그런데 이 블랙홀 모습은 100년 전 아인슈타인이 상대성이론으로 예측한 것과 완벽하게 들어맞았다고 설명되었다.

이후 2019년 4월 놀라운 사진 한 장이 발표되었다. M87중심부의 초거대질블블랙홀(M87*) 그림자로 셰퍼드 도엘레만 박사가 공개한 블랙홀 영상은 한쪽이 밝게 빛나는 초승달 모양이다. 이는 블랙홀 자체가 아니라 그 주변을 엄청난 속도로 회전하고 있는 물질에서 나온 빛으로 이 물질과 블랙홀 경계면이 바로 '사건 지평선(event horizon)'이다.

물론 빛이 나오지 않는 블랙홀을 직접 관측하는 것이 가능한 것은 아니므로 블랙홀의 윤곽인 '그림자'를 관측하는 방법을 사용했다. 잘 알려진 내용이지만 블랙홀은 중력이 워낙 강하므로 주변의 시공간(時空間)을 휘게 한다. 시공간이 휘면 블랙홀 뒤쪽을 도는 물질에서 나오는 빛도 앞으로 휘어져 나온다. 이렇게 블랙홀을 앞뒤로 둘러싼 물질을 다 확인하면 블랙홀 윤곽이 드러난다는 설명이다. 이는 보자기가 감싸고 있는 모양을 보고 그 안의 물체가 어떻게 생겼는지 아는 것과 같다.

블랙홀의 한쪽이 밝게 보이는데 이는 사건 지평선에 다가간 물질은 빛에 가까운 속도로 공전하며 블랙홀로 끌려 들어가기 때문이다. 아인슈타인에 의하면 회전하는 물질의 원반 중 지구를 향해 움직이는 부분은 지구에서 멀어지는 부분보다 더 밝게 보인다. 구급차가 가까이 올수록 사이렌 소리가 커지고 지나치면 소리가 작아지는 것과 같은 원리다. 한마디로 아인슈타인이 블랙홀을 싫어했지만 블랙홀에 대한 아인슈타인의 생각 자체는 옳았음

을 입증된 것이다.[127)128)]

2022년 5월에는 우리 은하 중심에 있는 궁수자리 A*(SgrA*) 블랙홀 그림자도 공개되었다. 주변을 환하게 밝히는 고리 형태의 가스, 그리고 중심부에 존재하는 어두운 블랙홀 그림자 모습이 선명한 사진이다. *는 그 천체가 블랙홀로 추정된다는 표시다. 궁수자리 A*를 초질량 블랙홀로 추정하는 것은 천문학자들이 강착원반(Accretion disc)으로부터 나오는 짧고 강력한 가스 플레어를 목격했기 때문이다.

'궁수자리A 블랙홀'은 인류가 직접 관측한 블랙홀 중 가장 가까운 블랙홀로, 지구에서 약 27,000광년으로 M87 은하와 비교해서 2,000분의 1 정도 가까운 거리에 위치해 있으며 질량은 태양의 430만 배로 추정된다. 더불어 두꺼운 가스와 먼지구름에 가려져 있다.

두 블랙홀이 속한 은하도 전혀 다르다. SgrA* 블랙홀이 속한 우리 은하는 가스가 많은 나선형 은하로 지름이 수만 광년 크기에 불과한 작은 은하에 속한다. 처녀자리 은하는 거대한 타원 은하로 100만 광년 크기일 것으로 추정한다. M87은 블랙홀이 다시 물질을 뱉어내는 제트와 블랙홀 주변을 도는 물질인 부착원반이 모두 나타난다. 반면 SgrA* 블랙홀은 부착원반만 확인되고 제트는 간헐적으로 나타나며 시간에 따라 빠르게 주변 빛의 밝기가 변하는 특성이 나타난다.

학자들은 블랙홀 중심으로부터 특정거리에서 블랙홀에 가까이 다가가더라도 물질이 빠져나올 여지가 있지만 어느 경계면을 넘으면 아무리 빛이라

127) 「처음 모습 드러낸 블랙홀, 아인슈타인 당신이 옳았어요」, 이영완, 조선일보, 2019.04.11

128) 「[블랙홀 첫 관측]실루엣 드러낸 '블랙홀' 우주 진화 설명할 수 있을까」, 김민수, 동아일보, 2019.04.11

도 빠져나올 수 없다고 설명한다. 블랙홀의 강한 중력은 빛조차 갇혀 빠져나올 수 없게 만들므로 존재가 파악돼도 촬영이 용이하지 않다. 빛의 반사가 있어야 사진을 찍어 눈으로 볼 수 있는데, 원천적으로 그것이 불가능한 것이다.

근래 우리은하의 중심으로부터 3광년 이내에서 12개의 작은 블랙홀을 발견했다. 블랙홀은 물질을 소비할 때만 X선 방사선을 방출하므로, 매우 많은 블랙홀이 감지할 수 없는 상태로 남아 있다. 그러므로 과학자들이 12개의 블랙홀을 발견했다는 것은 그 지역에 수만 개의 블랙홀이 있을 수 있다는 것을 암시한다.[129)130)]

현재 천문학에서의 발견은 그야말로 놀랍다.

2019년 빅뱅 이후 7억5000만 전에 형성된 것으로 추정되는 우주의 초질량 블랙홀(SMBH)을 83개 발견했다고 발표했다. 초질량 블랙홀은 은하의 중심에서 포착되는데 태양의 수백만 배에서 수십억 배에 달하는 질량을 갖고 있다. 일본 에히메대학 마츠오카 요시키 박사가 이끄는 연구팀은 하와이 마우나케아산에서 일본 국립천문대가 운영하는 스바루 망원경의 광시야 카메라인 '하이퍼 슈프림 캠(HSC)'을 이용해 초질량 블랙홀들을 찾아냈다고 밝혔다. 우주 나이를 약 138억 년으로 추정하고 있는데 이번에 발견된 초질량 블랙홀은 약130억5,000만 광년 떨어진 곳에 위치한다.[131)]

우주에 정지해 있는 천체는 존재하지 않으므로 블랙홀도 회전하는데 학자들에게 회전하는 블랙홀 안쪽은 어떻게 되어 있을지 궁금하지 않을 수 없

129) 「블랙홀의 실제 모습 볼 수 있나」 이성규, 사이언스타임스, 2019.04.08
130) 「세포분열, 우리 수명을 결정한대요」 조영선, 조선일보, 2014.12.09
131) 「초질량 블랙홀 83개 발견, 빅뱅 이후 7억5000만 전 형성 추정」 연합뉴스, 2019.03.15

다. 회전하는 블랙홀 주위의 공간은 일그러지고 그 바깥쪽에 '에르고 영역(ergo sphere)'이라고 불리는 공간 영역이 발생한다. 에르고 영역에서는 공간 자체가 빛의 속도로 블랙홀에 이끌려서 돌고 있는데 이 영역에 도달하는 물질은 블랙홀이 도는 방향으로 끌려간다. 이러한 회전의 다른 효과로 인해 블랙홀 표면이라고 할 수 있는 '사상의 지평면' 안쪽에 또 다른 '내부 지평면'이 나타난다고 생각된다.

사상의 지평면으로 들어간 물체는 반드시 안을 향해 끌려가는데 내부 지평면보다 안쪽에는 큰 원심력이 작용하고 있어서 그 안으로 들어간 물체는 중심 방향으로 낙하하지 않고 운동할 수 있다. 단 '내부 지평면' 밖으로 되돌아갈 수는 없다. 내부 지평면 안에서의 '특이점'은 고리 모양으로 생각되는데 이 '내부 지평면'의 안쪽 영역은 '다른 우주로 가는 통로'로 추정하는데 이것도 바로 「인터스텔라」에서 묘사한 내용이다.

이를 연계하면 다른 우주에서는 블랙홀이 아니라 화이트홀이 된다. 화이트홀은 블랙홀과 달리 그 안에 머물러 있지 못하고 반드시 바깥 세계로 밀려나가는 시공간의 영역이므로 내부 지평면 안으로 들어간 물체는 잠시 거기에 머문 다음 급히 내부 지평면 밖으로 그리고 화이트홀 밖으로 내던져진다. 그런데 그곳은 다른 우주다.

무엇이든 빨아들이는 블랙홀이 증발한 후 마침내 소멸한다는 것이 호킹의 증발론으로 학자들은 증발의 마지막이 고에너지 전자기파인 감마선의 분출로 관측될 수도 있다고 추정한다.132) 여하튼 블랙홀은 스튜디오에서 만든 가상의 사진으로만 존재해왔는데 놀랍게도 M87*와 SgrA*의 촬영에 성공한 것이다.

132) 『교양으로 읽는 과학의 모든 것』, 한국과학문화재단, 미래M&B, 2006

두 블랙홀이 초거대 블랙홀이라는 점은 같지만 환경도 전혀 다르고, 질량의 차이도 현격하다. 그럼에도 그 모습이 매우 흡사하다. 세라 마르코프(Prof. Sera Markoff) 교수는 완전히 다른 모습을 보이는 두 은하이지만 중심에 있는 블랙홀은 비슷한 모습을 보이고 있다는 것은 아인슈타인의 일반상대성이론이 맞다는 간접적인 증거라고 설명했다. 특히)이라고 주장했다. 특히 블랙홀의 고리 크기가 이론 예측값과 매우 비슷한 크기를 보여주고 있는데 이는 자기 유체 역학을 고려한 컴퓨터 모델이 실제로 관측된 영상과 매우 일치하다는 것을 뜻한다.

사실 두 블랙홀의 모양이 똑같아야 할 아무런 이유도 없다.

EHT에 참여한 손봉원 박사는 서로 전혀 다른 환경과 질량 가진 천체가 비슷하게 보였다는 것은 상당히 중요한 결과라고 발표했다. 일반상대성이론으로 서로 다른 질량과 특성을 가진 천체를 같은 방식으로 설명할 수 있다는 것을 확인시켰다는 것이다. 한마디로 아인슈타인의 일반상대성이론이 옳다는 것이다. 그는 시공간은 중력의 영향으로 휘므로 우주 어딘가에 충분히 밀집된 질량이 있으면 질량 주위로 빛도 빠져나갈 수 없는 블랙홀이 만들어질 것이라고 예언했다는 것은 잘 알려진 사실이다.

물론 두 블랙홀의 이미지는 매우 닮았지만 상당히 다른 특징도 갖고 있다.

두 블랙홀 모두 빛의 고리와 사건지평선이 뚜렷하나 나타난다. 주위를 도는 물질들이 블랙홀의 중력으로 인해 빠른 속도로 회전하면서 빛과 열이 생겨 블랙홀 중심부 둘레에 빛의 고리가 있고 중심부에는 검게 보이는 블랙홀 그림자 영역이 있으며 그 경계선이 바로 사건지평선이다. M87*주위의 물질이 블랙홀을 한 바퀴 도는 데 10여 일이 소요되는데 SgrA*는 몇 분밖에 걸리지 않는다.

두 블랙홀이 비슷하면서도 다른 모습을 보이는 이유는 블랙홀을 둘러싼 물질들의 변화로 인해서 생기는 것으로 추측한다. 막스플랑크전파천문학연구소의 안톤 첸주스 교수(Anton Zensus)는 우리은하의 블랙홀은 매우 낮은 강착률(accretion rate)을 보인다고 설명했다. 또한, M87* 블랙홀과 비교했을 때 제트와 같은 강력한 물질 분출 현상은 없는 블랙홀로 밝혀졌다.

SgrA*의 관측으로 새로운 사실이 밝혀졌다. 학자들은 그동안 SgrA*의 회전축은 우리 은하가 회전하는 방향과 수직으로 위치한다고 추정했는데 그 축이 60도나 기울어져 있었다. 이러한 현상은 우리 운하가 과거에 주위에 있는 다른 작은 은하와 충돌해 축의 방향이 기울었다는 추측이 가능하다. 만약 안드로메다 은하처럼 우리 운하와 거의 같거나 이보다 큰 은하와 충돌했다면 현재의 나선은하가 아니라 타원은하로 변했을 가능성이 높기 때문이다.[133][134]

133) 『2023 미래과학 트렌드』, 국립과천과학관, 위즈덤하우스, 2022

134) www.kibaek.tistory.com/949

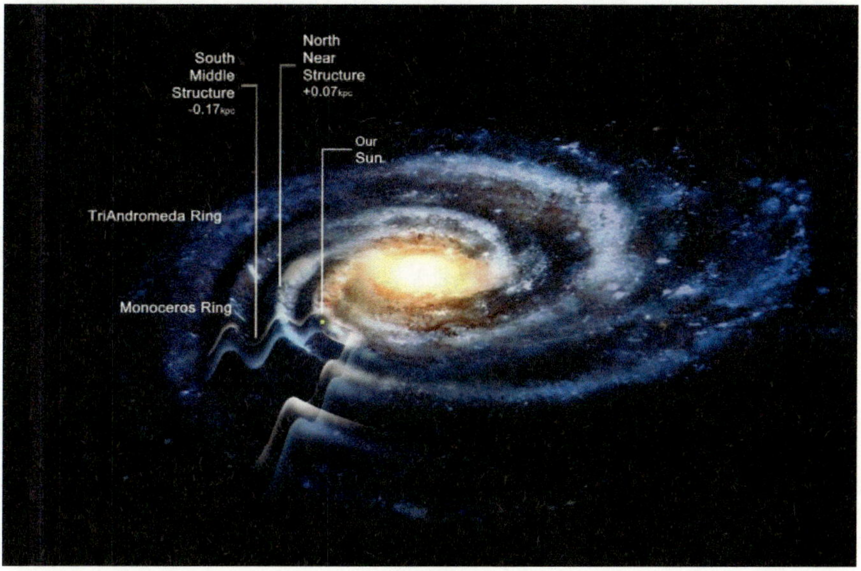

우리은하

학자들이 기대하는 것은 블랙홀이 어떻게 유사하고 다른지에 관해서 공통점과 차이점을 분석하면, 초거대 질량 블랙홀 주변에서 가스가 어떤 방식으로 상호 작용하는지 파악할 수 있다는 점이다. 한마디로 블랙홀을 보다 연구하면 여러 극한 환경에서의 중력 거동을 알 수 있을 것으로 추정했다.

김재영 박사는 블랙홀이 현대물리학에서 중요한 이유를 다음과 같이 설명했다.

'블랙홀은 중력이 극단적으로 강하기 때문에 여러 중력이론을 선명하게 테스트할 수 있는 장소이다. 웜홀 같은 다른 모형을 통해 블랙홀이 아닌 천체로도 예측할 수 있는데 관측 증거에서 실제 맞는다는 것 즉 일반상대성이론 모형임을 밝혔다.'[135]

135) 「M87 블랙홀에 이어 관측된 우리은하 블랙홀, 왜 똑같은 모양일까」, 조승한, 동아사이언스, 2022.05.13

학자들은 EHT의 블랙홀 관측이야말로 인류 천문학에 한 획을 그었다고 해도 과언이 아니라고 설명한다. 더욱 놀라운 점은 이런 발견이 계속될 것이라는 점이다. 두 사진의 공개에 고무되어 그 어느 때보다 많은 망원경이 블랙홀 관측에 참여하고 있다는 설명이다. 이처럼 EHT 네트워크의 지속적인 확장과 여러 기술 업그레이드가 계속된다면, 가까운 미래에 훨씬 더 놀라운 블랙홀 관측 이미지와 영상을 제공할 수 있을 것으로 예상되었는데 바로 예상이 곧바로 이어졌다.[136]

2023년 7월 NASA의 스티븐 핀켈스타인 교수는 제임스웹을 통해 빅뱅 후 5억 7000만 년이 지난 후부터 지금도 활동하는 'CERS 1019' 은하의 '초대질량 블랙홀(Supermassive black hole)'을 발견했다고 발표했다. 이 블랙홀은 태양의 약 900만 배 질량으로 일반적인 초대질량 블랙홀에 비해 상당히 가벼운 축에 속하는데 지금으로부터 약 130억 년 전부터 존재한 은하이다. 일반적으로 초대질량 블랙홀들은 태양 질량의 10억 배 이상에 달하는데 CERS 1019 블랙홀은 우주 초기 탄생한 블랙홀임에도 태양 질량의 460만 배 수준인 우리 은하의 중심 블랙홀과 큰 차이를 보이지 않는다.

그동안 천문학계는 작고 가벼운 블랙홀들이 초기 우주에 존재했을 것이라고 꾸준히 추정해왔는데 이같은 추정에 대한 결정적인 근거들을 확보하였다는 설명이다. 제임스웹은 CERS 1019 외에도 빅뱅 이후 4억7500만~6억7500만 년이 지났을 때부터 존재했던 11개의 은하와 빅뱅 이후 10억~11억 년부터 존재했던 2개의 블랙홀도 발견해냈다. 이들 2개의 블랙홀도 태양 질량의 1,000만 배 수준으로 일반적인 초대질량 블랙홀보다 가벼운 것으로 파악됐다. 블랙홀에 대한 자료는 앞으로 계속 축적된다는 뜻이다.[137]

136) 「우리은하 중심부의 블랙홀을 최초 관측하다」, 김민재, 사이언스타임스, 2022.05.13
137) 「130억 년 전 생긴 '초대질량 블랙홀' 관측…태양보다 900만배 무겁다」, 윤현성, 뉴시스, 2023.07.07

참고문헌

「스티븐 호킹, 블랙홀 이론을 바꾸다」, 김성원, 과학소년, 2004년 9월호

「사상 첫 촬영…"블랙홀,우주가스 빨아들여"」, 이재구, ZDnetKorea, 2011.08.01.

「세포분열, 우리 수명을 결정한대요」, 조영선, 조선일보, 2014.12.09.

「초질량 블랙홀 83개 발견, 빅뱅 이후 7억5000만 전 형성 추정」, 연합뉴스, 2019.03.15

「블랙홀의 실제 모습 볼 수 있나」, 이성규, 사이언스타임스, 2019.04.08

「처음 모습 드러낸 블랙홀, 아인슈타인 당신이 옳았어요」, 이영완, 조선일보, 2019.04.11.

「[블랙홀 첫 관측]실루엣 드러낸 '블랙홀' 우주 진화 설명할 수 있을까」, 김민수, 동아일보, 2019.04.11.

「M87 블랙홀에 이어 관측된 우리은하 블랙홀, 왜 똑같은 모양일까」, 조승한, 동아사이언스, 2022.05.13.

「우리은하 중심부의 블랙홀을 최초 관측하다」, 김민재, 사이언스타임스, 2022.05.13.

「130억 년 전 생긴 '초대질량 블랙홀' 관측…태양보다 900만배 무겁다」, 윤현성, 뉴시스, 2023.07.07

www.kibaek.tistory.com/949

www.express.co.uk/news/science/1080877/Black-holes-can-you-travel-black-hole-space-news-physics

『교양으로 읽는 과학의 모든 것』, 한국과학문화재단, 미래M&B, 2006

『2023 미래과학 트렌드』, 국립과천과학관, 위즈덤하우스, 2022

제6장 : 블랙홀이 은하보다 선배

블랙홀이 우리 주변에 등장하자 수많은 SF영화에 나오는 주제처럼 블랙홀을 통과할 수 있느냐가 의문이다. 「인터스텔라」에서 우주비행사 매튜 맥커너히가 블랙홀에서 살아나는데 이런 장면이 가능하냐이다. 이 질문에 놀랍게도 새로운 연구 결과에 의하면 YES이다.

블랙홀은 시간과 공간을 가로지르는 성간 고속도로를 열 수 있다고 새로운 연구가 제안했으며 과학자들은 이제 공상과학 판타지가 예상보다 더 가까울 수 있다고 말한다.

천체 물리학자들은 블랙홀이 우주의 먼 두 지점 사이에서 웜홀 터널처럼 작용할 수 있다고 설명했는데 다트머스 대학의 고레이 카나(Gaurav Khanna) 박사는 일부 유형의 블랙홀이 우주 여행의 새로운 가능성을 열어준다고 발표했다. 그동안의 수많은 학자들이 블랙홀을 통과하려는 우주선은 반드시 암울한 최후를 맞이한다고 설명했다. 그런데 우리은하의 중심에 있는 궁수자리 A*와 같은 블랙홀은 완전히 다른 방식으로 물리적 물체와 상호 작용할 수 있다는 설명이다. 한마디로 궁수자리 A*와 같은 크고 천천히 회전하는 특수한 블랙홀인 경우 안전하게 통과할 수 있다며 다음과 같이 말했다.

'처음에는 이 사실이 반직관적으로 보일 수 있다. 그러나 2,000도에 가까운 양초의 불꽃에 타지 않고 손가락을 빠르게 통과시키는 일반적인 경험과 유사하다고 생각할 수 있다.'

조지아 귀넷 대학의 리오르 부르코(Lior Burko) 박사도 우주 비행사가 블랙홀로 들어가도 살 수 있는 방법을 모색하면서 회전하는 거대 블랙홀을 통과할 수 있다고 주장했다. 카나 박사는 블랙홀이 우주선에 미치는 영향을 시뮬레이션한 컴퓨터 모델을 만들었다.

블랙홀을 보는 우주비행사(영화 장면)

'회전하는 블랙홀에 떨어지는 물체가 모든 조건에서 블랙홀의 소위 내부 지평선 특이점을 통과할 때 무한히 큰 효과를 경험하지 않는다. 특히 적절한 상황에서 이러한 효과는 무시할 수 있을 정도로 작아서 특이점을 통해 다소 편안하게 통과할 수 있다.'

그런데 아이러니는 「인터스텔라」와 같은 장면이 가능하다고 설명하면서도 정작 「인터스텔라」와 같은 블랙홀이라면 주인공인 매튜 맥커너히는 살아남을 수 없다고 말했다. 「인터스텔라」에 묘사된 가르캉뒤아가 워낙 거대한 대형 블랙홀이므로 특이점의 효과는 기대할 수 없다는 뜻이다.

더구나 이 가설이 가능한지 여부를 현 단계에서 증빙할 수 없다는 점도 유효하다. 우리가 알고 있는 가장 가까운 초거대질량 블랙홀은 우리 은하에서 약 27,000광년 떨어진 158,722,890,000,000,000마일 떨어져 있다. 한마디로 검증 불능이라는 뜻이다.[138)]

<블랙홀과 은하 누가 먼저>

천문학계에서 가장 큰 의문점 중 하나는 우주에서 블랙홀이 먼저 탄생했을까, 아니면 은하가 먼저 탄생했는가이다. 이는 '닭이 먼저일까, 달걀이 먼저일까'란 질문과 다름없다. 근래 이 문제에 대해 실마리가 잡혔다고 발표했다.

미국 NRAO(국립전파천문대)는 초대형 라디오망원경과 간섭계를 이용해 블랙홀과 은하의 '형과 아우 관계'에 대한 결론을 얻었는데 결론은 블랙홀이 은하보다 더 일찍 탄생한 '형'이라는 것이다.

그동안 천문물리학자들은 은하 중심에 위치하는 블랙홀의 질량과 은하에서 별들이 모여 있는 벌지(Bulge)의 질량 사이에는 '일정한 비율'이 있다는 사실을 파악했다. 블랙홀의 질량은 벌지의 질량의 1,000분의 일로 일정하다는 것이다. 이는 블랙홀과 벌지 질량 사이에 상호보완적인 관계가 있다는 뜻이다. 이를 원용하면 둘 중에 무엇이 먼저 성장했는지, 만약 동시에 성장했다면 질량 비율은 일정하게 지속되는 지를 파악한다면 블랙홀과 은하의 생성시기를 유추할 수 있다는 뜻이다.

독일 막스플랑크 전파천문학연구소의 패비안 월터 박사는 이를 토대로

138) www.express.co.uk/news/science/1080877/Black-holes-can-you-travel-black-hole-space-news-physics

우주가 탄생 초창기인 빅뱅 몇 억 년 뒤에 생성된 몇 개의 가까운 거리의 은하를 발견했고 그 중심의 블랙홀과 벌지의 질량을 측정해 초창기에는 블랙홀과 벌지 질량 사이에는 '일정한 비율'이 없을 수도 있다는 결론을 얻었다. 한마디로 멀고 어린은하에 있는 블랙홀의 질량보다 가깝고 나이든 은하의 벌지에 비해 훨씬 더 큰 질량의 블랙홀을 갖고 있었다는 뜻이다. 이는 블랙홀이 은하보다 더 먼저 생성됐다는 것을 의미한다는 설명이다.[139)]

이를 다음과 같이 설명하기도 한다. 은하 초기에도 지금보다 규모가 작지만 거대한 질량의 블랙홀이 중심부에 있을 것으로 추정한다는 것이다. 이는 거대 블랙홀이 먼저 생성된 뒤 가스를 모으고 소용돌이치게 하여 우리가 알고 있는 은하를 생성했을 것이라는 추정이다. 한마디로 블랙홀이 파괴의 주체가 아니라 은하 생성을 촉발하고 별의 생성과 생명의 탄생을 가능케 했다는 설명이다.[140)]

139) 「美연구팀 "블랙홀, 은하보다 먼저 탄생"」, 강경윤, 나우뉴스, 20090107
140) 『교양으로 읽는 과학의 모든 것』, 한국과학문화재단, 미래M&B, 2006

참고문헌

「블랙홀도 죽을 수 있다」, 박방주, 중앙일보 2004.03.25

「블랙홀 빠져나온 호킹」, 오철우, 한겨레, 2004.07.28.

「블랙홀 정보 방출한다」, 오철우, 한겨레, 2004,.07.28

「'블랙홀의 에너지 빔, 이웃 은하를 강타' 최초 목격」, 박운찬, 팝시스, 2007.12.17.

「美연구팀 "블랙홀, 은하보다 먼저 탄생"」, 강경윤, 나우뉴스, 2009.01.07

www.express.co.uk/news/science/1080877/Black-holes-can-you-travel-black-hole-space-news-physics

『판타스틱 사이언스』, 수 알렌, 웅진닷컴, 2005

『교양으로 읽는 과학의 모든 것』, 한국과학문화재단, 미래M&B, 2006

『물리법칙으로 이루어진 세상』, 정갑수, 양문, 2007

6부

우주 만들기

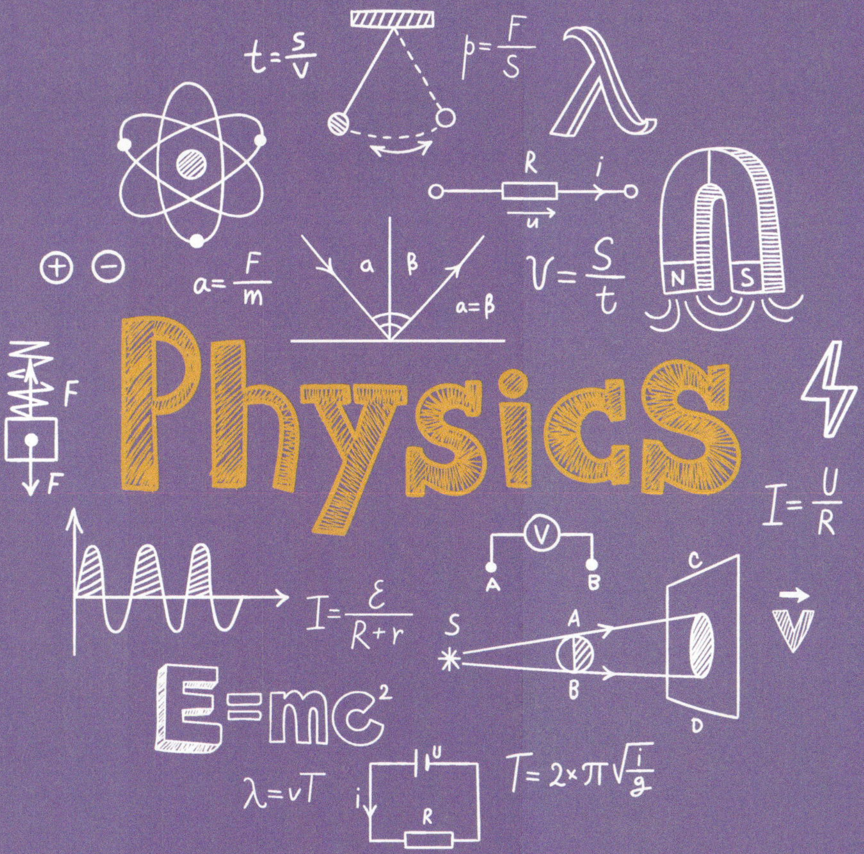

Physics
t=s/v
p=F/S
λ
R
i
u
a=F/m
a β
a=β
V=S/t
N S
F
F
I=U/R
V
A B
C
D
I=ℰ/(R+r)
S
A
B
E=mc²
λ=vT
T=2×π√(l/g)
U
i
R

제6부 : 우주 만들기

오늘날 관측되는 우주는 큰 틀에서 화학적으로 수소 70퍼센트, 헬륨 25퍼센트 그리고 헬륨보다 약간 무거운 원소들로 이루어져 있다고 설명된다. 한마디로 우주가 처음 탄생했을 때 수소와 헬륨만 있었다고 설명하는데 현재의 우주는 이들 두 원소 뿐만 아니라 수많은 원소로 만들어진 물질로 되어 있다.

학자들이 궁금한 것은 수소와 헬륨만 있던 우주에서 어떻게 지구와 같은 물질이 생성될 수 있느냐부터 현재의 태양계 그리고 지구 등이 만들어질 수 있느냐이다. 빅뱅으로부터 시작된 소립자 세계에서 우주로 만들어질 수 있는 과정인데 우주의 탄생 자체를 보지 못한 지구인 즉 인간이지만 이에 도전하지 않을 수 없다. 이 과정이 만만치 않다는 것을 모르는 사람이 없을 것이다. 한마디로 부단한 인류의 우주 찾기인데 여기에는 다소 어려운 설명들이 등장한다. 난해하기로 유명한 프랑크 상수로부터 물질의 근본인 원소들이 태어나는 과정은 그야말로 한 폭의 그림이라 해도 과언이 아니다.

제1장 : 플랑크 상수

빅뱅에 의한 우주 초기는 플랑크(Max Karl Ernst Ludwig Plank, 1858~1947)의 플랑크상수와 양자 가설을 기본으로 한다. 한마디로 플랑크는 현대 과학에서 매우 중요하게 생각되는 인물이다.

플랑크는 1958년 독일의 북부 지방인 키일에서 전형적인 독일의 가정에서 태어났다. 그의 집안에는 법률가, 목사, 학자 등이 많았고 조국 독일에 대한 애국심과 독일 문화 및 학문에 대한 자긍심을 갖고 있었다.

그는 아버지 율리우스 빌헬름 플랑크와 엠마 플랑크의 아들로 태어났는데 아버지는 저명한 헌법학 교수였다. 기록에 의하면 플랑크는 특출한 재능이나 적성을 가진 천재형은 아니지만 모든 과목을 골고루 잘하는 소위 팔방미인 학생으로 성적은 항상 상위권을 유지했음에도 수석을 한 적은 없었다고 한다. 한마디로 대기만성형으로 재능있는 피아니스트이자 오르간 연주자였다. 그는 막시밀리안 김나지움 막바지에 가서야 물리학과 수학에 대해 좀 더 깊은 관심을 가지면서 한 음악가에게 음악을 직업으로 해야 하는가 조언을 구했다. 음악가는 잘라서 말했다.

'그런 질문을 해야 한다면 아예 다른 일을 하는 것이 좋다.'

1874년에 김나지움을 졸업한 뒤 뮌헨 대학에 입학하여 수학과 물리학을 전공하면서 또 다시 물리학 교수 필리프 폰 욜리에게 자신이 물리학자가 되어야 하는지를 질문했다. 그는 플랑크를 말렸다.

'이론 물리학은 아주 괜찮은 분야임은 틀림없네. (중략) 하지만 이 분야에서는 더 이상 대단하고 새로운 것이 발견될 것 같지는 않네.'

19세기 말에는 이런 생각이 대 다수 지식인들의 견해라고 볼 수 있다. 대부분의 학자들도 운동, 중력, 전자기, 기체, 광학, 그리고 다른 많은 것들을 지배하는 법칙을 포함해 물리적 세계의 신비가 밝혀졌다고 믿었다. 그들은 앞으로 다가올 세기에 물리학은 기존의 지식을 공고히 하고 가다듬는 정도가 될 것이라고 예측했다.

다행하게도 플랑크는 교수의 조언을 듣지 않고 베를린 대학교로 옮긴 후 1877년 대학교를 졸업했다. 그곳에서 당대의 물리학자인 헤르만 폰 헬름홀츠와 구스타프 키르히호프의 강연을 들었고 플랑크의 동급생 중에 한 명이 전자기파의 존재를 실험으로 증명했던 헤르츠이다. 1879년 뮌헨으로 돌아와 스물한 살의 나이에 열역학 제2법칙에 관한 논문으로 박사학위를 받았고 1880년에 교수 자격시험에 합격했고 1885년 고향인 키일 대학에서 수리물리학 부교수가 되었다. 1887년 3월에 뮌헨 은행가의 딸 마리 메르크와 결혼했고 1889년에 베를린 대학의 부교수, 1892년에 정교수가 되었다. 이는 독일에서 매우 특이한 직급상승이라 볼 수 있는데 그만큼 플랑크의 자질을 학계에서 인정받았다는 뜻이다.

1987년 10월 베를린 대학의 은사였던 키르히호프가 사망하자 대학은 세계적인 명성을 가진 루트비히 볼츠만과 하인리히 헤르츠를 초청했지만 두 명 모두 사양하자 1888년 플랑크에게 기회가 돌아와 이를 승낙했다. 1889년에 베를린 대학의 부교수, 1892년에 정교수가 되어 1927년 은퇴할 때까지 재직하면서 현대과학에서 중요한 '흑체복사이론'을 완성하는 등 그의 대학교 교수 생활은 비교적 평탄했다.[141]

1894년에 헬름홀츠가 세상을 떠나면서 베를린 대학의 물리학 교수 중에서 독보적인 위치를 차지하면서 그의 이름을 물리학에서 떼어 놀 수 없게 만든 혁명적인 양자론을 1889년에 발표한다. 그는 '빛의 에너지는 연속적이 아니다'라고 설명했다. 즉 빛의 에너지가 연속적인 값이 아니라 플랑크 상수의 정수배인 특정한 값만 갖는다는 것이다. 즉 각 빛은 진동수에 비례하

141) 『열정의 과학자들』, 존 판던, 아이세움, 2010

고 파장에 반비례하는 에너지만 주고받을 수 있으며, 진동수가 v인 빛의 에너지는 v, 2v, 3v, 4v 등의 값만 가질 수 있다는 것이다.[142)]

이것은 마치 에너지를 가진 덩어리가 한 개, 두 개, 세 개 있는 것과 같은 결과이다. 에너지가 연속적인 값을 갖지 않고 hv의 한 덩어리로 되는 것을 '에너지 양자(量子)'라고 부른다. 그리고 이와 같은 불연속적인 값, 혹은 작은 덩어리라는 뜻의 양자를 다루는 분야를 양자역학이라고 부르며 플랑크가 양자론에 대한 연구로 1918년 노벨 물리학상을 수상했는데 당연한 일이라고 설명된다.

맥스웰에 의하면 가속도운동을 하는 전자는 연속적으로 전자파를 방출한다. 전자파는 에너지이므로 전자파가 방출된다는 것은 전자가 에너지를 상실한다는 뜻이다. 에너지를 상실하면 전자의 속도는 늦어지고, 만약 어느 정도 이하로 속도가 떨어지면 원자핵이 갖고 있는 전기적 인력에 의해 원자핵 안에 떨어져야 한다.

그 당시의 학자들이 의문을 갖는 것이 바로 이 점이었다. 맥스웰에 의하면 전자는 전자파를 방출하고 1억 분의 1초 이내에 핵에 떨어져야 한다. 그렇다면 그것은 이미 원자가 아니다. 즉 원자의 수명이 1억 분의 1초라는 뜻인데 이와 같이 원자의 수명이 짧다면 어떤 상황에서도 물질이 존재할 수 없다. 별도 태양도 존재할 수 없는 것은 물론 사람도 지구상의 동·식물도 존재할 수 없다. 그러므로 당연히 전자는 핵 안으로 떨어지지 않아야 한다.

한편 아무런 외부적인 힘의 작용이 없이 방사선 물질에서 방사선이 나오는 이유는 무엇일까도 가장 중요한 질문이다. 정답은 전자가 어느 값보다

142) 『청소년을 위한 과학자 이야기』, 송성수, 신원문화사, 2002

큰 운동량을 갖고 있기 때문에 핵이 갖고 있는 전기적인 인력을 이겨내고 원자 밖으로 튀어나가기 때문이다. 따라서 전자가 핵 안으로 떨어지지 않고 원자 안에 존재하기 위해서는 운동량이 0보다는 크고 또 어떤 값보다는 작아야 한다. 그러므로 방사선이 방출되지 않고 전자가 핵 안으로 떨어지지도 않는다는 것은 전자의 가속도운동에 의해 방출되는 전자파가 곧바로 전자에 의해 다시 흡수된다는 것을 의미한다.

플랑크에 의해 제창된 양자가설은 한마디로 '빛의 에너지는 연속적이 아니다'라는 것으로 이는 원래 '흑체복사'라고 불렸던 고전적인 현상을 설명하기 위해 제안된 것이다.

플랑크는 빛의 에너지가 연속적인 값이 아니라 어떤 단위 값의 정수배인 특정한 값만 갖는다고 가정했다. 플랑크의 가정대로 에너지가 'h'의 정수배로 묶여서 전달된다면 파장이 짧을수록(진동수가 많을수록) 많은 에너지가 필요하다는 뜻이 된다. 그런데 플랑크는 에너지가 클수록 그러한 빛이 존재할 확률이 적다는 가정을 추가했다.[143] 이것을 수식화로 유도한 것이 바로 플랑크 상수(6.6256×10^{-34})이다.

<양자론의 태두>

플랭크가 현대 물리학에서 중요하게 평가되는 것은 그의 흑체 복사론이 궁극적으로 양자역학의 탄생에 직접적인 영향을 주었기 때문으로 이를 다시 정리하여 설명한다.

이들 설명은 매우 복잡한 수학식을 포함하는데 많은 독자들이 수학의 기호만 보아도 거부 반응을 일으키므로 수학적 기호를 쓰지 않고 설명한다.

143) 「양자가설 새로운 세계관의 출발점」, 김은숙, 과학동아, 1998년 4월

맥스웰의 광에 대한 전자파 이론(1864)은 흑체복사의 문제 즉 물체의 온도가 높아질 때 물체가 발하는 광의 주파수와 그 강도에 관한 문제를 다시 생각하게 만들었다. 1879년 오스트리아의 슈테판(Stefan)은 실험적으로 모든 주파수를 통해 총 방사한 출력은 그 물체의 절대온도의 4제곱에 비례한다는 것을 발견했다. 이 슈테판 법칙을 볼츠만(Boltzmann)이 열역학과 맥스웰의 전자기 이론을 유도하여 슈테판-볼츠만 방정식을 발표했다. 1893년 빈(Wilhela Carl Werner Otto Fritz Franz)는 공동 내의 빛이 단열팽창이나 수축을 할 때 그 빛의 에너지는 그 주파수와 똑같은 형태로 변한다는 것을 발견했다. 이것은 그 빛의 가장 높은 주파수가 절대온도에 따라 변한다는 것을 뜻한다. 그런데 빈의 설명은 방사하는 파장이 긴 빛에 대해서는 실험과 맞지 않았다.

그런데 1900년 플랑크는 흑체공동(Blackbody cavity)의 단위체적당 스펙트럼 에너지(spectral energy)의 주파수당 에너지에 대해 측정했을 때 파장이 긴 쪽에서는 절대온도 T에 비례한다는 것을 발견했다. 이를 토대로 플랑크의 상수를 도출한 것이다.

맥스웰의 이론에 따르면 진동자(Oscillator)는 어떠한 진동수도 가질 수 있고 그 에너지나 진폭도 어떤 수든 연속적인 값을 다 가질 수 있었고 또 방출할 수도 있었다. 그러나 플랑크는 공명상태의 진동자의 총에너지는 어떤 상수와 주파수의 정수배만큼만 가질 수 있다고 가정했다.

플랑크 흑체복사의 공식은 1965년 펜지어스와 윌슨에 의한 우주마이크로파 배경복사의 발견과 COBE위성에 의한 우주의 복사를 측정함으로써 우주의 복사가 플랑크의 흑체복사 공식과 정확하게 일치함을 보였다.[144)]

144) 『물리학의 진로를 바꾼 40가지 위대한 실험』, 김기태, 하늘아래, 2009

다시 한 번 플랑크가 제시한 양자론의 뜻을 설명한다.

두 명의 병사가 100미터의 거리에 사격 표지를 놓고 M16을 각각 한 자루씩 갖고 사격 연습을 한다고 하자. 총탄을 수동으로 한 발씩 쏜다면 위에서 볼 때 총탄은 움직이는 점으로 보인다. 그러나 한 병사가 연발로 발사하여 단위 시간 내에 많은 총알을 발사한다면 각각의 총알 간격은 줄어들게 되고 총알은 결국 선으로 보이게 된다. 그런데 총알에는 에너지가 있다. 연속 발사와 수동 발사 중에서 어느 쪽의 에너지가 더 큰지는 말할 필요가 없을 것이다. 당연히 단위 시간에 표적에 도달하는 총탄의 수가 많은 연속 발사의 에너지가 크다.

이제 총알이 아닌 빛의 입자를 발사하는 경우를 생각해 보자. 빛의 에너지가 띄엄띄엄 하다는 것은 빛이 입자라는 것을 보여준다. 이 빛의 입자를 연속적으로 발사하게 되면 그것은 하나의 선, 즉 파동의 모습을 띠게 된다. 즉 빛은 하나하나의 입자의 운동에 의해 형성된 파동인 것이다. 위의 사격 연습과 마찬가지로 빛의 입자가 발사되는 간격이 작을수록, 즉 파장이 짧아질수록 빛의 에너지는 커진다. 이것이 바로 난롯불에 살이 타지 않음에도 불구하고, 여름철 햇빛에 금방 살이 까맣게 타는 이유이다.

그 당시 플랑크조차 자신이 전개한 양자론이 의미하는 바를 알지 못했다고 알려질 정도로 그의 가설은 물리학에서 큰 충격을 주었다. 특히 양자론이 복사현상에 관계될 뿐만 아니라 이어서 원자보다 작은 세계를 기술하는 이론체계로 성장하리라고는 전혀 생각하지 못했다고 알려졌을 정도이다. 이것은 플랑크가 '진동수에 비례하는 값의 에너지만 가능하다'고 말했지만 당시에는 뚜렷한 물리학적 근거가 없었기 때문이다. 이 플랑크의 양자론에 내포되어 있는 업적의 중요성을 처음으로 간파한 사람이 바로 아인슈타인이었다.

1913년 닐스 보어는 수소원자의 스펙트럼을 이러한 에너지의 양자화를 가정하여 설명했다. 드브로이는 1924년 전자와 같은 모든 입자들이 파동성을 갖는다는 발표를 했다. 그는 그러한 물질파의 파장은 그 운동량에 비례하고 그 파동의 주파수는 운동에너지에 비례한다고 주장했다. 그후 원자에 대한 본격적인 탐사로 1925년 하이젠베르크가 불확정성 원리, 1926년 슈뢰딩거의 방정식이 발표되어 파동역학으로 양자역학적인 상태를 설명할 수 있다고 발표되었다. 이후 디랙이 슈뢰딩거의 방정식은 하이젠베르크의 행렬역학으로 전환될 수 있음을 증명하여 하이젠베르크와 슈뢰딩거의 이론은 같은 것임을 발표했다. 이들 모두 노벨상을 수상했는데 한마디로 이들의 역할로 양자역학이 원자세계의 실상을 기술할 수 있는 학문으로 자리 잡았다는 것이다.

<독일의 과학 수호자 플랑크>

현대 물리학에서 가장 중요한 위치를 차지하는 학자 중에 한 명인 막스 플랑크는 1918년에 노벨 물리학상을 받았다. 또한 베를린 아카데미 정회원이며 <카이저빌헬름협회>회장을 역임했고 그의 업적을 기리기 위해 <카이저빌헬름협회>를 <막스플랑크>협회로 바꾸었다. 한 마디로 플랑크는 학자로서 매우 성공적인 사람이라 볼 수 있다.

그러나 그의 실제 내면은 외부에 나타난 것처럼 화려하지 않다. 그것은 그가 태어난 나라가 독일인데다가 그가 살던 시대가 제1차, 제2차 세계대전의 한복판이었기 때문이다.

플랑크는 몇 대 째 대학 교수를 지낸 학자 집안에서 태어나 어린 시절을 부족함 없이 지냈다. 대학을 졸업한 후에도 별 어려움 없이 대학에서 자리를 잡았고 결혼도 성공하여 4명의 자녀와 함께 유복한 생활을 계속했다. 당대의 지식인답게 음악에도 조예가 깊어 아마추어 수준이 아닌 수준급으로 피아노 연주와 오페레타 작곡도 했다. 대학의 아카데미합창단의 부지휘자로 활약했고 교회에서는 오르겐을 연주했다. 플랑크가 작곡한 가곡이나 오페레타는 교수들의 사택이나 자신의 집에서 열린 만찬회 때 자녀들과 함께 연주했는데 이때 아인슈타인이 바이올린을 키면서 함께 트리오로 연주하기도 했다.[145)]

독일에서 남부럽지 않은 가정에서 태어난 플랑크는 조국 독일에 대한 애국심을 당연하게 생각했고 독일 문화와 학문에 대한 긍지를 키웠다. 학자들이 플랑크에게 큰 점수를 주는 것은 천하의 아인슈타인이 학계에서 큰 반향을 받고 있지 못할 때 아인슈타인을 물리학계에서 인정케 만든 것이다. 그는 아인슈타인이 상대성이론을 발표했지만 학자들의 반응이 신통치 않은 1906년 아인슈타인의 상대성이론에 주목하고 이에 관해 해설하는 논문을 직접 작성했다. 이는 그가 다른 사람의 논문에 대해 편견을 갖지 않고 공정하게 다루었다는 말도 되는데 이 당시의 일과가 독일 과학계에서 지도적 위치로 올라서게 하는데 큰 힘이 되었음은 물론이다. 1912년 55세의 젊은 나이임에도 불구하고 베를린 아카데미 수학·물리학 분야의 두 명의 상임서기 중 한 명으로 선출될 정도였다.

1913년에는 베를린대학의 학장이 되었고 계속 여러 요직을 차지하면서 독일과학을 위해 최선을 다했다. 아인슈타인에게 <카이저빌헬름물리연구소>의 소장직을 제안한 것도 플랑크였다. 사실 아인슈타인이 상대성이론으로 알려지기는 했음에도 독일 태생의 유태인이었기 때문에 독일을 대표하

145) 『틀을 깬 과학자들』 오진곤, 전파과학사, 2002

는 연구소의 소장직 제안은 매우 파격적인 인사였다. 그는 아인슈타인에 대해 다음과 같이 말했다.

'아인슈타인은 전시대를 통해 가장 위대한 과학자 중 한 사람이다.'[146)]

플랑크가 과학사 뿐만 아니라 인류사에서도 매우 중요한 인물로 부각되는데 이는 여성 교육에 관한 그의 시각 때문이다. 유명한 물리학자 리제 마이트너가 베를린의 화학연구소에서 일할 수 있도록 주선한 사람이 플랑크였다. 1912년부터는 자신의 조수로 채용하여 마이트너의 핵분열에 관한 연구를 본격적으로 도왔는데 그녀는 유대인이었다.

플랑크에게 여성문제를 질문했을 때 여성이 대학에서 배우는 권리를 거부할 수 없다고 했다. 그리고 몇몇 여성이 그의 강의에 출석하는 것을 허락했는데 이것은 독일에서 매우 파격적인 일이다. 20세기에 들어서 여성의 교육을 인정하는 대학인의 수가 늘어났는데 플랑크가 베를린대학 총장직을 맡은 1913~1914년에 독일의 여학생 점유율은 6%에 이르렀다. 여성학자들이 플랑크에 감사하는 이유다.[147)]

그의 후반부 인생은 전반기처럼 화려하지 않았다. 그것은 독일이 제1차 세계대전에 휘말렸기 때문이다. 전쟁 초기에 플랑크는 다른 나라의 과학자들과 똑같이 애국심이 넘쳐났고 「지식인 93인의 호소문」이란 선언에 서명했다. 호소문은 독일 지식인들이 독일 정부에 전폭적으로 지지한다는 내용이었다. 가족들도 그의 행동을 지지하여 두 명의 아들은 전쟁터로, 두 딸은 병원에 배치되어 나라를 위해 봉사했다. 플랑크는 이 전쟁에서 큰 아들 칼

146) 「막스 플랑크」, 삼천, 월간 과학, 1986년 3월
147) 『틀을 깬 과학자들』, 오진곤, 전파과학사, 2002

을 잃었고 두 딸마저 출산으로 인해 사망했다. 한 가지 위안은 1918년에 노벨물리학상을 수상했다는 점이다.

독일이 패전하여 절망적인 상황이 되자 그는 보다 적극적으로 독일의 과학 연구전통을 지키기 위해 동분서주했다. 그런데 사회 분위기는 그의 열성과는 달랐다. 독일 사회는 과학과 상관없는 반유태주의자들이 득세했고 아인슈타인과 상대성이론조차 공격했다. 위대한 '독일 물리학'을 외치는 독일인들에게 아인슈타인은 그들이 거부하는 유태인에 지나지 않았다.

더구나 노벨상을 수상한 독일의 필립 레나르트와 요하네스 슈타르크도 공격 측에 가담했고 1930년에 히틀러 정권이 이를 지지하자 상황은 더욱 나빠지기 시작했다. 문제는 플랑크가 공개적으로 아인슈타인은 물론 슈뢰딩거, 질소고정법의 발명자인 프리츠 하버 등 초일류 학자들을 감쌀 수 없었다는 점이다. 그들을 감쌀 경우 이론물리학 전체와 다른 유태인 물리학자들까지 공격받을지 모른다고 걱정하여 수세적으로 대응했다.

상황은 1933년 히틀러가 수상이 되었을 때부터 더욱 꼬이기 시작했다.

당시에 아카데미 상임서기이자 <카이저빌헬름협회> 회장으로 있었으므로 그는 국가의 지원을 받기 위해 히틀러에 협력하지 않을 수 없었다. 그러면서도 독일 과학을 위해 양심을 지키는 일을 마다하지 않았다. 독일 과학계에서 유태인 출신의 아인슈타인이 주장한 상대성이론을 거부하기 시작하자 플랑크는 토론회를 개최하여 간접적으로 상대성이론을 옹호했다.[148]

다행한 것은 하이젠베르크도 그와 같은 대열에 섰다는 점이다. 하이젠베

148) 「절반의 행복 잃어버린 독일과학의 수호자」, 이은경, 과학동아, 1998년 4월

르크는 아인슈타인을 지지했다는 이유로 사직 권고를 받았다. 더구나 나치가 대학에서 유태인 과학자들을 좇아낼 때 드러내놓고 반대하지는 않았지만 대신 망명갈 차비를 마련해주기도 했다. 이러한 어려움에도 불구하고 그들이 빛나는 것은 고국 독일을 떠나지 않았다는 점이다. 사실상 제2차 세계대전이라는 암흑시기에 플랑크와 하이젠베르크는 애국심과 자유주의의 빛나는 상징이었다.

히틀러 시대에 유대인에 대한 차별이 얼마나 심각했는가는 히틀러와 플랑크의 만남으로도 알 수 있다. 1933년 질소비료 공정을 발명하여 독일의 화학을 일으켰고 화약을 만드는데 결정적인 역할을 했던 유대인 프리츠 하버를 구명하기 위해서이다. 이 당시 그가 히틀러를 만날 수 있었던 것은 당시 카이저빌헬름협회 총재였기 때문이다. 유대인 하버의 구명에 대해 다음과 같은 말이 오갔다.

히틀러 : 유대인 그 자신에 대해서는 아무런 문제가 없지만 그들은 모두 공산주의자이므로 나의 적이다.

플랑크 : 유대인도 각각이므로 구별할 수 있습니다.

히틀러 : 유대인은 밤송이처럼 얽혀진 사람이다. 구별은 그들이 해야 하는데 이를 하지 않으므로 나는 모든 유대인에 대해서 단호한 조치를 취한다.

플랑크 : 학술 진흥에 필요한 유대인을 추방하면 국가에 이익이 되지 않습니다.

플랑크의 유대인 과학자에 대한 구명운동이 실패로 돌아갔음은 물론이다. 그에 대한 시련은 유대인 문제 뿐만 아니라 개인적으로도 제2차 세계대전 내내 계속되었다. 그의 막내아들 엘빈은 히틀러 암살 음모에 연류 되었다는 죄목으로 처형당하자 반역자의 아버지가 되고 말았다. 그의 딸 그레티는 전쟁 말기에 출산하고 일주일 후에 죽었고 동생 엠마도 전후에 아이를 낳은 후 죽었다. 그가 수십 년 살았던 집도 폭격을 당해 아름다운 추억마저 박탈되었고 플랑크 부부만 남았다.

80대의 그들은 베를린 서쪽의 마르데부르크에서 가까운 엘베강 근처에 사는 로겟츠라는 친구 집으로 옮겨갔다. 이 주변은 당시 연합군과 독일군 사이의 접전지였다. 노벨상을 탄 독일 과학의 상징으로도 알려진 플랑크의 어려운 생활을 잘 알던 후배들은 연합군과 접촉한 후 다음과 같이 의뢰했다.

'연로한 선생을 포로로 해 안전지대로 옮겨주십시오.'

의뢰를 받은 미국군은 난민과 함께 피난하던 플랑크 부부를 찾아내어 괴팅겐으로 옮겼다. 전쟁이 끝난 뒤에도 플랑크는 그대로 괴팅겐에 살았다. 90살에 사망할 때 그가 받은 위안거리라면 전쟁이 끝난 1946년 1월 영국에 억류되어 있던 10명의 독일인 과학자들이 귀국하자 <막스플랑크>협회의 명예총재직을 맡아 독일 과학계의 재건을 도모했다. 총재직은 곧바로 플랑크를 대신하여 오토 한이 맡았는데 사무국장에 라우에, 물리연구소장에 하이젠베르크를 임명했다. 이들 모두 노벨상을 받았다.

<막스플랑크>협회는 <카이저빌헬름협회>의 새로운 이름인데 이들의 탄생에는 다음과 같은 일화가 있다. 승전국인 영국은 플랑크가 주도하는 협회의 존속을 허락했지만 미국은 협회가 나치에 협력했다는 이유로 해체를 요

구했다. 결국 영국의 중재로 이름을 <막스플랑크협회>로 변경하는 조건으로 해체를 면한 것이다.[149]

그가 사망하기 1년 전인 1946년에는 영국의 왕립학회에서 개최한 뉴턴 탄생 300주년 기념식에 초청되었다. 각국에서 모인 과학자들이 고령의 플랑크에게 경의를 표했다. 플랑크는 학문의 처녀지를 개척했을 뿐 아니라 애국심과 자유주의를 융합한 험난한 황야도 극복했다. 하지만 전 세계가 그에게 전쟁 후에 보답한 2년 간은 너무 짧아 아쉬운 감이 있다는 평이다.[150]

149) 『틀을 깬 과학자들』, 오진곤, 전파과학사, 2002
150) 「막스 플랑크」, 삼천, 월간 과학, 1986년 3월

참고문헌

「막스 플랑크」, 삼천, 월간 과학, 1986년 3월
「양자가설 새로운 세계관의 출발점」, 김은숙, 과학동아, 1998년 4월
「절반의 행복 잃어버린 독일과학의 수호자」, 이은경, 과학동아, 1998년 4월
「막스 플랑크」, 삼천, 월간 과학, 1986년 3월
『청소년을 위한 과학자 이야기』, 송성수, 신원문화사, 2002
『틀을 깬 과학자들』, 오진곤, 전파과학사, 2002
『열정의 과학자들』, 존 판던, 아이세움, 2010

제2장 : 0(제로)가 주역

1933년 슈뢰딩거와 함께 노벨상을 수상한 디랙은 20세기 초창기 물리학계에서 매우 중요한 일익을 담당한 장본인이다. 우선 1927년에 '장(場) 이론'을 제안하여 물질과 상호 작용하는 빛의 특성을 기술하여 과학계를 놀라게 했다. 이어서 1928년에는 상대성 원리를 이용하여 전자의 움직임을 예측하는 방정식을 발표했다.

이 방정식은 원자가 '가상의' 질량 없는 입자들의 바다에 덮여 있다는 의심스런 의견을 구체화한 것이다. 디랙의 이론은 물질 가장 밑바닥에 있는 혼돈을 설명했다. 그 전까지는 원자를 둘러싸고 있는 공간들이 비어 있다고 생각했으나 그는 유령 같은 입자들이 부글부글 끓고 있는 수프로 가득 차 있다고 생각한 것이다.

디랙의 이론은 현대 양자 전기 역학(QED)이 발전하는데 초석이 되었다.

계속하여 디랙은 1930년에 음전하를 띤 전자와 쌍을 이루는 양전하를 띤 양전자의 존재를 예측하였다. 그것은 디랙의 방정식에 의하면 무슨 이유에선가 전자가 취할 수 있는 에너지로서 플러스(+)의 값 뿐만 아니라 마이너스(-)의 값도 나왔다. 에너지의 마이너스 값이란 물리적 의미가 없는 것이므로 잘라 버리는 것이 당시 물리학자들의 일반적인 관행이었다.

그러나 디랙은 에너지 값의 정, 부의 대칭성에 주의를 했다. 즉 진공이란 공허한 공간이 아니라 마이너스의 에너지를 가진 전자가 충만해 있는 상태라고 가정했다. 외부로부터 에너지가 주어지면 전자가 튀어나오고 전자가 튀어나간 진공의 빈자리가 양의 전기를 갖는 전자, 즉 양전자가 된다는 것이다. 그러나 양전하를 띤 전자는 발견된 적이 없었으므로 당시 그의 주장을 진지하게 받아들이는 사람은 없었다.

디랙의 설명은 아인슈타인의 공식을 이해하면 쉽게 유추할 수 있다.

아인슈타인의 공식은 질량이 에너지와 동등하다는 것을 뜻하는데 이것은 물질이 '닫힌' 에너지라는 것을 말해준다. 만일 그 에너지를 '열어'놓을 수 있다면 물질은 에너지의 폭발과 함께 허공으로 사라진다. 이를 역으로 생각하면 즉 충분한 에너지를 어떻게 해서든 한 곳에 가두어 놓을 수만 있다면 물질이 나타날 수 있다는 것을 의미한다. 한마디로 바로 이런 상황 즉 한 곳에 집중된 에너지로부터 완전히 새로운 물질이 탄생할 가능성이 생긴다는 뜻이다.

디랙은 빛의 속도에 가깝게 움직이고 있는 원자 구성 입자(subatomic patticles)를 설명할 수 있는 상대론적 양자론을 제창했다. 매우 빠른 속도로 움직이는 입자를 기술하는 새로운 방정식이다. 그의 방정식에 의하면 그때까지 이해할 수 없었던 전자의 성질을 설명해준다. 예로 들면 전자는 우리의 일반상식이나 기초기하학 어느 쪽에도 맞지 않는 방식으로 회전하고 있다. 사람은 한 바퀴만 돌면 전의 얼굴이 다시 나타나지만 전자는 똑같은 얼굴이 나타나기까지 두 바퀴를 돌아야 한다.

그런데 디랙의 방정식에도 상당한 문제점을 내포하고 있었다. 그의 방정식은 보통의 전자 행동 방식을 정확하게 설명해주었지만 각각의 해답에는 반드시 또 하나의 해답이 존재해야 했다. 그런데 또 다른 해답은 지금까지 알려진 우주 속의 어떤 물체에 해당되는 것 같지 않았다.

그런데 약간의 상상력을 발휘한다면 미지의 입자가 어떻게 생겼는가를 알아맞히는 것은 가능한 일이었다. 질량과 회전에 있어서 그 입자는 보통의 전자와 같을 것이지만 모든 전자가 음전기를 띠고 있는 반면에 그 새로운 신비의 입자들은 양전기를 띠고 있는 것으로 추측되었다. 이러한 속성으로 미루어 새로운 전자는 보통 전자의 거울상(mirror image) 같은 것이라고 생각되었다.

더욱 놀라운 것은 디랙의 예언이었다. 만일 충분한 에너지가 한 곳에 모아질 수 있다면 이들 반전자(反電子) 중 하나가 전에는 아무 것도 없었던 무(無)의 상태에서 갑자기 나타나게 될지도 모른다는 것이다. 이때 전기적 성질이 보존되기 위해서는 한 개의 반전자와 더불어 한 개의의 전자 역시 동시에 나타나야만 한다. 이런 식으로 에너지는 전자-반전자 쌍의 형태로 물질을 창조할 수도 있다는 것이다.

디랙의 가설은 양자론에 상대성이론을 적용한 것으로 그는 양전기를 띤 무수한 인자가 존재한다고 예측했다. 당시에는 양성자를 가진 입자는 오로지 양성자 뿐이었으므로 여타 물리학자들은 그의 이론이 양성자를 수학적으로 가르키는 것이라고 생각하여 그가 양성자의 질량을 잘못한 계산한 착오라고 비판했다.

그런데 디랙의 이론은 양성자가 아닌 전혀 다른 입자를 가리키고 있었음이 밝혀졌다. 디랙이 예언한 이 새로운 입자는 전자와 같았는데 그것이 띠고 있는 전기나 다른 주요 성질이 전자와 정반대였다.

한편 1922년 미국의 앤더슨(Carl David Anderson)은 역시 자기장을 걸어놓은 안개상자를 사용하여 우주선을 연구하다가 납판자를 꿰뚫고 크게 꺾여지는 입자의 비적을 촬영했다.

비적의 곡률과 길이로부터 입자의 질량은 전자와 같은 정도라는 사실이 판명되었고 꺾여지는 방향이 전자와는 반대의 전하를 갖는 것을 보여주었다. 앤더슨은 이것이 바로 디랙이 예언한 '플러스의 전자', 즉 '양전자'라고 단정하였다. 디랙은 양전자의 예언자로서 「새로운 생산적 형태의 원자 이론을 발견한 공로」로 슈뢰딩거와 함께 1933년에 노벨 물리학상을 수상했고 앤더슨도 실험 결과가 곧바로 인정되어 1936년에 노벨 물리학상을 수상한다.

이 양전자는 전자와 충돌하면 순간적으로 소멸하면서 두 개의 감마선으로 변하는데 이것이 전자쌍소멸(annihilation of electron-pair)이라 부른다. 또 한 개의 고에너지 감마선(전자의 질량에너지의 2배 이상의 에너지를 갖는 것)은 원자핵 근처의 진공 중에서 전자와 양전자의 한 쌍으로 변한다는 것도 밝혀졌다. 이것을 전자쌍탄생(electron-pair creation)이라고 한다. 이렇게 전자에 대해서 양전자가 존재하는 것은 양성자에 대해서 음전기를 가진 양성자-반양성자를 상상케 했다. 반양성자의 존재는 양전자처럼 쉽게 발견되지 않았는데 1855년 캘리포니아대학의 에밀리오 쎄그레(Emilio Segre)가 고에너지양성자가속장치인 베바트론을 사용해서 발견했다. 그는 이 발견으로 1959년 노벨물리학상을 받았다.

이후 전자와 양전자(반전자)의 생성은 물리학의 실험과정에서 하나의 상식처럼 되었다. 오늘날 양전자와 반양성자는 많은 양이 만들어질 수 있으며 자석으로 된 '병(甁)'에 보관되기까지 한다. 입자의 거울상이나 반입자들을 합쳐서 말할 때 반물질이라고 하며 반물질은 이제 물리 실험실에서 손쉽게 만들어진다.

<물질의 기원>

모든 입자에는 주요 성질이 정반대되는 똑같은 입자가 있음이 밝혀졌다. 이 새로운 종류의 입자들을 반입자(anti-particle)라 부른다. 입자와 반입자의 만남은 상호소멸로 끝난다. 전자가 양전자를 만나면 소멸되며 그 자리에 두 개의 광자(光子)가 생겨 광속도로 날아간다. 입자와 반입자가 만나면 한 줄기 빛으로 사라진다. 반대로 입자와 반입자는 에너지로부터 생성할 수 있으며 꼭 한 쌍을 이루며 생성된다.[151)]

이를 곰곰이 추론해보면 모든 물질의 기원을 자연스럽게 설명할 수 있는 길이 생긴다. 대폭발이 일어나면서 엄청난 양의 물질과 반물질을 탄생시키기에 충분한 어마어마한 양의 에너지가 발생했다. 이결과 상당히 차갑게 식은 이 물질들이 모여 별이라든가 지구같은 것들을 만들 수 있었다는 것이다.

그런데 이 자연스러운 생각에는 뜻하지 않은 커다란 문제점이 뒤따랐다. 반물질이 물질을 만나면 이 둘이 언제나 격렬한 에너지를 발생시키면서 서로를 소멸시킨다는 점이다. 따라서 물질과 반물질의 혼합으로 이루어진 우주는 매우 불안정하다. 우리의 은하계에는 반물질이 혼합된 물체는 극히 제한되어 있다. 더구나 존재한다고 해도 그것은 매우 사소한 양에 지나지 않는다. 그렇다면 모든 반물질은 어디로 갔을까? 실험실에서는 한 개의 입자가 창조되면 한 개의 반입자도 동시에 창조되므로 우리의 우주는 당연히 물질과 반물질이 1 : 1로 혼합되어 있어야 한다. 하지만 현실은 그렇지 않다는 문제점이 제기되었다.

이에 몇몇 천문학자들이 반물질의 묘연한 행방불명 상태를 이렇게 설명했다. 물질과 반물질은 어떤 방법에 의해선가 제각기 자기들끼리로만 구

151) 『현대물리학이 발견한 창조주』, 폴 데이비스, 정신세계사, 1988

성된 광범위한 영역으로 분리될 수 있다고 가정하는 것이다. 다시 말해 물질과 반물질이 혼합되지 않고 물질은 물질끼리, 반물질은 반물질끼리 혼합될 수 있다는 가정이다. 이것은 어떤 은하계는 모두 물질로 되어 있고 어떤 은하계는 반물질로 되어 있다는 것이다. 즉 우주의 어떤 곳에 반입자로 구성된 반물질의 세계가 있을지 모른다는 것으로 이를 '대칭우주이론(symmetric universe theory)'라고 한다. 그러나 물질로부터 반물질이 분리되는 어떤 설득력있는 메카니즘을 제시하지 못해 홀대를 받는다.

빅뱅을 우주창조로 주장하는 학자들은 어떤 초자연적인 힘이 물리학의 법칙을 무시하여 반물질이 없는 상태에서 물질만을 우주 안에 집어넣었다고 가정했다. '대폭발이 일어나기 직전의 초고밀도 상태인 특이점(singularity)에서는 모든 물리법칙이 여하튼 무시된다'는 설명인데 이 설명에 만족하지 못하는 것이 인간이다.

그런데 이러한 궁지에서 빠져나올 수 있는 묘수가 나타났다. 비록 실험실의 조건하에서는 물질과 반물질이 언제나 똑같은 양으로 생성되긴 하지만 대폭발의 초고온 상태에서는 물질이 반물질보다 아주 적은 양이지만 더 많이 만들어졌을 가능성이 보인다는 것이다. 이러한 생각은 자연계의 네 가지 기본적인 힘을 하나로 통합하기 위한 과정에서 태어났다.

이론적 계산에 의하면 대폭발의 10^{32}분의 1초 때인 10^{27}의 온도에서는 10억 개의 반양성자마다 10억 1개의 양성자가 만들어진다. 마찬가지로 전자 역시 10억 개의 양전자가 만들어질 때마다 전자가 1개씩 초과되어 만들어진다는 것이다.

10억개 당 1개 씩 초과되었다는 것은 매우 중요하다. 연속된 대량 학살 속에서 10억 개의 양성자와 반양성자가 쌍을 이루어 서로 소멸되지만 쌍을 이루지 않은 한 개의 양성자는 역시 홀아비인 한 개의 전자와 살아남을 수 있기 때문이다. 이 남겨진 입자들이 물질을 이루어 결과적으로 모든 은하계와 별, 행성들 그리고 우리 자신들을 만들었다는 뜻이 된다. 이 가설에 의하면 우리의 우주는 탄생 초기의 말할 수 없이 짧은 순간의 대학살에서 살아남은 제 짝을 만나지 못한 별 볼일 없는 작은 양의 물질들로 시작되었다고 볼 수 있다.

이런 가설에 진정한 증거가 있느냐고 질문하면 학자들은 두 가지 대답을 준비하고 있다.

첫째는 우주 탄생 초기에 살아남은 한 개의 입자에 해당하는 10억개 씩의 입자-반입자 쌍의 대규모 소멸에 관련된 것이다. 이 대학살에서 발생한 에너지 역시 살아남았을 것이 틀림없는데 어쩌면 그것이 열의 형태로 존재할지 모른다는 것이다. 사실 우주는 대폭발 때 생겨난 열 방사 속에 목욕을 하고 있는 상태라고 해도 과언이 아니다. 10억 대 1의 계산이 정확하다면 한 개의 원자에 해당하는 열 에너지를 합계하면 된다. 계산 결과는 정확히 일치한다고 발표되었다.

가장 좋은 방법은 물질과 반물질 사이의 명백한 불균형을 증명하는 것이다. 즉 한 개의 양성자를 현장에서 붙잡아 보자는 것이다.

적은 양의 물질이 초과로 생성된다는 것은 적은 양의 물질이 저절로 파괴되는 것도 예언한다. 이것은 아주 오랜 시간이 지나면 양성자는 양전자 속으로 붕괴되어 들어갈 것이며 그런 다음에는 전자를 소멸시키는 것이다. 그러나 그렇게 되기까지에 걸리는 시간이 실로 엄청나기 때문에 평균적으로 사람의 몸에서 평생 동안 한 개의 양성자만이 소멸된다.

양성자 한 개의 평균 수명을 가장 짧게 잡더라도 10^{28}이나 되지만 우연히 변덕스러운 붕괴를 목격할 수 있을지 모른다는 주장이다. 언제 일어날지 알 수 없는 임의의 사건을 목격하기 위해 수많은 양의 양성자를 모으는 일에 많은 학자들이 공력을 들이고 있는데 일부 학자들은 몇몇 실험에서 몇 차례의 양성자 붕괴 사건이 목격되었다고 발표되기도 했다.

지금까지 설명된 과정들은 무에서 물질이 만들어졌다는 것을 말해주는 것이 아니라 단지 사전에 존재했던 에너지가 물질의 형태로 전환되는 과정을 말해주고 있을 뿐이다. 그렇다면 최초에 그 에너지는 어디에서 왔는가이다.

에너지란 무엇인가? 에너지는 매우 다양한 형태를 취한다. 우리들의 단순한 운동도 에너지이다. 실험실에서 두 개의 입자를 고속으로 충돌시킬 수 있으며 그 결과 두 개의 입자만 있던 곳에 네 개의 입자가 나타난다. 새로 나타난 이 입자들은 본래 있던 두 개의 입자들의 운동 속도를 감소시킨 데에 따른 댓가이다. 이렇듯 형태가 없는 운동에너지가 물질로 전환될 수 있다는 것은 무로부터 우주가 만들어졌다는 생각에 매우 가까이 접근한다.

이를 계속 추론하여 제로(0)에너지 상태로부터 물질이 생긴다는 것도 유추할 수 있다. 이 가능성은 에너지가 양(+) 에너지일 수도 있고 음(-)에너지일수도 있기 때문에 생겨난다. 운동에너지나 질량 에너지는 언제나 양에너지이지만 특수한 형태의 중력장 또는 전자기장으로 인한 인력(引力) 에너지는 음에너지가 된다.

여기서 다음과 같은 일이 생겨날 수 있다. 새롭게 만들어진 입자들의 질량을 보충하기 위한 에너지는 중력이나 전자기의 음에너지에 의해 정확하게 맞비겨 없어지는 것이다. 한 예로 만약 200개의 양성자를 담고 있는 하나의 원자핵을 만들수만 있다면 그 시스템은 에너지를 전혀 가하지 않아도 전자·양성자 쌍이 저절로 생성되기 때문에 불안정해진다. 그 이유는 새로운 입자 쌍에 의해 형성된 음의 전기 에너지는 그것들의 질량 에너지와 정확하게 맞비겨 사라질 수 있기 때문이다.

그런데 학자들은 중력의 경우 매우 기묘한 상황이 일어날 수 있다고 생각한다. 그것은 중력장이 단지 하나의 '구부러진 공간' '휘어진 공간'이기 때문이다. 구부러진 공간에 갇힌 에너지는 물질과 반물질의 입자로 전환될 수 있다. 한 예로 그러한 일이 블랙홀 근처에서 일어난다고 추정하는데 학자들은 아마도 이것이 대폭발 때 입자들이 탄생할 수 있는 가장 중요한 근원지로 추정한다. 즉 물질이 빈 공간에서 자연적으로 발생할 수 있다는 것이다.

그렇다면 하나의 의문이 생긴다. 초기의 대폭발은 에너지를 갖고 있었는가 하는 점이다. 아니면 모든 물체의 에너지가 중력의 인력 에너지에 의해 맞비겨 사라져 우주 전체는 단순한 '0(제로)' 에너지 상태였는가이다.

학자들이 이 문제를 계산으로 도전했다. 현재 천문학자들은 은하계의 질량, 그것들의 평균 거리, 그리고 멀어져가는 속도를 측정할 수 있다. 이 값으로 우주의 총에너지를 계산할 수 있는데 놀라운 것은 학자들이 도출한 값이 정확히 영(0)이었다. 놀라운 결과이지 아닐 수 없다. 그러나 중력이 작용하는 상황에서 에너지를 적절히 규정짓는다는 것은 간단한 일이 아니다. 무엇이 무엇이고 앞이고 뒤인지 특히 앞에 질문한 에너지 문제를 정확히 설명할 수 없다는 것이지만 여하튼 우주가 무에서 태어날 가능성이 매우 높다는 것

을 의미한다.[152)153)]

---

152) 『현대물리학이 발견한 창조주』, 폴 데이비스, 정신세계사, 1988
153) 「초중량 원소 인위적 합성 성공」, 연합뉴스, 2007.10.27

참고문헌

「초중량 원소 인위적 합성 성공」, 연합뉴스, 2007.10.27

『현대물리학이 발견한 창조주』, 폴 데이비스, 정신세계사, 1988

제3장 : 물질 탄생

오늘날 관측되는 우주는 화학적으로 수소 70퍼센트, 헬륨 25퍼센트 그리고 헬륨보다 약간 무거운 원소들로 이루어져 있다. 학자들이 궁금한 것은 수소와 헬륨만 있던 우주에서 어떻게 지구와 같은 물질이 생성될 수 있느냐이다. 한마디로 소립자 세계에서 물질이 태어난 과정이다.

얼핏 생각해도 간단하지 않은 질문인데 이런 난해한 문제일수록 이를 보다 쉽게 설명하려는 선구자는 항상 있게 마련이다. 2008년 노벨 물리학상 수상자인 난부 요이치로(南部陽一郞), 고바야시 마코토(小林誠), 마스카와 도시히데(益川敏秀)는 모두 일본인인데 「CP 대칭성 파괴의 기원 발견」로 노벨상을 받았다. 노벨상 수상식 소개에서 라스 브링크 교수는 다음과 같이 그들의 업적에 대해서 설명했다.

'지구는 둥급니다. 이 단순한 문장은 상당히 많은 의미를 내포하고 있습니다. 이 말은 우리 인간이 주위에 존재하는 대칭성을 지닌 물체를 어떻게 보고 있는가를 나타냅니다. 고대 그리스인들은 기하학적인 물체를 몇 가지로 분류했는데 우리는 지금도 그 견해를 이용하고 있습니다. 방금 제가 한 말 역시 물리법칙을 결정할 때 제기되는 대칭성의 중요성을 암시합니다. 물리법칙은 지구가 평면이거나 사각형인 것을 인정하지 않습니다. 지구에 대칭성이 내재되어 있기 때문이지요. 그러나 지구는 정확한 공 모양이 아닙니다. 적도의 지름은 북극과 남극을 연결하는 지름보다 깁니다. 또 지구에는 산도 있고 골짜기도 있습니다. 물리학자들은 이것을 '대칭성에 미세한 파괴가 있다'고 설명합니다. 그리고 물리법칙에는 대칭성 파괴를 야기하는 지구의 형태를 결정하는 법칙도 존재합니다.'

일반적으로 위 이야기는 소립자의 대칭성에 관한 설명을 할 때 자주 인용되지만 사실 「CP 대칭성 파괴의 기원 발견」은 매우 어려운 과학적 지식을 요한다. 기본적으로 소립자의 대칭성에 대한 내용인데 이름만 들어도 무슨 소리인지 어렵다는 것을 알 수 있다.

C는 하전공액변환(Charge conjugation)의 약자로 간단히 말하면 입자(정입자)를 반입자로 반전하는 것이다. 여기에 플러스와 마이너스 전하를 지니는 입자쌍 즉 양성자와 전자가 있다면 양성자와 전자는 전자기력에 의해 서로 당기고 전자는 양성자 주위를 회전한다. 만약 양성자와 전자의 전하를 바꿔 넣어도 전하의 크기가 변하지 않는 한 그 관계는 달라지지 않는다. 이와 같이 전하를 교환해 입자를 반입자로 바꾸는 조작(C변환)을 해도 변하지 않는 성질을 'C대칭성'이라 부른다.

반면에 P는 '패리티변환(우기변환)'에 의한 대칭성 즉 'P대칭성'을 의미한다. 이는 거울에 비춰 뒤집어보아도 그 성질이 변하지 않는 대칭성, 즉 공간반전의 대칭성이다. 이와 관련해 '패리티(parity)'라는 말은 다양한 분야에서 이용되는데 모두 동등·등가·균일 등의 의미를 포함한다. C대칭성이란 결국 이 두 대칭성이 함께 성립된 상태를 의미한다.

과거에 학자들은 자연계에서 C대칭성과 P대칭성 보존은 본래부터 우주에 존재하는 성질이며 거기에는 예외가 없다고 생각했다. 적어도 우리 눈에 보이는 거시적인 영역 즉 오직 중력과 전자기력에 의해 모든 물리 현상이 지배되고 있는 세계에서는 경험적으로 C 대칭성과 P 대칭성이 예외가 없는 공리(公理)로 인식되었다.

그러나 물리학이 진보하여 이 우주에는 거시적인 영역을 지배하는 중력과 전자기력 외에도 매우 미시적인 원자와 소립자 영역에서만 작용하는 다른 두 개의 힘 즉 약력과 강력이 존재한다는 사실이 밝혀지면서 그런 대칭성 보존 법칙에 의문이 제기되기 시작했다.

1956년 그 문제에 도전한 사람이 프린스턴고등연구소의 양첸닝(Chen Ning Yang)과 컬럼비아대학의 리숭타오(Tsung Dao Lee)이다.

이들은 약력이 관여하는 현상가운데 어떤 미지의 소립자가 약력에 의해 깨져서 2~3개의 파이중간자가 생겨나는 반응에 주목했다. 이 경우에도 P 대칭성이 보존된다면 2개의 파이중간간자가 되는 입자와 3개의 파이중간자가 되는 입자는 별개의 것이라고 할 수 있다. 그런데 가속기 충돌 실험 데이터를 아무리 검토해도 그것은 'K중간자'라고 불리는 동일한 종류의 입자라는 결과만 나올 뿐이었다. 이런 모순을 설명하려면 약력이 작용하는 영역의 적어도 일부에서는 P 대칭성이 깨진다고 생각해야 했다. 이들의 예측은 실험으로 입증되었다. 즉 패리티가 보존되지 않는 것이다.

이들 발견의 중요성은 우주가 가장 기본적인 구조에서 좌우가 불균형이라는 것을 의미한다. 뒤집어 말한다면 지금 우리가 살고 있는 이 우주가 원래 그렇게 정상적인 우주가 아니라는 뜻이다. 우주를 구성하는 모든 물질은 원자로 구성되며 원자는 플러스 전하를 지니는 양성자, 전하를 전혀 지니지 않는 중성자, 마이너스 전하를 지니는 전자로 구성된다. 20세기 초까지 아무도 그런 사실을 의심하지 않았다.

그런데 1928년 폴 디랙은 하전입자에 관한 상대론적 운동방정식을 통해 입자의 전하가 플러스 또는 마이너스라도 모양이 변하지 않는다는 것을 발견했다. 즉 이 우주에는 플러스 전하를 지니는 양전자와 마이너스 전하를 지니는 반양성자가 존재하더라도 전혀 이상하지 않다는 것이다. 디렉이 도출한 결론은 당대의 물리학 지식으로는 엉뚱하여 큰 지지를 받지 못했는데 1932년 실제로 우주에서 지구로 쏟아지는 고에너지 우주선 속에서 양전자가 발견됨으로써 디랙의 주장이 옳았음이 분명했다.

이후 우주론 분야에 매우 큰 주제가 부여되었다. 간단히 말하자면 C 대칭성이 보존된다면 생성된 입자는 정입자와 반입자가 정확하게 절반씩 있어야 한다. 그리고 갓 생성된 정입자와 반입자는 서로 소멸시켜 모두 에너지로 바뀌므로 우주에는 물질이 남아 있어서는 안 된다는 묘한 결론에 도달한다. 그런데 실제로 우주는 물질로 되어 있다. 즉 현재 우주에는 정물질로 된 별과 은하가 넘치고 있는데도 반물질로 된 별과 은하는 없다는 점이다.

우주 탄생시절 정물질과 반물질은 각각 절반씩 생겨났지만 그 후 어떤 메커니즘에 의해 정물질인 영역과 반물질 영역으로 나뉘어졌느냐이다. 또는 이 우주가 탄생 때부터 대칭성이 깨져 있었으며 정물질이 반물질보다 많이 생겨났거나 정물질만 만들어진 것은 아닐까하는 의문이다.

<우주에서 물질 탄생>

아무것도 없다고 생각하는 우주에서 물질이 태어나는 요인을 도출하는 것이 간단한 일이 아니다. 실제로 그것은 상식적인 감각을 훨씬 뛰어넘는 추상적인 세계이며 물리학자조차 수학적 도구를 이용해야 비로소 문제를 이해할 수 있기 때문이다.

고바야시와 마스카와는 바로 이 어려운 문제에 도전했다. 1957년 약력이 작용하는 영역에서 P 대칭성이 파괴되는 현상이 실제로 확인되자 대체 왜 그곳에서 패리티 보존이 파괴되느냐에 대한 의문이 폭증했다. 한마디로 왜 우주에 현재와 같이 물질이 존재하느냐이다.

이 문제의 돌파구를 처음으로 제시한 사람이 난부다. 그는 당시 밝혀지기 시작한 초전도현상의 구조를 분석해 진공에서도 '자발적인 대칭성 파괴'가 일어날 수 있다고 주장했다. 언젠가 옛날 우주에서 대칭성 파괴 즉 진공의 상전이(phase tansition)가 여러 번 일어나면서 소립자에 질량이 주어졌다는 것이다. 더불어 상전이가 일어날 때 '힉스입자'라 불리는 당시에 발견되지 않은 소립자가 나중에 남은 소립자에 흡수되어 그것들에 질량을 부여한다는 가설이 힉스에 의해 제시되었다.

현재 소립자를 설명하는 것으로는 'CP대칭성 파괴, 게이지장, 게이지불변성, 힉스장, 난부-콜드스톤보손', 대칭군, 숨은대칭성 등과 같은 많은 용어와 개념이 1960년부터 태어났다. 2008년에 세 명이 노벨상을 받았지만 이들 이론의 발단은 난부 요이치로가 이룩한 연구로부터 시작되었고 나머지 두 사람은 난부의 제자로 그의 이론을 직접적으로 전개하여 수상했다.

난부의 중요성은 물리학이 향후 더욱 발전할 수 있는 가능성을 열어놓았다는 점으로 한마디로 그에 의해 소립자물리학에 새로운 방향이 제시되었다고 인식한다. 난부는 유카와 히데키(1949년 노벨상 수상), 도모나가 신이치로(1965년 노벨상 수상)등이 형성한 일본의 이론물리학자 그룹에서 제2세대로 알려진다.

난부는 1921년 도쿄에서 타어나 전시인 1940년 동경대학에서 물리학을 공부하기 시작해 2년 반 후 학사학위를 취득했다. 그러나 전쟁의 와중으로부터 자유로울 수 없어 일등병으로 입대한 후 육군레이더연구소에 배속되었다. 1949년 난부는 1917년 도쿄에서 준정부기관으로 설립된 이화학연구소에서 근무하는 도모나가의 추천으로 오사카시립대학의 부교수 대우를 받았다. 참고적으로 이 연구소가 얼마나 해외 연구에 적극 투자했는가는 1919년에 이미 젊은 과학자 니시나를 유럽 코펜하겐의 닐스보어연구소에 6년간 파견하여 양자이론을 익히게 했다. 유카와와 도모나가는 교토대학 동창생인데 1932년 니시나 연구그룹에 참여했다. 이들이 제2차 세계대전이라는 최악의 시대임에도 불구하고 이론물리학 분야에서 혁신적인 연구로 노벨상을 수상했다는 것은 놀라운 일이다. 그만큼 일본의 물리학에 대한 저력을 알 수 있다.

이곳에서 난부는 두 개의 입자가 어떤 식으로 결합하는지에 대한 공식(베테-셀피터 방정식)을 발표했고 또한 기묘한 입자가 쌍으로 생성된다는 것을 예언했다. 이것은 추후 에입러햄 파이스의 업적으로 알려진 스트레인지 입자와 동일한 것이다.

1952년 난부는 미국프린스턴고등연구소의 초청을 받아 2년을 체류했고 이어서 시카고대학으로 자리를 옮겼다.

1958년 정교수가 된 난부는 1991년 퇴임한 후에도 명예교수로 계속 남았고 2008년 노벨물리학상을 수상했다. 난부의 노벨상 수상은 단적으로 '대칭성'이란 단어로 함축되는데 영국 옥스퍼드대학의 피터 엣킨스(Peter Ackins) 교수는 『갈릴레오의 손가락, 과학의 10가지 위대한 착상들』에서 난부의 대칭성을 10가지 중 하나로 꼽았을 정도로 과학에서 가장 기본적이면서도 커다란 영역으로 생각되는 개념이다.

<대칭성>

대칭성이란 말은 우주에서 매우 중요한 단어이다. 대칭성이란 말은 그리스어에서 유래하는데 그리스,에서 대칭성은 미(美)와 관련이 있다. 그들은 미는 부분이 아니라 대칭성에서 생겨난다고 믿었다. 그들이 생각하는 대칭성은 다음과 같이 정의된다.

'만약 어떤 물체에 어떤 행위를 가해도 변화를 일으키지 않는다면 그 물체는 대칭적이며 그때 행하는 행위는 대칭조작이라 부른다.'

기하학적인 측면에서 보면 대칭성을 쉽게 이해할 수 있다. 예를 들어 이 세상에 존재하는 사물 가운데 가장 대칭성이 높은 형태는 공이다. 공은 돌리거나 기울이거나 거울이 비워도 언제나 똑같은 모습으로 보인다. 입방체도 대칭이지만 공만큼 대칭적이지 않다는 것을 이해할 것이다.

그런데 관점이 원자 및 원자 구성 입자 등 작은 크기로 내려가면 대칭성이라는 개념은 점차 추상적으로 변한다. 예를 들어 쿼크가 지니는 양자수 가운데 하나인 '아이소스핀'이란 강한 핵력과 관계된 내부대칭성이다. 이 개념은 전자적 성질은 다르지만 그것 외에는 모두 동일한 입자들을 구별하기 위해서 도입되었다. 다시 말해 전하를 지니는 양성자와 지니지 않는 중성자에 대해서 말이다.

강한 핵력은 양성자와 중성자에 동일하게 작용한다. 따라서 '강한 핵력' 이란 관점에서 보면 양성자와 중성자는 동일하다. 즉 대칭이다. 그렇지만 이 대칭성에는 약한 '파괴'가 존재한다. 중성자의 질량이 양성자의 질량보다 아주 조금 즉 0.2%정도 적다. 이런 대칭성 파괴가 소립자 표준이론의 기본적 부분을 형성하고 있다. 즉 물리법칙에는 핵력이 유효하게 작용하는 세계에서 '모든 성질'을 결정할 수 없는 대칭성이 존재할 수 있다는 것이다.

물리학자 리 스몰린(Lee Smolin) 박사는 신입생 환영회에서 처음 만날 때는 대칭성이 존재한다고 말한다.

즉 처음 알지 못하는 사람으로 만날 때는 각각의 신입생들 사이에 특별한 관계는 전혀 없다. 실제로 있다 하더라도 극히 적다. 하지만 곧이어 다양한 관계를 맺을 수 있는 가능성이 존재하며 그런 가능성 중 일부는 장차 언젠가 실현된다. 바로 그것이 실현될 때 대칭성이 깨진다. 무언가 새로운 요소가 모습을 드러내기 때문이다. 신입생들 사이에 커플이 생길 가능성은 있지만 실제로 실현되는 경우는 매우 드물다. 그 드문 경우가 '자발적 대칭성 파괴'에 해당한다는 것이다. 이렇게 대칭성 파괴가 일어나기는 하지만 언제 어떻게 일어나는지는 매우 큰 우연성에 의해 지배된다. 난부가 주창한 개념이 바로 '자발적 대칭성 파괴'이다.

그의 아이디어는 신입생환영회가 아니라 초전도현상을 통해 구체화되기 시작했다. 그는 자신의 아이디어가 초전도이론인 BCS로부터 시작되었음을 노벨상 수상 강연에서 다음과 같이 분명히 말했다.

'BCS 논문을 발표하기 전 어느 날, 당시 아직 학생이었던 슈리퍼(John Robert Schrieffer) 박사가 시카고대학에 와서 연구 중인 BCS이론에 관한 세미나를 개최했다. 나는 그들이 말하는 파동함수가 입자수를 보존하지 않는다는 사실에 매우 당황했다. 의미가 와 닿지 않아 당혹스럽기도 했지만 다른 한편으로는 그들의 대담한 주장에 강한 인상을 받아 그 문제를 해결하려고 생각했다.'

초전도상태인 유체가 입자수를 보존하지 않는다는 사실은 자연계의 기본적인 대칭성에 어긋나는 것이다. 난부는 대칭성 위반은 BCS 논문의 결함이 아니라 그것이야말로 초전도체의 성질을 이해하는 데 필요한 관건임을 발견했다. 즉 그런 대칭성 위반은 이른바 '게이지 불변성'의 결여를 의미한다.

난부는 초전도체의 대칭성 위반 뿐만 아니라 입자의 성질은 게이지 대칭성의 자발적 파괴로 인한 결과이며 그것이 집단들뜸(collective excitation) 현상을 일으켜 질량을 지니지 않는 입자(준입자)로 나타난다고 생각했다. 1960년 그는 이런 발견을 초전도이론에서의 준입자와 게이지 불변성으로 설명했다. 즉 같은 질량을 지니지 않는 입자는 연속적인 대칭성이 자발적으로 파괴될 때 나타난다고 주장했다. 그 후 그의 가설에 주목하여 스위스 제네바의 제프리 골드스톤 박사는 난부의 가설을 더욱 단순화하여 새로운 입자를 '골드스톤 보손(보손입자)'라 불렀다.

이를 달리 표현한다면 대칭성이 자발적으로 파괴될 때는 언제나 커다란 파장 속에서 소멸하는 진동수를 지니는 계의 들뜸상태(여기상태, 저에너지 궤도에서 고에너지 궤도로 전자가 이동하는 것)가 존재한다. 소립자물리학에서는 그것을 제로 질량인 입자를 의미한다. 명명했다. 여하튼 난부의 가설은 많은 학자들이 소립자학에 투신하게 만들었는데 1979년 노벨상을 수상한 스티븐 와인버그 박사는 '자발적 대칭성 파괴현상의 발견으로 비로소 소립자물리학에 혁명이 일어났다'고 표현했다.

난부는 자발적 대칭성 파괴로 인해 어떻게 입자가 질량을 만들어내는지를 지적하면서, '힉스보손(힉스입자)'라 불리는 매우 무거운 입자가 존재한다고 예측했다. '힉스입자'는 난부의 논문을 근거로 영국 에드버러대학의 물리학자 피터 힉스(Peter Ware Higgs)의 이름에서 따온 것이다. 힉스는 자신의 힉스입자는 전적으로 난부에 의해서 태어났다고 말했다.

‘난부의 논문을 통해 비로소 자발적 대칭성 파괴로 인해 입자가 질량을 생성한다는 아이디어가 생겨났다. 이 아이디어는 나의 이름과 함께 널리 알려졌는데 페르미입자(페르미온)의 질량이 어떻게 해서 생성되는지를 초전도체의 에너지 간격(gap) 형성을 통해 설명한 사람은 난부이다.’

힉스 등은 1960년대 초에 이미 힉스입자가 존재함을 예측했지만 질량이 큰 보손(보손입자)은 이미 소립자물리학의 표준이론의 일부가 되어 있었다.

그 후 난부는 쿼크역학을 연구해 쿼크가 색전하를 운반하는 글루온에 의해 결합되어 있다고 주장했다. 쿼크의 존재를 예측해 1969년 노벨상을 수상한 겔만 박사는 1969년 미국 스탠퍼드 선형가속기 연구소에서 전자를 높은 에너지로 가속시켜 수소원자핵 안에 있는 양성자와 충돌시킨 결과 확인되었다.

1970년 입자의 상호작용에 대한 복잡한 수식을 연구하던 난부는 그 수식이 ‘끈’을 설명한다는 사실을 깨달았다. 그가 도출한 ‘끈 작용’은 1980년대에 이르러 ‘끈 이론’을 도출하는 배경이 된다. 한마디로 난부는 소립자이론에 단초를 이끌어 후배들이 그의 가설을 연구케했다. 그랬음에도 그는 물리학계에서 크게 인정받지 않았는데 유명한 물리학자 파인먼은 난부의 주장을 ‘말도 안 되는 소리(In a pig’s eye)’라고 일축했다.

그러나 그의 이론이 인정받기 시작한 것은 입자가속기가 건설되어 그가 예언한 입자들이 발견되었기 때문이다. 그가 1960년대에 예상한 가설을 근거로 2008년에 노벨상을 받았으므로 그 안에 사망했다면 노벨상 자체를 수여받지도 못했을 것이다. 노벨상을 수상한 후 한 기자가 도대체 대칭성파괴가 무엇이냐고 질문했다. 그의 답변은 라스 브링크가 설명한 것처럼 ‘둥근 지구'가 아니고 기자회견장의 의자 배열 방식이었다. 그는 이렇게 말했다.

'이 기자회견에서 모두 나를 바라 보아야 할 물리적인 이유는 전혀 없습니다. 그러나 여기서는 의자를 연단 쪽으로 배열한다는 결정이 내려졌지요. 이것이 대칭성의 파괴입니다.'[154]

154) 『교양인을 위한 노벨상 강의(물리학상)』, 야자와 사이언스연구소, 김영사, 2011

참고문헌

「초중량 원소 인위적 합성 성공」, 연합뉴스, 2007.10.27

『현대물리학이 발견한 창조주』, 폴 데이비스, 정신세계사, 1988

『교양인을 위한 노벨상 강의(물리학상)』, 야자와 사이언스연구소, 김영사, 2011

제4장 : 스타더스트

1983년 노벨물리학상은 윌리엄 파울러(William Alfred Fowler)와 수브라마니안 찬드라세카르(Subramanyan Chandresekher)가 수상했다. 찬드라세카르는 별이 진화할 때 내부에서 진행되는 물리적 과정을 규명하여 노벨상 수상이 너무 늦었다는 이야기가 있지만 파울러 박사가 수상한 것에 대해서는 노벨상 역사상 가장 큰 논란의 대상이 되었다. 파울러 박사의 직접적인 스승이자 멘토라 볼 수 있는 천체학계의 거물 프레드 호일(Fred Hoyle, 1915~2001) 경이 제외되었기 때문이다.

파울러 박사는 간단하게 말하여 우리 인간의 몸은 물론 지구와 같이 암석질로 된 천체를 형성하는 무거운 원소가 언제 어떻게 우주에서 생겨났을까하는 의문에 도전하여 그 공로로 노벨상을 수상했다. 그가 노벨상을 받은 결론은 다음과 같다.

'우리 모두는 우주먼지(stardust)로 이루어졌다.'

인간의 몸은 수소를 제외하고 65퍼센트가 산소, 18퍼센트가 탄소, 거기에 소량의 질소·나트륨·마그네슘·인·황·염소·칼륨 그리고 소량의 더 무거운 원소로 이루어져 있다. 이 원소들은 가장 가벼운 수소를 제외하고 수십억 년 전 은하계 안의 항성 내부에서 생성되었다.

당시 파울러와 동일한 주제를 연구한 사람이 여러 명 있었는데 1946년부터 호일 박사가 독보적이었으며 특히 1947년 가모프 박사의 빅뱅 가설을 발표하여 세계를 깜작 놀라게 하자 곧바로 다음해인 1948년 정상우주를 발표하여 세계의 스타 중 스타가 된 천체과학자이다.

그런데 호일이 파울러를 제자로 받아 연구를 주도했다. 한마디로 파울러 박사의 연구 업적은 호일에 의해 시작되었는데 파울러 박사조차 호일 박사가 제외된 채 자신이 노벨상을 받아 어리둥절했다고 할 정도였다.

파울러 박사는 1911년 펜실베이니아주 피츠버그에 있는 평범한 가정에서 태어나 두 살 때 오하이오주 리마로 이주해 여동생, 남동생과 함께 소년 시절을 보냈다. 고등학교를 졸업한 후에는 오하이오주립대학에 입학해 세라믹공학을 배웠고 곧바로 물리학으로 전공을 바꾸었다. 가정이 넉넉지 않았으므로 그는 대학교 동우회 웨이터, 포장마차에서 치즈와 햄을 팔았지만 물리학을 손에서 놓지 않았다.

1933년 오하이오대학에서 기계물리학 학위를 취득한 후 LA 패서디나에 있는 캘리포니아공대에 입학했다. 그는 잘 알려진 칼텍(Caltech) 연구소에서 덴마크 출신 물리학자 찰스 라우릿센(Charles C. Lauritsen) 교수 밑에서 지도받으면서 당시 물리학 분야에서 가장 주목받는 핵물리학에 집중했고 특히 '거울핵(mirror nuclei)'를 발견했다.

거울핵이란 양성자와 중성자의 수를 서로 교체할 수 있는 핵종(nuclide)를 말한다. 예를 들면 화학적으로 안정된 핵종인 질소15(자연계에서는 대부분 질소14임)는 양성자 7개와 중성자 8개를 지니지만 거울핵에 해당하는 산소15는 반감기가 약 2분인 방사성원소로 양성자 8개와 중성자7개로 이루어져 있다. 이는 큰 틀에서 두 양성자 사이에 작용하는 힘은 두 중성자 사이에 작용하는 힘과 동일함을 의미한다. 따라서 물리학자들은 양성자와 중성자를 '에너지는 같지만 질량이 다른 것'으로 취급하기도 한다.

1939년 독일 출신의 한스 베테(Hans Bethe)가 탄소-질소 사이클(오늘날에는 'CNO(탄소-질소-산소)' 사이클)에 대한 논문을 발표했다.

CNO사이클은 항성이 수소를 헬륨으로 변환하는 핵융합반응 가운데 하나다. 이 반응이 별 중심부에서 일어나면 에너지가 발생해 별이 빛나게 되는데 베테는 이 연구로 1967년 노벨상을 수상했다. 빅뱅의 기본을 제시한 조지 가모프(George Gamow) 박사를 제치고 노벨상을 받아 구설수가 올랐던 장본인이다.

베테의 논문은 파울러가 칼텍에서 탄소와 질소에 양성자를 충돌시키는 실험을 집중적으로 진행했는데 제2차 세계대전으로 잠시 중단하였지만 전쟁이 끝나자 계속하여 별 내부에서 일어나는 핵반응을 집중적으로 연구했다. 그는 많은 원소가 어떤 식으로 생성되는지에 대해 의문을 품었다. 이미 베테가 별 내부에서 수소로부터 헬륨이 생성되는 과정을 설명했지만 나머지 원소는 어떻게 생성되었느냐이다.

당시에 대부분의 학자들은 모든 원소가 우주의 폭발 즉 빅뱅시 일어난 핵융합으로부터 생성되었다고 생각했다. 빅뱅이론의 창시자인 조지 가모프는 1946년 핵융합은 중성자의 첨가에 의해 일어난다고 주장했다. 즉 모든 원자핵은 연속적인 중성자 포착에 의해 생성된다는 것이다.

그러나 케임브리지대학의 프레드 호일 박사는 그런 견해에 동조하지 않았다. 이후 연구에 의해 빅뱅 초기단계에는 더욱 가벼운 원소만 생성되었다는 것이 알려졌다. 생성된 원소 대부분은 우주 물질의 99퍼센트 이상을 점하는 수소와 헬륨이었으며 소량의 리듐 동위체가 있었다. 즉 빅뱅 직후 우주가 급격하게 팽창하면서 지구 등의 혹성을 구성하는 탄소, 마그네슘, 규소, 철, 황 등은 생성되지 않았다. 그런데 그런 원소들이 혹성 전체 질량 가운데 96% 이상을 차지한다는 점이다.

<핵융합으로 무거운 원소 생성>

빅뱅이 옳든 정상우주론이 옳든 우주가 생각보다 큰 것은 물론 점점 팽창하고 있다는 관측 증거가 계속 쌓이자 이를 사실로 받아들이지 않을 수 없었다. 이는 도대체 우주에서 무슨 일이 일어나고 있느냐로 진행된다. 그런데 두 우주론 모두 완벽한 관측 증거를 확보하지 못했고 공통의 문제도 있었다.

가장 큰 질문은 헬륨보다 무거운 원소가 어떻게 태어났느냐이다. 여기에 가장 공을 들인 사람이 호일 박사이다. 그가 원소 문제에 총력을 기우린 것은 빅뱅을 잠재우기 위해서 우주에 있는 많은 원소를 만드는 방법을 파악하는 것이 중요하다고 생각했기 때문이다.

수소를 융합해 헬륨이 되는 과정은 두 가지로 첫째는 중수소를 이용한 방법이고 다른 하나를 탄소를 헬륨 제조 공장으로 사용하는 방법이다. 그런데 우주에서 중수소는 매우 드물게 발견되므로 탄소를 이용해 헬륨을 만드는 것이 기본이었다고 생각할 수 있다.

그런데 헬륨 3개를 융합해 탄소를 만들 방법을 찾을 수 없다는 점이다. 빅뱅론자들은 빅뱅 자체로 탄소를 만들었다고 주장했지만 어느 누구도 이에 대한 이론을 설명하지 못했다.

호일 박사는 빅뱅이 일어날 때 더 무거운 원소가 생성되지 않는 이유로 그러한 것들은 열역학적 평형상태 즉 일정한 온도와 압력 하에서 생성된다고 보았다. 그와 같은 상태는 대물질인 별 내부에 존재한다. 그보다 10배 이상의 초고온과 초고압 상태에 의해 가벼운 원소가 융합해 더욱 무거운 원소가 만들어진다는 내용이다.

그런데 호일 박사도 역시 '어떻게'라는 질문에 명쾌한 답을 하지 못했다.

탄소는 양성자 6개와 중성자 6개로 이루어져 있으므로 계산상 양성자 2개와 중성자 2개로 된 헬륨 3개가 만나면 탄소가 생긴다. 그런데 헬륨 3개가 1억K가 넘는 별의 몸 속에서 동시에 만나는 것이 만만치 않다. 그렇다면 헬륨 2개가 먼저 만나 베릴륨8이 되고 이것에 헬륨을 만나면 가능하다. 베릴륨은 원자가 9인 금속으로 충격에 강해 골프채로 많이 사용된다. 그런데 1억K가 넘는 별에서 만들어진 베를륨8은 불안정해한 원자핵이므로 수천 조 분의 1초 밖에 살지 못하므로 골프채가 되는 것이 불가능하다. 그러므로 아주 짧은 순간의 베릴륨8이 탄소가 되려면 그 짧은 순간에 헬륨을 만나야한다.

한마디로 이런 상황으로 되는 것이 만만치 않는데 호일은 가모프가 빅뱅 당시 탄소가 만들어졌다는 주장을 지적했다. 베릴륨8의 이런 특성을 감안하면 빅뱅 당시 탄소가 만들어진다는 것을 명쾌하게 설명할 수 없다는 것이다.

호일이 이 난제에 도전하면서 별의 몸 속에서 탄소가 분명히 만들어졌으며 이는 어떤 방법이든 베릴륨8이 깨지기 전에 탄소가 만들어졌어야한다고 주장했다. 한마디로 베릴륨8이 깨지기 전에 탄소를 만드는 데 기여해야 한다는 것이다.

호일은 1억K가 넘는 별의 몸속이라면 베릴륨8과 헬륨이 만나 탄소 핵이 만들어지면 깨지지 않고 버틸 수 있을지 모른다고 생각했다. 주변이 너무 뜨겁고 압력이 높으므로 갓 태어난 탄소 원자핵이 불필요한 질량을 빛으로 토해 낸 뒤에도 들뜬 상태대로 존재할 수 있을지 모른다는 것이다.

호일은 이런 가정을 실험으로 증명할 수 있다며 1953년 안식년에 캘리포니아공과대학을 찾아가 당시에 유능한 실험학자로 알려진 원자핵물리학자 파울러를 만나 곧바로 7.65MV 들떠있는 탄소 원자핵이 있으니 그것을 찾아보라고 했다. 파울러가 자신은 이미 다른 중요한 연구 프로젝트를 수행하고 있다고 말하자 호일은 만약 들뜬 탄소 핵을 찾아낸다면 일생 일대의 과학적 업적이 될 수 있다고 강조했다.

여하튼 파울러는 탄소12를 놓고 정밀 분석 작업에 들어가 호일의 예상대로 정확히 7.65MV 들뜬 에너지를 가진 탄소원자를 확인했다. 한마디로 호일의 예견대로 우주에서 수소, 헬륨보다 무거운 탄소를 만들 수 있다고 발표했다.

빅뱅에 따라 우주에는 수소와 헬륨이 생겼는데 이는 현재 우주에 있는 수소와 헬륨의 양과 정확히 일치한다. 이후 수소와 헬륨을 주원료로 하여 1세대 별 안에서 들뜬 상태의 탄소 원자핵을 충분히 만들었고 이 별이 폭발하여 탄소가 온 우주에 퍼졌다는 것이다.

이후 2세대 별이 태어나는데 2세대 별은 재료부터 1세대 별과 다르다. 한마디로 2세대 별은 태어날 때부터 탄소를 갖고 있었다는 뜻이다.

호일의 발견은 초창기 우주의 시나리오를 말끔하게 정리해 주었다. 그런데 아이러니한 것은 이 발견이 호일의 정상우주론을 뒷받침해주는 것이 아니라 오히려 그 반대로 작용했다.

빅뱅 시나리오는 빅뱅으로 수소와 헬륨이 생긴 것에서 시작하는데 탄소의 생성도 중요하지만 첫 단추가 중요하다는 것이다. 아이러니한 것은 호일의 들뜬 탄소에 의해 빅뱅 우주의 시나리오가 보다 매끄럽게 설명되었다는 것이다. 이지유 박사는 매우 재미있는 말을 사용했다.

'밤하늘에 빛나는 별은 수소와 헬륨을 재료로 각종 원소를 요리해 내는 부엌이었다.'[155]

여하튼 호일은 이 결과를 활용하여 계속 별 속에서 탄소를 포함한 무거운 원소를 만드는 과정을 계속 연구했다. 더불어 파울러, 캠브리지 대학의 젊은 천문학도 마가렛 버비지와 제프리 버비지와 공동 저자로 1957년 <현대물리학의 리뷰(Reviews of Modern Physics)>에 「별의 원소 합성」에 관한 논문을 발표했다. 저자들의 이름 머리글자를 떠서 만든 'R2FH' 논문으로 더 잘 알려졌는데 주 저자가 호일이다.

이 논문은 커다란 별이 태어나 초신성으로 일생을 마무리하는 과정에서 온갖 무거운 원소들이 만들어진다는 내용을 담고 있다. 논문의 내용은 당대 가모프 박사가 주장한 물질 생성의 약점을 적나라하게 해명한 것으로 한마디로 엄청난 핵 과정의 별에서 가벼운 화학 원소를 제외한 모든 물질이 생성되었다는 내용이다.

<노벨상의 의문>

「별의 원소 합성」에 관한 논문이 파울러에게 1983년 노벨상을 수상케 만든 장본인인데 세계 학계를 놀라게 한 것은 주저자인 호일이 노벨상에서 제외된 것이다. 이것은 당대의 물리학자들을 놀라게 했고 또 분개하게 만든 것은 파울러의 업적은 모두 프레드 호일이 사전에 예언한 것이기 때문이다. 특히 노벨상은 최초의 이론을 정립한 사람에게 돌아가는데 프레드 호일이 이

155) 『처음 읽는 우주의 역사』, 이지유, 휴머니스트, 2013

론을 정립했고 파울러는 그의 이론을 검증한 사람으로 더욱더 비난받았다. 한마디로 노벨상이 그렇게도 주창하던 이론을 처음으로 도출한 사람이 아니라 오히려 그것을 실험한 소위 확인한 기술자에게만 돌아갔다는 것이다.

주연구자인 호일을 제외하고 파울러에게 노벨상이 수여되자 노벨상위원회에 대한 비난이 쏟아졌는데 노벨상위원회는 어떠한 답변도 하지 않았다. 일단 수여가 결정된 노벨상은 당사자가 수상을 거부해도 노벨상수상자로 결정될 만큼 권위를 갖고 자신들의 결정을 철저하게 견지하는데 문제는 주변에서 이를 가만히 있지 않았다는 점이다.

특히 파울러는 자신이 호일과 함께 노벨상을 받지 못함에 대해 직접 노벨상위원회를 공격하는데 주저하지 않았다. 파울러는 자신의 노벨상은 기본적으로 프레드 호일에 의해 시작되었고 자신이 본격적으로 연구한 것도 호일을 만남으로서 시작되었다고 공개적으로 발언하여 더욱 노벨상위원회를 궁지에 몰아넣었다. 여하튼 파울러는 노벨상 수상식에서 별 내부에서 이루어지는 원소 합성에 대해 다음과 같이 강연했다.

'무거운 원소가 만들어지는 과정으로 널리 알려져 있는 대답은 원자번호 6인 탄소부터 수명이 긴 원자번호 92우라늄에 이르기까지 모든 무거운 운소는 은하계 내부에서 이루어지는 핵반응에 의해 생성되었다는 것입니다. 무거운 원소를 합성한 별들은 45억 년 전 태양계가 형성되기 전에 은하계에서 태어나 진화했고 시간이 지나면서 핵 불길이 만들어낸 재(새로 합성된 다양한 원소)를 우주로 방출했습니다. 은하계의 수명은 200억 년보다는 짧은 100억 년 이상입니다. 어쨌든 은하계는 그 내부에 위치한 태양계보다 훨씬 나이가 많습니다. 핵의 재, 즉 새로 합성된 다양한 원소는 '거성(giant star)'라 불리는 별의 진화단계에서 질량 감소를 수반하며 방출됩니다. 또는 신성이나 초신성 단계에서도 방출됩니다. 초신성은 별의 죽음이라고 생각할 수 있습니다. 별이 진화한 후 남아 있는 백색왜성과 중성자별, 블랙홀은 별의 연옥에 해당하는 모습(별이 죽기 직전 단계)이라고 할 수 있습니다.'

파울러는 노벨상을 수상하고도 기쁘다는 내색조차 하지 못했다. 이는 1995년 3월 파울러가 사망했을 때 그의 제자인 천문학자 클레이튼 박사가 다음과 같은 추도사로 대변한 것을 보아도 알 수 있다.

'파울러는 호일이 노벨상 수상자가 되지 못한 것에 대해 오랫동안 괴로워했다. 그는 자신이 평생 연구한 성과를 인정받아 노벨상을 받았지만 기쁨을 전혀 누리지 못했다. 그 모습은 과학이라기보다는 그리스 비극이라 불러 마땅하다.'[156)]

학자들은 노벨상위원회에서 프레드 호일 박사를 제외한 이유에 대해 대체로 다음과 같이 추정한다. 우선 프레드 호일이 탁월한 천문학자이자 이론물리학자임은 분명하지만 다방면에 재주가 있는 사람으로 이는 한 우물만 파는 정통 과학자와는 다소 거리가 있다는 점이다.

호일 박사는 1915년 영국 웨스트 라이딩 오브 요크셔 길스테드의 빙리 근처에서 태어났다. 그의 아버지 벤 호일은 바이올리니스트였고 어머니 마벨 피카드는 런던의 왕립 음악 대학에서 음악을 공부했고 후에 피아니스트로 일했다. 호일은 캠브리지 대학에서 수학을 공부했는데 글에도 재주가 있어 『10월 1일은 너무 늦다』 등 20여 편의 SF소설 베스트셀러 작가이기도 하며 1973년 단편 영화 「다른 관점에서 세상을 가져라」 출연하기도 했다. 소위 정통 과학자에서 약간 벗어났다는 것인데 가장 큰 지적감은 그의 탁월한 연

156) 『교양인을 위한 노벨상 강의(물리학상)』, 야자와 사이언스연구소, 김영사, 2011

구 업적에도 불구하고 당대 사회 통념 즉 과학계의 정통성을 거부했기 때문에 미운털이 박혔다는 것이다.

호일은 타고난 반골 성향이 강한 사람으로 유명하다. 다시 말하면 그 당시 과학계에서 받아들여지던 주류 이론들 거의 대부분에 비판 즉 반대의견을 내놓으며 과학계가 아닌 분야도 술 안주감으로 삼았다.

우선 그는 2001년 세상을 뜰 때까지 정상우주론을 제기하여 빅뱅과 끝까지 대립했는데 이 문제는 아직 결론이 난 것은 아니다. 더불어 호일은 진화론을 반박하면서 과학계에 유명한 '고물 야적장과 보잉 747 비행기'를 예로 들었다.

'생명이 우연히 생겨날 확률은, 수많은 부속품이 쌓여 있는 고물 야적장에 회오리바람이 불어와서 모든 부품을 하늘로 올려 보낸 후, 이 부품이 땅바닥에 떨어지면서 단 한 번 만에 우연히 보잉 747 점보 여객기가 조립될 확률보다 더 작다.'

그의 요지는 우연히 지구에서 생명이 등장할 확률은 존재하지 않는다는 뜻인데 이는 지구 자체에서 생명이 태어난 것이 아니라 우주공간 즉 외부에서 나타났다는 '판스페르미아설'을 강조한 것이다. 이 문제는 아직도 결론 나지 않은 과학계의 미해결문제로 남아있는데 이것이 종교적인 문제가 되면 매우 복잡해진다는 것은 불문가지다. 사실 과학자들이 창조설을 반박하면서 주로 언급하는 것이 이 '747 항공기' 비유에 대한 비판일 정도였다. 호일은 스스로 무신론자라고 주장하기도 했고 실제로는 유신론자보다는 불가지론자에 가까웠다고 알려진다.

그는 1972년에 영국에서 기사작위 즉 '경(Sir)'란 칭호를 받을 정도로 과학계의 거물이므로 그의 말은 세계적으로 파장이 만만치 않았는데 특히 리처드 도킨스는 자신의 저서인 『이기적인 유전자』에서 실명을 거론하며 꼬집었다.

'어떤 분야에 전문적이라고 다른 분야에도 꼭 뛰어날 리는 없다.'

더불어 시조새 화석이 조작되었다고 주장하는가 하면[157] 석유와 천연가스가 지구 맨틀 깊숙한 곳에서 비생물적 과정을 통해 생겼다는 가설을 강하게 고집했다. 그런데 이 역시 아직 논란의 여지가 있는 것은 사실이다.

더불어 이를 확장하여 혜성에서 온 바이러스가 생명의 시초라고 주장하면서 전 세계적인 바이러스 전염병의 주범이 우주에서 온 바이러스라고도 목청을 높였다. 또한 지구상의 생명체가 우주에서 비롯했다는 범종설을 옹호했다. 이 뿐이 아니다. 호일은 석유와 천연가스가 지구 맨틀 깊숙한 곳에서 비생물적 과정을 통해 생겼다는 가설을 강하게 고집했다. 사사건건 기존 학설에 도전하는 까닭을 묻자, 호일은 답했다.

'옳지만 지루한 것보다 틀렸어도 흥미로운 것이 낫다.'

호일의 또 다른 단점은 비상식적인 처신을 참지 못한다는 점이다. 1974년 펄서를 발견한 공로로 안토니 휴이시 박사가 노벨상을 받았는데 정작 펄서를 발견한 여성 천문학자 조슬린 벨 버넬은 수상자 명단에서 빠졌다. 이에 호일 박사가 강력하게 노벨상위원회에 쓴 소리를 했는데 이것이 부메랑이 되었다는 설명도 있다.

157) 「프레드 호일」 더위키

여하튼 호일의 주도로 그의 제자인 파울러가 노벨상을 받은 것을 보면 그의 주 연구가 노벨상을 받은 것이나 마찬가지이다. 그런데 스티븐 호킹과 프레드 호일 박사가 노벨상을 받지 못한 것은 공교롭게도 종교적 문제를 건드렸다는 공통점이 있다. 괘심죄가 걸렸다는 지적이다.

아이러니한 것은 여기에 가모프 박사도 포함되는데 우주 탄생을 촉발시킨 세 사람의 거물 모두 노벨상을 받지 못했다는 점이다.[158)159)160)]

---

158) 「프레드 호일」 위키백과

159) www.ko.celeb-true.com/william-alfred-fowler-american-nuclear-physicist-astrophysicist, www.spacetimes.co.kr/View.aspx?No=1266329(우주연재물)

160) 『처음 읽는 우주의 역사』 이지유, 휴머니스트, 2013

참고문헌

「프레드 호일」 더위키, 요다위키, 위키백과

www.ko.celeb-true.com/william-alfred-fowler-american-nuclear-physicist-astrophysicist

www.spacetimes.co.kr/View.aspx?No-=1266329

『교양인을 위한 노벨상 강의(물리학상)』 야자와 사이언스연구소, 김영사, 2011

『처음 읽는 우주의 역사』 이지유, 휴머니스트, 2013

7부

우주 비밀 찾기

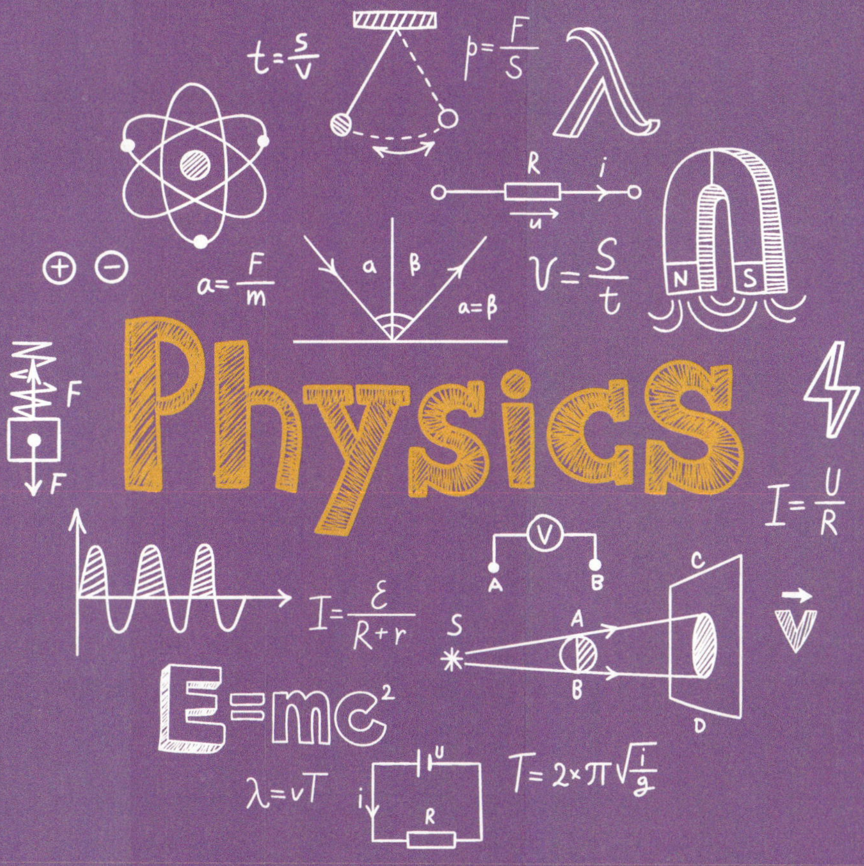

제7부 : 우주 비밀 찾기

천체물리학은 검증하기 어려운 것으로 유명하지만 현대 과학은 이를 극복하면서 발전하였다고 볼 수 있다. 그 중에서 중성미자, 중력파, 힉스 등은 이론으로만 알려져 더욱 인간들의 용기를 붙돋았는데 이들 모두 근래 노벨상을 수상하여 인간의 능력에 찬탄을 불러일으켰다.

이와 같은 쾌거는 과학자들의 부단한 연구 결과에 기인하지만 더욱 중요한 것은 이런 난해한 문제를 검증할 수 있는 장치가 개발되었기 때문이다. 이곳에서 그동안 부단히도 우주의 비밀 속에 숨어 학자들을 고민하게 만들었던 중성미자, 중력파, 힉스 등을 먼저 설명하고 다음에서 이들 연구가 가능토록 만든 천문 기자재들에 대해 설명한다.

제1장 : 중성미자(neutrino)

아인슈타인의 이론에 의하면 광속으로 움직이는 물체의 속력은 더해지거나 줄어드는 것이 아니라 항상 같다는 점이다. 이것은 어떤 물체든 빨리 움직일수록 그 물체를 발사한 물체의 속력에 영향을 받지 않으며, 광속에 이르면 그 물체가 발사하는 물체의 속력에 전혀 영향을 받지 않는다는 것을 의미한다. 그러므로 질량을 갖지 않은 소립자로 알려진 중성미자(中性微子, 뉴트리노) 역시 자신을 방출한 물체의 속력에 관계없이 똑같은 속력으로 움직여야 한다. 이것은 중성미자의 속도가 중성미자를 방출하는 물체의 속력에 영향을 받지 않는다면 폭발하는 별의 어느 부분에서 나왔건 상관없이 중성미자는 모두 같은 시간에 지구에 도착해야 한다는 것을 뜻한다.

중성미자는 아주 작은 소립자로서 1930년대 파울리, 페르미 등이 방사성 물질 붕괴의 과정에서 에너지 보존법칙이 깨지지 않도록 설명하기 위하여 도입하였다. 중성미자의 존재가 실험적으로 입증된 것은 1950년대 이후로 이들을 연구한 물리학자들은 상당수가 노벨물리학상을 수상하였다. 즉 중성미자 검출 및 연구는 노벨상의 보고 라고도 할만하다.

중성미자를 처음으로 검출한 물리학자는 미국의 프레더릭 라이너스(Frederick Reines)로 그는 1953년 원자로 내에서 중성미자를 검출하였고 1995년도 노벨물리학상을 공동 수상하였다.

1962년에 미국 콜롬비아 대학의 물리학자 레더만(Leon Lederman)과 슈왈츠(Melvin Schwartz), 스타인버거(Jack Steinberger)는 입자가속기 장치를 이용하여 실험하는 과정에서 중성미자를 관찰하였다.

이들은 인공적인 중성미자 빔을 만드는 데에 성공하고 중성미자의 본질을 밝히는 공로를 인정받아, 1988년도 노벨 물리학상을 공동으로 수상하였다.

1960년대 이후에 현대 입자물리학 이론의 근간을 이루는 이른바 '표준모형(Standard Model)'이 정립되면서, 중성미자의 위상 및 다른 소립자들 간의 관계도 서서히 밝혀지기 시작했다.

중성미자는 빛의 입자인 광자에 이어서 우주 공간에서 두 번째로 많으며, 1초에도 수 조개씩 지구를 지나갈 정도이다. 그런데 중성미자는 다른 입자와는 거의 상호작용을 하지 않는 성질 때문에 검출하기가 매우 어렵다. 1980년대에 들어서면서 우주에서 날아오는 중성미자를 검출하려는 '중성미자 천문학', '우주선(宇宙線) 물리학'이 발전하면서 새로운 전기가 마련되었다.

<중성미자 확인>

천문학계의 연구에 부응하여 2002년 노벨물리학상은 2002년 노벨상은 레이몬드 데이비스 2세(Raymond Davis Jr.), 리카르도 지아코니(Riccardo Giacconi), 그리고 고시바(小柴昌俊) 박사에게 수여되었다.

레이몬드 데이비스 2세는 원래 화학자였는데 1964년부터 중성미자를 실험적으로 검증하는 대장정에 들어갔다. 그의 생각은 매우 간단하다. 태양중성미자를 관측함으로써 실제로 태양 내부에서 이론처럼 핵융합반응이 일어나는지 증명하자는 것이다. 데이비스 2세는 염화탄소 액체(세탁비눗물) 속 염소에 중성미자가 충돌하면 방사선을 방출하는 아르곤으로 변한다는 점에 착안했다. 데이비스 박사는 미국 사우스다코다주의 홈스테이크 폐금광 속에 615톤의 염화탄소가 들어가는 통을 장치해 아르곤을 검출하기 시작했다. 이론적 계산에 의하면 하루에 2개의 아르곤이 검출되어야 하는데 데이비스는 1990년대까지 30년 동안 평균 이틀에 한 개 정도를 검출할 수 있었다.

비록 이론과 실험의 차이가 있었지만 데이비스의 실험을 통해 지구 외부 특히 별인 태양의 내부에서 발생된 중성미자를 처음으로 관측했다는데 많은 학자들이 놀랐다. 그러므로 천문학계에서는 이것이야말로 중성미자 망원경의 시초이며 인류가 천체 내부를 들여다볼 수 있는 새로운 길을 열었다고 평가했다.[161)]

161) 「중성미자 사냥꾼 '카미오칸데' [과학기술 넘나들기] 거대 과학실험 장치들(5)」, 최성우, 사이언스타임스, 2020.09.18

2002년 노벨상을 받은 고시바(小柴昌俊) 박사는 일본에서 학생 때 성적이 좋지 않기로 이름난 사람이다. 그런데 그가 노벨상을 수상할 정도의 업적을 인정받은 것은 미국 로체스타대에서 박사학위를 받은 후 오랫동안 입자물리실험의 경험을 토대로 가미오간데 아이디어를 창출했기 때문이다[162)]

고시바 교수는 광산 지하에 카미오칸데 건설을 주도한 과학자다. 고시바 교수는 미국에서 연구를 통해 우주선의 근원이 초신성이라는 설을 주장하며 일본으로 돌아가 1974년 도쿄대학에 고에너지 물리학실험시설을 설립했다. 초거대 실험시설인 카미오칸데를 건설한 그는 1987년 '초신성 폭발'로 지구로 날아온 중성미자를 발견하는데 중성미자 천문학의 새 시대를 열었다고 인정받아 데이비스 미국 펜실베이니아대교수 등과 함께 노벨 물리학상을 받았다.

고토카미 마코토(五神眞)도쿄대 총장은 특별하게 그를 회고했다.

'고시바 선생은 본교 학부 교수를 오랫동안에 걸쳐 역임하며 수많은 업적을 남겼다. 특히 슈퍼카미오칸데의 전신인 카미오칸데를 1983년에 건설하고 중성미자 천문학이라는 새로운 학문 분야를 이끌고 개척했다.'

이들의 노벨상 수상이 남다른 것은 상상할 수 없이 거대한 장비를 활용할 수 있었기 때문이다. 한마디로 아무나 다룰 수 없는 거대장비를 활용할 수 있었다는 것은 어느 의미에서 학자로서는 가장 행복한 사람이라고 볼 수 있다.

2015년 노벨상 역시 중성미자를 연구한 캐나다의 아서 B. 맥도널드(Arthur B. McDonald, 1943~)와 일본의 가지타 다카아키(Takaaki Kajita,

162) 「日 노벨물리학상 수상 '고시바 교수' 별세」, 김지영, Hello DD, 2020.11.15

1959~)가 공동 수상했다.[163] 중성미자란 동일한 주제임에도 10년 만에 다시 노벨상을 받았다는 것은 그만큼 과학계에서 중요성을 인정받았다는 것이다.

가지타 교수는 토쿄대에서 운영하는 우주선연구소(Institute for Cosmic Ray Research)의 소장, 그리고 맥도널드 교수는 퀸스대의 '서드버리 중성미자 관측소(Sudbury Neutrino Observatory)'에서 중성미자(neutrino)를 연구해왔다. 한마디로 다른 지역에서 연구를 진행한 두 사람이 중성미자가 이동 중 변화를 통해 미량의 질량을 갖게 된다는 사실을 발견했고 바로 이 공적으로 노벨상을 수상한 것이다. 그들이 노벨상을 받게된 이유를 고란 K, 한슨 스웨덴 왕립과학원 사무총장이 말했다.

'두 사람의 발견이 물질 내부에 대한 이해를 바꿨다. 더불어 이 발견이 입자물리학에서는 매우 중요한 역사적인 발견이었다.'

가지타 교수는 스승에 이어 제자가 노벨상을 타는 '사제 수상자'라는 기록도 함께 세웠다. 2002년 노벨물리학상을 공동 수상한 고시바 마사토시(小柴 昌俊) 도쿄대 전 교수가 그의 스승이다. 가지타 교수는 일본 기후현 카미오카 광산 지하 1,000m에 건설된 '슈퍼카미오칸데(superkamiokande)'에서 우주에서 날아온 중성미자를 연구해왔다. 수퍼카미오칸데에 대해서는 다음 장에서 설명한다.

가지타 교수가 노벨상을 수상할 수 있었던 것은 슈퍼카미오칸데의 정밀 관측 장치를 통해 1998년 중성미자가 변화한다는 사실을 발견했기 때문이다. 맥도널드 교수도 퀸스대에서 서드베리 광산 2,060m 지하에 설치한 '서드버리 중성미자 관측소(Sudbury Neutrino Observatory)'를 통해 중성미

163) 『교양인을 위한 노벨상 강의(물리학상)』 야자와 사이언스연구소, 김영사, 2011

자를 관측하던 중 2001년 태양에서 발생한 중성미자가 지구로 날라 와 변화를 통해 미미하게나마 질량을 가지게 된다는 것을 확인했다.

이들의 노벨상 수상이 큰 의미를 갖는 것은 세계 물리학계의 큰 의문점 중 하나인 중성미자의 질량 유무 논란을 매듭지었기 때문이다. 빅뱅이론에 따르면 중성미자는 태초 빅뱅이 있은 직후 생성된 전파(우주 배경복사)와 함께 생겨나 지금까지 붕괴되지 않고 남아서 우주를 떠돌고 있다. 그런데 중성미자는 또 태양과 같은 별 중심부의 핵융합을 통해서도 생성된다. 이에 따라 1930년 파울리(Wolfgang Pauli)가 '전기적으로 중성이며 질량이 0이거나 전자에 비해 훨씬 작은 입자'가 전자와 함께 방출된다며 중성미자 존재를 이론적으로 예언한 이후 후속연구가 이어져왔다.

1953년 실험적 검출을 거쳐 중성미자의 존재를 실증했으며, 1990년에는 중성미자의 종류가 전자형, 뮤온형, 타우형 3가지라는 사실을 확인했다. 1998년에는 가지타 교수가 중성미자에 질량이 있다는 사실을 제시했으며, 2001년에 맥도널드 교수가 질량 논란을 잠재운 것이다. 가지타 교수는 수상 직후 다음과 같이 말했다.

'이번 연구가 당장 쓸모가 있는 것은 아니지만 미래 인류 지식에 큰 도움이 될 수 있을 것이다.'[164)]

이들 수상자들이 다른 노벨상 수상자들과 다소 차이가 있다고 설명되는데 이는 창의력 뿐만 아니라 긴 세월에 걸친 불굴의 노력이 노벨상으로 열매를 맺었기 때문이다. 노벨상을 수상할 정도의 테마라면 과학분야에서 상

164) 「노벨물리학상, 가지타 맥도널드, 중성미자의 질량 증명, 우주 비밀 밝혀내」, 이강봉, 사이언스타임스, 2015.10.07

당히 난해한 것으로 생각될 수 있는데 사실 중성미자(뉴트리노)는 다소 이해가 안 되는 성질을 갖고 있으므로 과학자들을 고민에 빠트린 중요 난제 중 하나이다.

<현실이 된 기적>

학자들은 그동안 천문학계에서 설명되는 중성미자는 그야말로 기적으로 태어났다고 설명한다. 다소 헷갈리지만 중량이 거의 없는 중성미자(뉴트리노, neutrino)는 매 초 마다 무려 수조(兆) 개씩 사람의 몸을 통과한다. 이처럼 우리에게 직접적으로 관련된다면 중성미자를 오래전부터 파악하고 있어야 하는데 중성미자의 문제는 인간들이 중성미자를 콕 집어내기가 간단하지 않다는 점이다. 특히 먼 우주에서 날아온 희귀한 고에너지 중성미자 입자는 더욱더 집어내기가 힘들다는 것은 상식이나 마찬가지이다.

약 168,000년 전, 지구는 홍적세 후기에 해당하는 빙하시대인데 우리 은하계 바로 밖에 있는 왜소은하(dwarf galaxy) 가운데 하나인 대마젤란은하 속에 있는 청색거성(Blue Giant)이 그 생을 마감했다. 질량이 태양의 20배나 되는 청색거성은 대단히 큰 질량 때문에 탄생한 지 겨우 수백만 년만에 내부의 핵융합연료를 모두 소진해 대폭발했는데 이때 방출된 빛은 168,000년이 걸려 1987년 2월 23일 지구에 도달한 것이다. 이 당시의 폭발을 'SN1987A'로 명명되었는데 이것은 망원경이 발명된 이후 처음으로 우리 가까이 나타난 초신성이며 최대 광도가 3등급까지 올라가 육안으로도 뚜렷이 볼 수 있었다.

중성미자는 전하를 지니지 않고 질량도 제로라고 추측될 만큼 작으므로 다른 물질과 거의 상호작용을 일으키지 않는다. 그러나 양성자 및 중성자에 10^{-15}(1센티미터의 1,000조분의 1) 이하 되는 거리까지 접근했을 때에는 양성자와 중성미자 사이에 '약력'이 이루어진다. 약력이란 원자핵 내부에서 매우 가까운 거리밖에 작용하지 않으므로 중성미자는 우주공간에서 별 및 혹성 등의 거대한 물질과 충돌해도 전혀 저항을 받지 않고 유령처럼 빠져나간다.

SN1987A가 폭발할 때 엄청난 압력 하에서 중심부가 파괴되어 온도가 20억도(절대온도)에 이르렀을 때 양성자가 전자를 흡수해 방대한 수의 중성미자가 나타났다. 그것들이 폭발하는 순간 단번에 별의 바깥층을 뚫고 나가 흩어졌다. 학자들은 별이 지니고 있던 전체 에너지 중 99%가 중성미자에 의해 우주공간으로 날아갔다고 추정하는데 바로 그 중성미자를 지구에서 포착했다는 것이다.

중성미자는 매우 오래전부터 알려진 것이다. 1930년대 물리학자들은 베타붕괴에 대해 주목했는데 이는 원자핵 속에서 한 개의 전자 즉 베타선이 방출되어 원자핵을 구성하는 입자 가운데 하나인 양성자가 한 개 늘어나서 원자핵의 종류(핵종)이 변하기 때문이다. 그런데 다른 방사성물질의 붕괴로 인해 방출되는 방사선(알파선, 감마선) 에너지는 언제나 일정하지만 베타붕괴일 경우에는 방출되는 베타선의 운동에너지가 붕괴할 때마다 일정하지 않았다. 게다가 붕괴 전 에너지(원자의 질량 + 운동에너지)보다도 붕괴 후 에너지가 반드시 작아서 에너지 보존 법칙도 성립하지 않았다.

오스트리아의 볼프강 파울리는 이 현상을 설명하기 위해 베타붕괴에서는 미지의 입자가 전자와 함께 방출될 때 에너지를 가지고 달아난다고 추측했다. 전하량 및 운동량 보존 법칙 관점에서 본다면 그 입자는 전하 제로이며 스핀(소립자가 지니는 각운동량)은 반정수다. 게다가 입자가 쉽게 관찰되지 않으므로 질량이 제로 내지 무한 제로에 가깝다는 것이다. 이를 보완한 것이 엔리코 페르미이다.

페르미는 베타붕괴에서 미지의 힘에 의해 원자핵 안에 있는 중성자 한 개가 붕괴해 양성자로 변한다. 그대 중성자는 전자와 파울 리가 예측했던 미지의 입자를 방출한다. 페르미는 그 입자를 '중성인 작은 입자'라는 뜻의 '중성미자'라 명명했다. 또 페르미가 가정했던 베타붕괴에서 작용하는 미지의 힘을 '약한 상호작용(약력)'이라는 이름으로 불렀다.

전하를 지니지 않고 질량도 제로거나 제로에 가까운 중성미자는 다른 입자와 매우 약한 약력에서만 작용하기 때문에 어지간히 가깝게 원자핵을 통과하지 않는 한 실제로는 텅 빈 공간인 원자 내부를 쉽게 빠져나간다.

1987년 2월 천문학자들이 'SN1987A'으로부터 방출된 중성미자를 19개 검출했는데 모두 12초의 시간 간격 안에 도착했다. 이 중성미자는 광속으로 168,000년, 시간으로는 무려 5조 초 동안이나 날아왔는데도 단지 12초밖에 차이가 나지 않는다는 것은 아인슈타인의 가정이 천억 분의 1 범위 내에서 정확하다는 뜻이다. 이는 빛의 속도 299,784.25킬로미터에 비해 변하는 폭이 0.25센티미터 미만임을 나타낸다. 아인슈타인의 이론이 처음 발표된 이래 실시된 여러 가지 실험 중에서 가장 엄격한 실험을 또 다시 통과함으로써 상대성 이론은 부동의 이론이 되었다. 물체는 어떠한 일이 있더라도 광속 이상으로는 달릴 수 없다는 것이다.

이와 같은 내용이 인정된 것은 물론 중성미자 검출 방법이 제시되었기 때문이다.

중성미자를 검출하는 것이 간단한 일이 아니다. 지구와 태양 같은 천체조차 쉽게 빠져나가는 중성미자를 검출하는 방법이 존재하지 않았기 때문이다. 중성미자를 검출하는 방법은 대량의 중성미자가 어떤 매질 속을 항상 통과하고 있다고 가정한 후 약한 상호작용의 흔적을 찾아내는 것이다.[165)]

<별의 폭발로 탄생>

중성미자에 관한 연구는 계속되었다.

2021년 남극 깊숙한 곳에 자리잡은 <아이스큐브 중성미자 관측소>가 중성미자를 발견한 것은 물론 출생지도 확인했다. 길이 1Km에 달하는 아이스큐브 관측소가 검출한 중성미자의 고향은 7억 5천만 광년 떨어진 돌고래자리(Delphinus constellation)에 있는 초거대 블랙홀이다.

이들이 발견한 우주 중성미자는 '조석 파괴 사건'(Tidal disruption event, TDE) 폭발을 통해서 태어났다. 조석파괴사건은 초거대 블랙홀이 강력한 중력의 힘으로 가까이 있는 별을 둘로 쪼개 집어삼키는 현상을 말한다. 이는 천체의 충돌이 거대한 우주 입자 가속기 역할도 했다는 것을 암시한다.

이 발견에 학자들이 환호한 것은 희귀한 '조석 파괴 사건'이 고에너지 중성미자와 우주선의 주요 원천이 될 수 있음을 시사하기 때문이다. 중성미자를 감지하는 유일한 방법은 중성미자가 어떤 것과 부딪히기를 기다리는 것이다. 그런데 중성미자는 물질과 자주 상호작용하지 않고 사람이나 벽도 그냥 통과해 버린다. 그동안 중성미자의 별명을 유령입자(goast particle)라 부른 이유다.

165) 『교양인을 위한 노벨상 강의(물리학상)』, 야자와 사이언스연구소, 김영사, 2011

그런데 때때로 중성미자가 원자핵과 정면으로 충돌해서 파편 입자들이 쏟아지게 한다. 이 충돌로 중성미자의 속도가 줄어들면서 동시에 섬광을 일으키는데 이 찰나의 충돌 순간을 탐지할 수 있다고 학자들이 주장했다. 물론 측정 가능성을 높이기 위해 엄청난 규모의 장치가 필요한데 아이스큐브 관측소는 5,000개 이상의 광자 탐지기를 줄지어 연결해서 남극 얼음 1㎦에 꽂아놓고 물고기를 기다리듯 중성미자를 기다렸다. 이를 통해 각 광자 탐지기에 중성미자가 검출되면, 중성미자의 도착 시간과 밝기를 근거로 계산해서 중성미자의 고향이 어디인지를 계산할 수 있다.

2019년 10월, 아이스큐브의 광자 탐지기에서 심우주에서 온 것으로 추정되는 중성미자 후보가 나타났다. 캘리포니아에 있는 천문 조사 장비인 ZTF(Zwicky Transient Facility)가 재빨리 중성미자의 고향으로 돌고래자리에 있는 초거대 블랙홀을 지목했다. 초거대 블랙홀이 주변에 있는 별을 산산조각내서 삼키는 조석 파괴 사건(TDE)가 발생하면서 중성미자가 발생했다는 것이다. 안나 프랑코비악(Anna Franckowiak) 박사는 다음과 같이 말했다.

'그것은 100 테트라전자볼트 이상의 강력한 에너지로 남극 얼음에 충돌했다.'

이는 현재 유럽 입자물리학 연구소(CERN)의 세계 최강의 입자가속기인 LHC에서 낼 수 있는 최대 입자 에너지의 최소 10배에 해당한다.

학자들을 고민케 만든 것은 TDE가 지금까지 발견된 것이 100번도 안 된다는 점이다. 별이 초거대 블랙홀 근처를 공전할 때, 강력한 중력이 별의 모양을 왜곡시킨다는 것은 잘 알려진 사실이다. 만약 별이 너무 가까이 초거대 블랙홀에 접근하면, 초거대 블랙홀의 중력이 별을 쪼개서 별의 절반은 블랙홀 원반 안으로 끌려 들어간다. 나머지는 긴 꼬리를 남기면서 블랙홀 바깥으로 흘러나가는데 이런 우주쇼는 몇 달 동안 지속된다.

그러므로 학자들이 발견한 중성미자의 고향인 돌고래자리 TDE는 천문학자들에게 새로운 것이 아니지만 2019년 4월 발견하여 'AT2019dsg'로 명명되었는데 150일 후에도 여전히 중성미자를 계속 분출했다. 이 말은 중앙 엔진이 오랜 시간 동안 전원을 공급하면서 활동하였다는 것을 뜻한다.

물론 현대의 천체물리학자들은 블랙홀이 이 중성미자의 분출에 어떻게 동력을 공급하는지 정확히 이해하지 못한다. 그러나 우주 중성미자가 TDE에서 나온 것이 추적되면서, 우주 중성미자를 설명하는 주요 요인 중 하나로 설명된다. 처음 발견한 수비 게자리(Suvi Gezari) 박사는 입자 물리학자들이 지구에서 인공적으로 중성미자를 만드는 것과 거의 같은 방식으로, 우주에서도 중성미자가 생성되는 것 같다고 설명했다. 고 에너지 우주선의 근원, 우주를 돌면서 매일 지구 대기에 내리 쬐는 양성자 입자 등의 근원일 수 있다는 설명이다. 다소 어려운 설명이지만 중성미자를 만드는 것은 양자를 높은 에너지로 가속시켜야 하기 때문에 TDE가 동시에 우주선을 생산할 수도 있다는 뜻이다.[166)]

<중성미자 알아보기>

중성미자는 우주를 구성하는 기본 입자들 중 하나이지만 중성미자를 제대로 설명하지 못하고 있었던 것은 사실이다. 학자들은 전자중성미자(electron neutrino), 뮤온중성미자(muon neutrino), 타우중성미자(tau neutrino)의 세 종류가 존재한다고 설명하지만 이를 정확하게 설명하는데

166) 「블랙홀이 별을 찢을 때 뉴트리노가 태어난다」, 심재율, 사이언스타임스, 2021.03.03

다소 주춤한다. 이는 이들의 물리적 성질에 대해서는 제대로 알려져 있지 않기 때문이다.

이 문제는 간단하게 그 이유가 밝혀졌는데 중성미자가 물질과 주로 약한 상호작용(weak interaction)을 하므로 중성미자를 실험으로 검증하는 것이 간단하지 않기 때문이다.

그런데 그야말로 놀라운 과학의 반증이 일어난다. 1980년대 이후 중성미자 검출을 위한 일본의 슈퍼카미오칸데(Super-Kamiokande)가 등장하자 상상할 수 없는 중성미자에 대한 연구가 급격히 발전하게 되었다는 것이다.

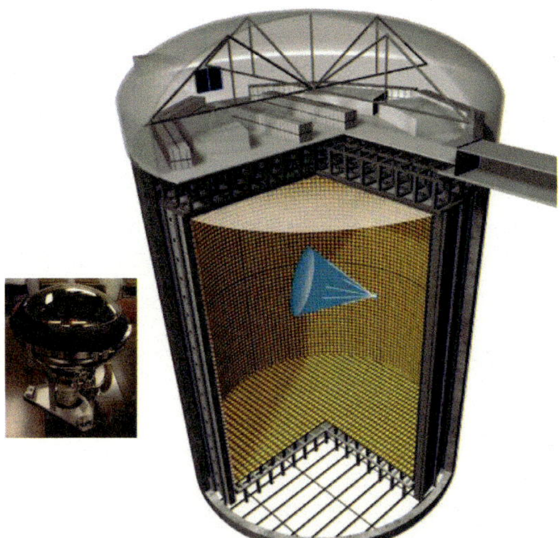

슈퍼 카마오 칸테

이는 거대 과학 실험장치를 통해 중성미자 진동현상(neutrino oscillation)을 포착할 수 있었기 때문이다. 중성미자 진동은 한 종류의 중성미자가 다른 종류의 중성미자로 변환하는 현상이다.

그런데 중성미자 진동현상이 일어나기 위해서는 중성미자가 질량을 가져야 하고 다른 종류의 중성미자들 사이의 혼합(mixing)이 존재해야 하는데 이는 입자물리학의 기본 패러다임인 표준모형(Standard Model)에 위배한다는 점이다.

중성미자는 우주에서 다양한 과정을 통해 방출된다. 태양과 같은 항성 심부에서의 핵융합반응, 초신성(supernova) 폭발, 우주선(cosmic ray) 입자와 성간물질과의 상호작용, 블랙홀 및 중성자 별과 같은 극한 천체 등에서 수많은 중성미자들이 방출되고 있다.

중성미자 진동현상의 발견되자 학자들이 집중한 것은 중성자 CP 대칭성 깨짐(CP violation) 현상이다. CP 대칭성 깨짐은 현재 우주에서 물질이 반물질보다 월등히 많이 존재하는 이유를 밝힐 수 있는 매우 중요한 현상이다. CP 대칭성 깨짐 현상은 1960년대 K 중간자(meson) 붕괴과정에서 처음 발견되었고 2000년대에는 B 중간자에서도 측정되었는데 이들 깨짐을 쿼크(quark)의 혼합(mixing)으로 설명하여 일본의 고바야시(Kobayashi) 교수와 마사카와(Masakawa) 교수는 2008년 노벨물리학상을 수상하였다.

중성미자 진동현상의 발견은 중성미자에서도 쿼크와 비슷한 혼합현상이 존재함을 의미하는 것은 물론 CP 대칭성 깨짐 현상이 일어날 수 있는 가능성을 보여주었다고 설명된다. 학자들은 이것이야말로 우주의 물질-반물질 비대칭성의 근원을 알 수 있는 계기가 되었다고 설명한다.

수퍼 카미오칸데는 계속 전진하여 인류 역사상 최장거리 규모의 실험이 행해졌다. 250킬로미터나 떨어진 쓰쿠바시의 고에너지연구소(KEK) 양성자 가속기로부터 인위적인 뮤온 중성미자 빔을 만들어 슈퍼 카미오칸데로 정조준해 쏘아 보낸 것이다. 그 결과 중성미자에도 질량이 있다는 결정적인 증거를 포착했다.

2003년 한·미·일·유럽의 국제공동연구팀은 "빔이 퍼지는 정도와 충돌 확률 등을 고려할 때 151개의 중성미자가 검출될 것으로 예상했으나 실제 관측에서는 108개만 검출되었다"고 발표했다. 이는 나머지 43개의 뮤온 중성미자가 진동변환을 일으켜 아직 관측되지 않는 타우 중성미자 등의 다른 형태로 바뀐 것을 의미한다.

이 실험에 참여한 서울대 물리학과 김수봉 교수는 "입자가 다른 입자로 바뀌려면 필수적으로 질량이 있어야 하는데, 이렇게 진동 변환을 일으켰다는 것은 곧 중성미자에 질량이 있다는 것을 의미한다"고 말했다. 이로써 중성미자에 질량이 없다고 가정한 표준모형이론이 수정되면서 중력을 제외한 전자기력, 약력, 강력의 모든 힘을 통합하려는 대통일이론은 더욱 힘을 얻었다. 대통일이론은 중성미자의 질량 존재를 예측하고 있기 때문이다.

특히 중성미자에 질량이 있다는 것이 학자들을 흥분케 만든 것은 과학자들이 별의 이동 속도를 이용해 계산한 결과, 전 우주의 별을 모두 합해도 전체 우주 질량의 10%에 미치지 못하는 것으로 나왔기 때문이다. 이는 우리가 미처 볼 수 없는 작은 입자가 우주에 널리 퍼져 있어 나머지 90%의 질량을 채우고 있다는 의미로 생각할 수밖에 없다.

빛과 상호작용을 하지 않는 그 미지의 입자를 암흑물질이라고 부르는데 학자들은 뉴트리노를 암흑물질이 아닌가하고 추측한다. 우주 대폭발 이론에 따르면 현재 우주에는 폭발과정에서 생성된 중성미자가 1cm^{3}당 약 330개 정도 분포하는 것으로 알려져 있다. 학자들은 중성미자가 얼마만한 질량을 갖느냐에 따라 지금껏 인간이 알고 있던 우주의 역사가 달라질 수 있고, 우주의 미래까지 예측할 수 있을지 모른다고 예상한다.[167][168]

167) 「지하 1천m에서 밝혀진 '유령입자'」, 이성규, 사이언스타임스, 2004.10.12
168) 『교양인을 위한 노벨상 강의(물리학상)』, 야자와 사이언스연구소, 김영사, 2011

참고문헌

「지하 1천m에서 밝혀진 '유령입자'」, 이성규, 사이언스타임스, 2004.10.12

「노벨물리학상, 가지타 맥도널드 중성미자의 질량 증명, 우주 비밀 밝혀내」, 이강봉, 사이언스타임스, 2015.10.07.

「중성미자 사냥꾼 '카미오칸데' [과학기술 넘나들기] 거대 과학실험 장치들(5)」, 최성우, 사이언스타임스, 2020.09.18

「日 노벨물리학상 수상 '고시바 교수' 별세」, 김지영, Hello DD, 2020.11.15

「블랙홀이 별을 찢을 때 뉴트리노가 태어난다」, 심재율, 사이언스타임스, 2021.03.03.

「한국 중성미자 관측소」, 유인태, 한국물리학회, 2022.11.16

『교양인을 위한 노벨상 강의(물리학상)』, 야자와 사이언스연구소, 김영사, 2011

제2장 : 힉스

2013년 노벨물리학상은 84세의 피터 힉스(Peter Higgs)교수와 벨기에의 80세의 물리학자 프랑소와 앙글레 교수에게 돌아갔다. 힉스 등이 1964년에 발표한 논문을 49년 후에 노벨상위원회에서 비로소 인정한 것이다.

2012년 7월 유럽핵입자물리학연구소(CERN)는 피터 힉스 박사가 예상했던 이른 바 힉스 입자를 99.999994%의 확률로 발견했다고 발표했다. 99.999994%란 0.000006%의 불확실성이 있다는 뜻인데 CERN 팀은 실험 데이터를 분석한 결과 발견한 입자가 존재할 확률이 5.1시그마 이상이라고 밝혔다. 확률로 99.99932~99.9994%로 300만 번 실험했을 때 1번 정도 이상이 발생하는 수준이다.

놀라운 것은 이들이 힉스 입자를 발견했다고 발표한지 바로 다음해에 노벨상을 수여한 것이다. 이와 같이 노벨상위원회에서 초고속으로 수상자를 발표한 것은 그동안 과학계에서 힉스 입자 즉 '신의 입자'를 그야말로 고대했기 때문이다. 심지어 <씨넷>은 과학의 독립기념일이라고까지 말했다.

도대체 힉스입자가 어떤 의미이길래 이렇게 전세계 과학계, 물리학계가 난리법석을 떠는지 궁금하지 않을 수 없다.

1964년 영국 에든버러대의 피터 힉스는 138억 년 전 빅뱅으로 우주 탄생 당시 모든 물질에 질량을 부여한 뒤 사라진 입자가 있을 것이라고 추정했다. 우주 만물을 생성하고 있는 모든 물질에 질량을 갖도록 매개하는 입자가 있다는 것을 생각했다. 물질에 질량을 갖는다는 것은 예를 들어 전자가 원자핵 둘레의 궤도를 벗어나지 않는 것을 생각해 볼 수 있다. 무한대로 제

멋대로 날아가 버리지 않는 것은 전자에 질량이 있어 무게중심을 잡아주고 있기 때문이다. 반대로 입자에 질량이 없으면 빛의 속도로 움직이겠지만 다른 입자와는 전혀 반응을 하지 못해 우주 만물을 형성할 수 없게 된다. 그런데 이 입자를 '신의 입자'라 부르는 것은 지금까지 관측할 수 없는데다 태초의 순간에만 잠깐 존재했던 것으로 추정되었기 때문이다.

현대 입자 물리학자들은 그동안의 입자 발견을 기반으로 표준모형(Standard model)을 만들었는데 예상대로 원자를 구성하는 16개의 입자를 찾아내었다. 그런데 CERN의 힉스입자 발견은 표준모형 구성입자 중 12개에 질량을 부여하는 입자를 예상대로 찾아냈다는 것을 의미한다.

다소 어렵게 생각되겠지만 원자를 구성하는 입자를 설명하는 표준모형은 3개의 커다란 범주, 즉 무거운 입자인 강입자(hadron, 하드론)를 구성하는 더 작은 입자인 쿼크 6개, 가벼운 입자인 경입자(렙톤) 6개, 그리고 이들 입자가 밀고 당기면서 결합할 수 있게 해 준 매개 입자인 글루온, w 보손, z 보손과 광자 등 16개 입자로 구성됐다. 그런데 쿼크입자와 렙톤입자 12개에는 질량이 없었다. 그래서 여기에 질량을 부여하는 힉스입자를 찾는 것이 소위 지상명제가 된 것이다.

특히 과학자들이 힉스 입자 발견에 환호하는 것은 우주의 모든 물질이 태어난 138억 년 전, 즉 우주가 형성된 빅뱅시점의 입자를 찾았다는 점에서 말 그대로 '신의 입자'를 확인했다는 뜻이기 때문이기도 하다.[169)]

169) 「도대체 힉스입자가 뭐야?」 이재구, ZDNET Korea, 2012.07.07

<은둔의 과학자>

노벨상을 받은 피터 힉스 박사를 과학계에서는 '물리학계의 J.D. 샐린저'로 비유하기도 한다. 『호밀밭의 파수꾼』 저자인 샐린저가 '은둔의 작가'라고 불린 것을 비유한 것이다. 힉스는 자신이 수상자로 발표될 것을 어느 정도 예사한 듯 '노벨상 발표일에는 어떤 방법으로든 나와 연락되지 않을 것'이라고 잠적을 예고했다. 그러므로 노벨위원회조차 그와 연락되지 않아 직접 수상 사실을 알려주지 못했다고 알려진다.

더불어 힉스의 수상 소감은 그가 명예교수로 몸담고 있는 에든버러대가 발표한 성명이 전부였다.

'노벨상을 타게 돼 너무 기쁘다. 이를 계기로 '미지의 세계 탐구'에 대한 관심이 높아지길 희망한다.'

힉스는 1929년 영국 뉴캐슬 지방에서 태어났는데 아버지가 음향 기사였으므로 자주 이사한데다 어린 시절 천식을 심하게 앓아 초등학교 교육을 제때 받지 못했다고 한다. 그런데도 워낙 똑똑하여 1947년 유명한 런던 킹스칼리지에 입학했다. 당시 교수들은 학생들에게 아직 답을 발견하지 못한 어려운 물리학 난제들을 시험으로 내는 것을 기본으로 했는데 힉스는 6시간 걸려 답안지를 작성했다고 한다. 교수들이 학생들을 훈련시키는 방법으로 현재도 자주 활용한다고 한다.

그가 힉스 입자의 원리에 처음 접근한 것은 에든버러대에 재직 중이던 1964년이라고 알려진다. 그는 당대의 난제들을 찾아 이를 해결하는 것이 자신의 임무라고 생각했다고 한다. 한마디로 답이 없는 물리학의 난제들을 어떻게 수정할 수 있는지 찾아내는 것이다. 한마디로 남다른 생각의 소유자인데 1964년 브라우-앙글레르-힉스 등이 3편의 힉스 입자 관련 논문을 제출했고 이를 각자의 머리글자를 따 'BEH 입자' 등으로 불렸다.

그런데 이후 힉스입자로 대변하여 불리는 것은 세 논문 중 힉스가 작성한 논문에서만 유일하게 질량을 가진 입자의 존재를 분명하게 제안했기 때문이다.

이휘소 박사

그런데 한국의 천재과학자인 이휘소(李輝昭, 1935~1977) 박사가 1972년 발표한 「힉스 입자에 미치는 강력(강한 핵력)의 영향」이란 논문에서 '힉스 입자'라는 이름을 사용해 이후 본격적으로 힉스 입자를 사용하게 되었다고 알려진다.[170] 이휘소 박사가 2013년까지 살아있었다면 힉스 교수와 함께 노벨상을 받았을 것으로 생각하는데 이 당시 나이는 78세로 어려운 나이도 아니다. 특히 힉스 교수는 수상 당시 84세이다. 한국에서 이휘소 박사를 아쉽

170) 「노벨상 발표 날 예고하고 잠적한 '은둔의 물리학자'」, 유지혜, 중앙일보, 2013.10.09

게 생각하는 이유다.

힉스의 논문에 비하인드 스토리가 있는데 힉스의 입자가 질량을 얻는 원리(힉스 메커니즘)를 밝힌 논문을 완성하고 게재를 요청했지만 CERN의 학술지는 가차없이 거절했다고 한다. 물리학과 명확한 연관성이 없다는 이유인데 화가 난 힉스는 CERN에 보냈던 논문에 딱 두 문단을 더 붙여 미국의 저널에 보냈는데 곧바로 발표했다고 한다.

힉스의 논문이 물리학계에서 큰 화두가 된 것은 힉스 입자가 질량을 갖고 있다고 설명했기 때문이다. 힉스 입자가 질량을 갖는다는 원리는 우주의 탄생과 진화를 설명하는 대표적인 이론인 '표준모형(standard model)'의 마지막 '빈 고리'로 여겨진다. 표준모형은 138억 년 전 대폭발(빅뱅) 때 여러 입자들이 만들어졌고 이들의 상호작용으로 오늘 우리가 살아가는 세상이 만들어졌다고 설명한다. 이 입자들은 더 이상 쪼갤 수 없는 12개의 기본 입자(쿼크 6개, 렙톤 6개)와 이들 사이에서 상호작용을 담당하는 4개의 매개 입자로 구성된다. 이 입자들은 모두 질량을 갖고 있는데 사실 질량이 없다면 원자 주위를 도는 기본 입자인 전자는 원자에 묶여 있을 수 없다. 이는 현재 우리가 보고 있는 물질이 존재하는 이유인데 표준모형은 이런 질량이 어떻게 생긴 것인지 설명하지 못했다.

힉스는 이 난제에 대해 특수한 장(場, field)과 기본 입자의 상호작용을 통해 질량이 생긴다는 이론을 제시했다. 이 장(힉스장)과 상호작용을 많이 하는 입자는 더 많은 질량을 갖게 되고, 적게 하는 입자는 질량을 적게 갖는다는 내용이다.

미국 하버드대학교의 리사 랜들 박사는 『이것이 힉스다, Higgs

Discovery)』에서 이런 힉스장의 성격을 끈적끈적한 유체로 비유해 설명했다. 유체와 상호작용을 하는 입자는 속도가 느려지며 질량이 커진다는 것이다.

<힉스 입자 찾기>

힉스는 힉스장이 만드는 특별한 입자(힉스 입자)가 존재할 것으로 예견했는데 이 입자가 힉스장과 상호작용해 질량을 갖는다는 것이다. 학자들은 아인슈타인의 방정식($E=mc^2$)에 의거 그 값을 125GeV(기가전자볼트, 1GeV=10억 eV)로 추정했다. 표준이론상의 기본 입자와 다른 성질을 가지면서 이런 질량값을 갖는 입자를 찾아야 하는데 이것이 간단한 일이 아니었다. 힉스 입자가 너무 불안정하여 만들어지자마자 다른 입자로 붕괴하기 때문이다.[171)]

CERN과학자들이 힉스입자를 찾아낸 요인은 간단하다. 바로 힉스입자를 찾아낼 수 있는 장비가 있었기 때문인데 그 장비가 그야말로 상상을 초래한다.

물리학의 경우 이론적으로 먼저 예측을 하고 실험을 통하여 검증되는 것이 기본인데 현대물리학에서 이를 위해서는 거대한 실험장치와 막대한 비용이 소요된다. 힉스 입자의 경우 힉스가 이론적으로 예측한 지 40년 이상이 걸린 것도 거대 강입자 가속기(LHC)의 건설이 필요했기 때문이다.

힉스 입자의 검출 뿐 아니라, 다른 소립자들도 이론적으로 먼저 예견되고 나중에 실험을 통하여 증명되었는데 잘 알려진 반물질, 즉 반입자도 그런 경우이다. 반물질을 처음으로 예견한 물리학자는 양자역학의 완성에 크게 기여한 영국의 디랙(Paul Adrien Maurice Dirac, 1902~1984)으로 나이 26살인 1928년 전자방정식에서, 전자의 에너지를 나타내는 양과 음의 해

171) 「중력파, 노벨상은 더 기다려」, 최성우, 더사이언스타임스, 2016.10.07

가 함께 존재할 수 있다는 점에 주목하여, 양전자의 존재를 가정했다. 그러나 이를 검증하는 것이 만만치 않은데 미국의 물리학자 앤더슨(Carl David Anderson, 1905~1991)은 1932년에 우주선의 궤적을 촬영하던 중 양전자를 발견하였다. 이 공으로 앤더슨 박사는 1936년 노벨 물리학상을 수상하였다. 이후 여러 과학자들이 인공 방사선 생성 실험 등을 통하여 양전자의 방출을 확인하면서 반입자의 실체가 더욱 명확히 알려지게 되었다.

수수께끼의 입자라 불렸던 중성미자(Neutrino) 역시 마찬가지이다. 아주 작은 소립자인 중성미자는 1930년대에 파울리(Wolfgang Pauli, 1900~1958), 페르미(Enrico Fermi, 1901~1954) 등이 방사성 물질 붕괴의 과정에서 에너지 보존법칙이 깨지지 않도록 설명하기 위하여 도입하였다.

그 후 1950년대 이후에야 실험적으로 중성미자의 존재가 입증되었고, 이후로도 중성미자의 연구 및 실험에서 성과를 낸 물리학자들이 계속하여 노벨물리학상을 수상했다.

학자들이 총력전으로 힉스입자를 추적한 것은 힉스입자가 자연과 물질의 근본을 이루는 기본 입자 가운데 하나로서, 이른바 '신의 입자'로 불렸기 때문이다. 그러나 힉스의 발표가 나온 이후 수십 년 간 전 세계의 숱한 물리학자들이 힉스 입자를 찾기 위해 노력했지만 이 입자의 존재 여부에 대해서도 많은 논란이 있었다. 스티븐 호킹 박사가 힉스 입자가 존재하지 않는다는 쪽에 100달러를 걸었다는 일화도 알려진다.

CERN은 지름 27km, 지하 100m에 판 터널에 설치된 거대한 입자충돌용 가속기 강관 내부에 설치된 지름 5cm의 입자가속기용 관을 지난 2008년 완성했다. 이 거대한 지하 강관 속 실험장치는 거대 강입자 가속기(Large

Hadron Collider)로 불리는데 지구상에서 가장 큰 초전도자석으로 둘러싸여 있다.

가속기 설치 넓이

가속기 내부

강입자가속기(LHC)는 크게 다음 주요 검출기로 구성된다.

① 양성자 충돌용 ATLAS((A Large Toroidal Lhc Appratus) 및 CMS (Compact Muon Solenoid)

② 보텀 쿼크를 검출용 LHCb

③ 중이온 충돌용 ALICE(A aLarge Ion Collider Experiment)

놀라운 것은 ATLAS는 7,000톤이나 되며 CMS는 에펠탑의 두 배 무게인 12,000톤이나 되는 거대한 장비이다. 이와 같이 LHC가 거대하게 되는 것은 가속기 전체를 자기장 안에 넣어야하므로 엄청나게 큰 자석이 필요하게 되기 때문이다.

연구원들은 둘레 길이가 27km에 이르는 LHC에서 양성자빔을 빛의 속도로 부딪혀 힉스가 생성되는 빅뱅 직후 1,000만 분의 1초 상황을 계속 추적했다. 바로 아인슈타인의 방정식($E=mc^2$)에 의거 그 값을 125GeV(기가전자볼트, 1GeV=10억 eV)로 추정했는데 이는 수소 원자 125개를 더한 질량과 비슷하다. 그런데 과학자의 기대대로 이 입자를 찾아냈는데 한마디로 기존에 발견된 16개 입자에 더하여 17번째 입자를 발견했다는 뜻이다.

하지만 처음부터 오늘 날의 LHC시스템이 구축된 것은 아니라 LHC 역사는 무려 1949년으로 거슬러 올라간다.

노벨상수상자인 프랑스 빅토르 피에르 레몽 드 브로이 공작이 제안해 1957년 처음 건설을 시작했고 여러 가지 입자 가속기를 설치했다. 그는 '물질도 파동이다'는 물질파 아이디어를 제시하여 노벨상을 받았다.

1957년 최초의 가속기인 싱크로사이클로트론(SC)이 건설됐고 양성자싱클로트론(PS)이 설치됐는데 PS는 오늘날도 가동되고 있다. 1971년 CERN은 교차저장링ISR(Intersecting Storage Ring)을 통해 세계최초로 양성자와 양성자간 충돌을 일으켰다. 이후 설치된 슈퍼양성자싱크로트론(SPS)으로 W보손과 Z보손같은 입자를 찾아내었다.

CERN의 야심찬 가속기 구축은 1988년 스위스 레만호 서쪽 국경과 프랑스 국경을 넘나드는 곳에 원형으로 27km에 달하는 지역의 지하 100m 터널로부터 시작했다. 2000년까지 가동된 LEP(Large Electron Positron Collider)로 불리는 전자-양전자 충돌기를 설치한 후 2008년 LHC체제를 구축했다. 터널 폭은 약 4미터, 높이는 3미터 정도로 지름 5cm정도의 빔파이프 안에서 양성자덩어리들이 충돌하게 되는데 놀랍게도 LHC 구축 비용이 100억 달러에 달한다. 측정 장비를 만드는데 100억 달러가 들었다는데 놀라겠지만 이를 통해서 비로소 힉스가 발견되었다는데 더욱 놀라울 것이다.

이재구 박사는 LHC야말로 현대의 첨단 기술이 모두 동원된 것이나 마찬가지라고 설명했다. 장치 내부를 극히 높은 수준의 초고진공 상태를 유지해야 하기 때문이다. 더불어 입자가 링을 따라서 배치된 가속기를 통과할 때마다 전기장을 정확한 타이밍에 맞춰 걸어주면 입자를 더욱더 빠르게 가속할 수 있으므로 LHC는 무려 9,300개의 전자석이 입자의 움직임을 제어한다. 더불어 초저온, 초고속전산처리 기술도 빼놓을 수 없다. LHC가 가동되는 동안 전자석들은 70톤에 달하는 1.9K의 액체헬륨 안에 담겨 작동한다.

이강영 건국대교수는 LHC 안에서 양성자 빔의 에너지가 충돌하면 TNT 폭탄 약 100kg과 맞먹는 에너지, 즉 달리는 KTX의 에너지와 맞먹는 힘이 발생한다고 설명한다.[172]

여하튼 이들의 노력으로 힉스 입자가 발견되었고 힉스와 앙글레르가 노벨상을 수상했다는 것은 힉스 입자가 학계에서 공인됐음을 의미한다.173) 실제로 힉스 박사는 노벨상을 수상한 후 다음과 같이 말했다.

'내 살아생전에 이런 일(힉스 입자의 발견)이 생기다니, 정말 믿기 힘들다.'[174]

힉스 입자는 물질이 왜 질량을 가질 수 있는지를 밝혀줄 수 있는 열쇠가 된다. 만약 힉스 입자가 존재하지 않는다면 곧 오늘날 물리학의 기본 뼈대라고 할 수 있는 표준 모형이 전면적으로 수정되어야 함을 의미하는데 힉스 입자의 존재가 입증되어 학자들이 그러한 헛고생은 할 필요가 없게 되었다

172) 「도대체 힉스입자가 뭐야?」 이재구, ZDNET Korea, 2012.07.07
173) 「CERN 1964년엔 '힉스 논문' 퇴짜」 김한별, 중앙일보, 2013.10.09
174) 「노벨상 발표 날 예고하고 잠적한 '은둔의 물리학자'」 유지혜, 중앙일보, 2013.10.09

는 것도 큰 공이라 볼 수 있다.[175)]

175) 「중력파, 노벨상은 더 기다려」 최성우, 더사이언스타임스, 2016.10.07

참고문헌

「도대체 힉스입자가 뭐야?」 이재구, ZDNET Korea, 2012.07.07.

「CERN 1964년엔 '힉스 논문' 퇴짜」 김한별, 중앙일보, 2013.10.09

「노벨상 발표 날 예고하고 잠적한 '은둔의 물리학자'」 유지혜, 중앙일보, 2013.10.09.

「중력파, 노벨상은 더 기다려」 최성우, 더사이언스타임스, 2016.10.07

제3장 : 중력파

2015년 드디어 중력파(Gravitational Wave)가 검출되었다는 소식에 세계가 환호했다.

중력파 발견을 과학자들은 인류 과학사에서 역사적인 순간이라고 설명했다. 1915년 아인슈타인이 일반상대성이론을 통해 예측한 중력파의 존재가 101년 만에 드디어 밝혀졌기 때문이다.

중력파는 시공간의 뒤틀림으로 발생한 요동이 파동의 형태로 전달되어, 움직이는 물체 또는 계(界, system)로부터 바깥 쪽으로 이동하는 것을 말한다. 이러한 중력파에 의해 전달되는 에너지를 중력 복사(重力輻射, gravitational radiation)라 한다. 뉴턴 역학에서는 중력파의 존재 자체가 불가능한데 이는 중력파를 방출하는 계의 대표적인 예가 한쪽에 백색 왜성, 또는 중성자별이나 블랙홀을 포함한 쌍성계로 생각하기 때문이다.

1916년에 아인슈타인이 일반 상대성 이론의 기반으로 그 존재를 처음으로 예측하였지만 그동안 지구인들의 기술적인 한계로 100년 동안 중력파는 직접적으로 검출되지 않고 간접적으로 확인되기만 했었다.

그러나 2015년 9월, 레이저 간섭계 중력파 관측소(LIGO, The Laser Interferometer Gravitational-Wave Observatory)에서 중력파의 검출에 성공하였고 이 프로젝트에 참여한 라이너 와이스(Rainer Weiss) 메사추세츠공과대학(MIT) 교수, 캘리포니아공과대학의 배리 배리시(Barry C. Barish)와 영화 「인터스텔라」에서 거의 감독으로 출연한 킵 손(Kip S. Thorne) 교수가 2017년 노벨물리학상을 수상했다.

중력파, 중성자별, 블랙홀, 아인슈타인에다 노벨물리학상이라는 말까지 나오므로 이해하기 쉬운 것은 아니다. 사실 수상자 3명은 중력파라는 것을 탐색하기 위해 무려 40여년을 한 길만 판 끝에 노벨상을 수상한 것도 이례적이다.

2017년 깁 손 교수가 노벨물리학상을 수상한 후 2019년 4월 '이벤트 호라이즌 망원경 프로젝트(이하 EHT)'가 블랙홀을 촬영한 사진이 공개됐다. 빛을 포함한 모든 전자기 복사를 흡수해 광학 망원경에서 X선, 감마선, 전파 망원경에 이르는 인류가 가진 어떤 망원경으로도 관측되지 않지만 바깥쪽 경계선인 사건의 지평선을 들면 이론적으로 가능하다.

EHT는 세계 각지의 전파 망원경 15~20개를 연결해 만든 지구 크기의 거대한 가상 망원경으로, 우리 은하 처녀 은하단의 블랙홀 'M87'의 '사건 지평선'을 계속 관측했다. 이에 발표된 블랙홀은 영화 「인터스텔라」에서 묘사된 모습과 거의 일치한다.「인터스텔라」가 얼마나 탄탄한 과학적 지식으로 뭉쳐있는지를 알면 SF영화라하여 모두 공상물로만 치부할 것은 아니다.

<중성자별>

중력파는 중성자별이나 블랙홀 쌍성계의 병합에서 발생하는데 중성자별은 아인슈타인의 상대성이론을 확고히 증명해 준 것으로도 유명하다.

우선 이론만으로 설명되었던 중성자별이 1967년 케임브리지대학교의 대학원생 조슬린 벨 버넬(Jocelyn Bell Burnell)과 지도교수 앤터니 휴이시(Antony Hewish)가 발견했다. 그들은 퀘이사에서 날아오는 전파에서 이상한 신호를 발견했다.

그런데 그 전파는 퀘이사에서 날아온 것이 아니었다. 놀라운 것은 그 전파가 1.337초마다 한 번씩 0.3초 동안 맥동을 나타냈다. 이것은 전에 한 번도 관측된 일이 없었다. 그때까지 관측된 퀘이사의 전파 신호는 언제나 일정하게 계속되었기 때문이다.

처음이 버넬과 휴이시는 이것이 외계인이 보낸 전파일지도 모른다고 생각하여 LGM(little green man, 작은 녹색인간)이라 불렀지만 얼마 후 맥동하는 전파 별에서 나오는 것으로 판단하여 펄서라고 불렀고 백색 왜성 또는 중성자 별일 것으로 추정했다.

토머스 골드(Thomas Gold)와 프랑코 파치니(Franco Pacini)도 이 수수께끼의 천체를 집중적으로 연구하여 펄서는 중성자 별이라는 결론을 얻었다.

중성자 별은 아주 빠른 속도로 자전하면서 자극에서 강한 전파를 방출하는데, 마침 그 방향이 지구를 향하게 되면 회전하는 등대 불빛이 일정한 간격으로 지나가는 것처럼 전파 신호가 맥동하는 것처럼 보인다는 것이다.

그후 펄서는 수백 개가 더 발견되었는데 모두 빠른 속도로 회전하는 중성자 별로 밝혀졌다. 휴이시는 펄서를 발견한 공로로 1974년에 노벨 물리학상을 받았지만 당시 대학원생인 조슬린 벨 버넬은 수상자 명단에서 빠졌다. 물론 그녀는 노벨상을 수상하지는 못했지만 명성 높은 영국 왕립학회의 회원이 되어 과학계를 이끌어가는 선두주자 중에 한 명으로 인정받았지만 노벨상위원회가 여성을 차별하고 있다는 비난까지 받았다.[176]

2004년 1월 호주의 물리학자들은 지름이 64미터인 파크스 천체망원경

176) 『판타스틱 사이언스』 수 알렌, 웅진닷컴, 2005

으로 우주공간으로 에너지를 뿜어내고 있는 중성자별의 쌍을 발견했다. 호주 과학자들은 애초 초당 44번씩 회전하고 있는 중성자별을 관측했는데 좀 더 자세히 확인한 결과 2.8초마다 한 번씩 회전하고 있는 또 다른 중성자별이 바로 곁에 있는 것을 확인했다.

천문학자들의 계산에 따르면 두 중성자별은 지금으로부터 8500만 년 뒤에 서로 충돌할 것으로 예측됐다. 한마디로 이론적으로만 확인돼온 아인슈타인의 일반상대성이론에 대한 실제 증거로 인식한다.[177)]

<중력파 검출은 지상명제>

지구에 살고 있는 모든 생명체는 매순간 중력 속에서 살아간다.

17세기에 아이작 뉴턴이 발표한 만유인력의 법칙은 중력에 관한 이론이다. 뉴턴은 두 물체 사이에서 서로를 잡아당기는 힘으로 작용하는 만유인력이 질량의 곱에 비례해서 커지며, 둘 사이의 거리의 제곱에 반비례한다고 발표했다. 이 법칙은 우리 일상에서 중력에 의해 벌어지는 모든 운동을 정확히 설명한다.

그러나 뉴턴의 중력은 어떤 방식으로 각각의 물체에 작용하는지에 대해서는 설명하지 못하는 것은 물론 강한 중력장이나 빛에 가까운 속도에서는 잘 들어맞지 않는다.

특히 학자들은 질량이 지구의 33만 배가 넘는 태양과 수성의 운동은 만유인력의 법칙에 따르지 않는다는 것을 발견했다. 수성의 근일점은 100년에 약 43초(1초는 각도 1°의 3,600분의 1)씩 알 수 없는 이유로 움직였다.

177) 「사이언스誌 선정 '올해의 10大 과학뉴스'」, 이영완, 조선일보, 2004.12.16

아인슈타인은 이런 현상을 뉴턴과 달리 생각했다.

뉴턴은 물체를 둘러싼 공간과 시간은 물체의 존재와 관계없이 변하지 않는 절대적인 대상이라고 생각했다. 그러나 아인슈타인은 그렇지 않을 수 있다고 생각했다. 상대성이론의 시작이다.

잘 알려진 이야기이지만 아인슈타인은 물체의 가속운동에 의해 빛이 이동하는 공간이 휘어지고, 시간도 느려진다고 생각했다. 그러므로 질량(중력)을 가진 물체는 주변의 시공간에 영향을 미친다고 말했다. 또한 가속운동은 중력에 의한 운동과 같다고 생각했다. 일반상대성이론에 따르면 '시공간의 잔물결'로 불리는 중력파는 질량이 있는 물체가 가속 운동을 할 때 발생하는 에너지 파동으로, 빛의 속도로 전파되면서 주변 시공간을 휘게 만든다.

태양이나 지구를 비롯한 대부분의 천체는 질량의 변화가 거의 없다. 따라서 중력은 물론 주변 시공간의 변화도 없다. 하지만 별이 폭발하는 현상인 초신성처럼 질량이 급변하는 상황에서는 중력이 요동친다. 질량의 분포가 시간에 따라 변하면서 시공간이 휘는 양상이 변하고, 그 양상의 변화가 공간을 따라 퍼진다. 아인슈타인이 1916년 이런 현상을 예측하여 발표한 것이 바로 중력파다.

중력파의 검출은 아인슈타인의 일반상대성 이론으로 그 존재를 예측 했을 때부터 물리학자들 사이에서 하나의 목표가 되었다. 시공간은 일반 상대성 이론에 따르면 질량을 가지는 물체에 의해서 생성되는 중력에 의해서 휘어진다.

아인슈타인이 그의 일반 상대성 이론에서 명시했듯이, 중력파는 우주를 채우며 빛의 속도로 퍼져나간다. 아이스 스케이팅 선수가 회전을 하거나 블랙홀 한 쌍이 서로를 중심으로 돌 때와 같이 하나의 질량이 가속될 때 항상 생성된다.[178] 이 말은 우주 공간에서 아주 큰 질량을 가진 물체가 폭발이나 충돌하여 급격하게 질량이 변화하면 그에 따른 중력도 변화한다는 것이다. 아인슈타인은 이 과정에서 중력의 변화에 의한 시공간의 변화가 중력파라는 파동으로 퍼져나갈 것이라고 예측했다.

아인슈타인은 인간이 중력파를 결코 측정될 수 없을 것이라고 확신했지만 중력파가 워낙 매력적이므로 중력파 검출에 많은 천문학자들이 도전했다.

그중 가장 유명한 사람이 미국의 조셉 웨버(Joseph Weber)이다. 그는 냉각 장치를 사용하지 않고 길이 2미터, 지름 1미터의 알루미늄 원통으로 웨버바(Weber bar)라고 불리는 장치로 1968년대에 중력파 검출에 성공했다고 발표했다. 그러나 많은 학자들에 의한 재현이 불가능했고 1972년 아폴로 17호에 장치를 탑재하여 달 위에서도 관측을 시도하였으나 실패하였다.

검출은 실패로 끝났지만 중력파를 검출하자는 생각은 계속 천문학자들의 관심사로 떠올랐다. 학자들은 중력파를 직접 측정하는 것이 어렵다고 판단하고 간접적으로 중력파를 증명하는 연구로 방향을 옮겼다.

1970년대에 조세프 테일러와 러셀 헐스가 서로의 주변을 도는 중성자별 쌍을 발견하고, 이들의 궤도를 20~30년 간 관측한 결과 해마다 궤도주기가 조금씩 줄어들며 그 반경 또한 그에 따라 줄어들고 있음을 발견하였다. 중성자별 쌍은 서로의 질량 중심을 돌며 서서히 가속되어 서로에게 다가가게

---

178) www.scienceall.com/category/science_pedia/%eb%85%b8%eb%b2%a8-e-library/%eb%85%b8%eb%b2%a8%ec%83%81-%eb%ac%bc%eb%a6%ac%ed%95%99/

되는데 이 과정에서 에너지를 방출하며 중력파가 발생하게 된다.

그들은 이 궤도 주기의 변화는 일반 상대성 이론으로 예측할 수 있는 중력파에 의한 에너지 손실에 의한 것과 정확히 일치한다고 발표했다. 중력파의 존재를 간접적으로 입증했다는 설명으로 그들은 중력 연구의 새로운 가능성을 연 공로로 1993년 노벨물리학상을 받았다.

이들의 연구에 고무된 천문학자들은 다시 직접 중력파를 검출하자는 방향으로 옮겼다.

우선 중력파 측정 장치의 방식을 레이저 간섭계를 이용한 방식으로 바꿨다. 측정 장치의 원리는 광속을 측정한 마이컬슨 간섭계와 동일하다. 완전히 결맞음 상태의 레이저를 세팅해 놓았다가 공간의 요동으로 인해 레이저가 진행하는 거리가 아주 조금 달라지면 그에 따라 간섭무늬의 변화가 생기게 하는 방식이다. 이 장치의 장점은 원자핵의 지름 정도의 아주 작은 흔들림도 측정할 수 있다.

중력파 검출 장비는 계속 업그레이드되었음에도 번번이 검출에 실패했으나 2015년 미국 캘리포니아 공대의 데이비드 라이츠 교수는 한국을 포함한 16개국 80여 개 연구기관 1,000여 명의 연구진에 의해 중력파 검출에 성공했다고 밝혔다. 일반상대성이론이 예측한 현상 중에서 마지막까지 남아있던 숙제가 풀리는 역사적인 순간이라 볼 수 있다.

연구진들이 관측에 성공한 중력파는 지구로부터 13억 광년 떨어진 곳에서 쌍성계를 이루고 있던 두 개의 블랙홀이 충돌해 새로운 블랙홀이 되는 과정에서 생성된 것이다. 이 말은 천문학자들이 관찰한 중력파가 무려 13억 년에 출발하여 지구에 도착했다는 것을 의미한다.

블랙홀의 질량은 각각 태양의 36배, 29배이며, 하나로 결합하여 태양보다 62배 무거운 블랙홀이 됐다. 이때 태양 3개분의 질량이 에너지로 전환되면서 중력파로 전달되었다. 한양대 이현규 박사는 천문학자들이 발견한 중력파원의 에너지는 우주에서 가장 강하다고 알려진 감마선 폭발 현상에서 나오는 것보다 크다고 말했다.

결론은 13억 년 전에 발생한 중력파가 빛의 속도로 지구를 스쳐 지나갔는데, 이 순간을 레이저간섭중력파관측소(Laser Interferometer Gravitational Wave Observatory; LIGO)가 놓치지 않고 잡아냈다는 것이다.

LIGO는 힉스 입자를 검출한 거대 강입자 가속기(LHC)만큼이나 거대하고 값비싼 실험 시설로 LIGO는 워싱턴 주의 핸포드와 거기서 3,000km 떨어진 루이지애나 주의 리빙스톤에 배치되어 서로 멀리 떨어진 두 개의 실험실로 이루어져 있다.

LIGO는 거대한 간섭계의 일종으로 볼 수 있으므로, 각 시설에는 길이가 4km에 달하는 긴 다리와도 같은 두 개의 건물이 90도 각도로 놓여있고 사양 및 실험 조건은 상상하기 어려울 정도로 예민하고 까다로운 수준이다. 우주에서 날아오는 미세하기 그지없는 중력파를 검출하기 위해서는 거대한 간섭계 내부를 초진공 상태로 유지해야만 하며, 땅의 진동 등에도 대응해야 하기 때문이다.

이번에 측정된 중력파의 최대 진폭은 10^{21}의 일 수준으로서, 1광년 즉 빛이 1년 동안 가는 거리에서 머리카락 굵기 정도로 변화하는 수준이다. 중력파 검출에 전 세계과학자들이 환호한 이유다.

그런데 LIGO 건설의 아이디어를 낸 사람이 바로 킵 손 교수로 그가 노벨상을 받았다는 것은 결코 우연이 아니다.[179)]

이어서 루이지애나 주립대학교의 가브리엘라 곤잘레즈 교수도 중력파를 검출했다. 그는 각각 태양 질량의 14배와 8배인 두 블랙홀이 합병해 빠르게 회전하는 21배의 태양 질량의 블랙홀이 만들어지는 과정에서 발생한 중력파를 검출했다. 이후 중력파는 계속 발견되었다.

사실 중력파 검출은 천문학자들의 개가라고 볼 수 있다.

중력파 검출이 힘든 이유는 중력파 자체가 차원을 달리하기 때문이다.

전자기파는 시험전하를 이용하여 전기력을 측정함으로써 알아낼 수 있다. 검출되는 힘이 미약하면 시험전하의 전하량을 늘려서 전기력을 보다 키워 측정할 수 있다. 그러나 중력파에서 '중력'은 시공간 자체의 구부러짐으로 설명된다. 이는 중력파는 시공간 자체의 기하학적 요동이며, 관측자도 중력파를 따라 같이 흔들린다는 것이다. 관측자 자신은 중력파를 느낄 수 없는데다 중력파로 인한 가속운동은 중력파가 동일할 때 물체의 질량에 관계없이 모두 똑같이 나타난다는 점이다.

그러므로 위치에 따른 중력파의 차이를 검출하는 것이다. 그런데 중력파는 매우 멀리 떨어진 천체에서 퍼져나와 그중 일부가 지구 전역으로 도달하는 것이므로 지구 어디서 측정하나 거의 동시에 거의 같은 흔들림이 관측되

179) 「중력파, 노벨상은 더 기다려」, 최성우, 더사이언스타임스, 2016.10.07

어야 한다.

그래서 미국 내에서도 루이지애나 주와 워싱턴 주에 각각 배치했는데 두 관측소 사이의 거리는 약 3,000km나 된다. 학자들은 이 정도가 되어야 중력파의 방향을 알 수 있다고 말한다.

과학자들이 중력파 검출에 환호하는 것은 파생효과 때문이다.

버나드 슈츠 영국 카디프대 교수는 중력파를 통해서는 어떤 우주의 시공간에 대해서도 정확한 정보를 얻을 수 있다며 중력파가 완벽한 메신저 역할을 수행할 수 있다고 말했다. 또한 눈에는 보이지 않지만 우주 공간의 대부분을 채우고 있는 암흑물질에 관한 정보도 얻을 수 있다고 설명했다.

스티븐 호킹 박사도 중력파를 검출할 수 있는 능력은 우주를 바라보는 완전히 새로운 방법을 제공한다며 눈에 보이지 않는 암흑물질과 빅뱅 이론 등 이전까지는 알 수 없었던 미지의 우주를 밝혀내는 데 크게 기여할 것이라며 극찬했다.[180)]

최영준 과학동아 기자는 물질과 거의 간섭하지 않는 중력파의 특성을 응용하여 거대 항성의 내부 구조나 심지어 블랙홀의 내부를 간접적으로 관찰할 수 있을 것으로 적었다.

블랙홀의 경우 지금까지 그 외부(빛이 탈출할 수 있는 범위 밖)만을 간접적으로 관찰했다면, 이제는 전자기파로는 전혀 알 수 없는 질량이나 자전여

180) 「[101년 만에 중력파 검출] 전 세계가 환호한 중력파 검출, 어떤 의미 있나」, 동아사이언스, 2016.02.12

부 까지 구체적으로 알 수 있게 되었다는 설명이다. 김정리 박사는 빛으로는 10년 정도 간접적인 관측을 해야만 블랙홀의 질량을 잴 수 있는데다 이것도 태양 질량의 수백만 배가 되는 거대 블랙홀에만 가능하다. 그러나 중력파로는 태양 질량의 30~50배 정도의 작은 블랙홀을 찾아낼 수 있으며 관측과 동시에 질량 등의 특징을 분석할 수 있다고 알려진다.

초기 우주를 관측할 수 있다는 장점도 빼놓을 수 없다.

물질과 상호작용하지 않는 중력파는 아무런 방해를 받지 않고 우주의 역사를 따라 지구까지 도달한다. 따라서 우주 초기에 생성된 입자들이 어떻게 분포돼 있었는지 구체적으로 파악할 수 있으므로 이를 통해 어떤 과정을 거쳐서 은하가 만들어지고, 우주가 현재의 모습이 됐는지를 알 수 있다는 설명이다.

빅뱅 직후의 우주를 관측하고 연구하기 위한 도구가 하나 더 생겼다는 평이다.[181)182)]

중력파 검출에 성공하자 학자들은 아직 발견되지 않은 중력자 발견에 관심을 경주한다.

우주는 현재 네 가지의 힘 즉 전자기력, 약력, 강력, 중력으로 움직인다. 힘은 매개입자를 주고받으면서 상호작용을 하는데 전자기력은 광자, 약력은 W-Z보손, 강력은 글루온 같은 입자를 주고받는다. 그런데 아직 중력의 상호작용 입자의 존재 여부를 밝혀내지 못했다.

181) www.namu.wiki/w/%EC%A4%91%EB%A0%A5%ED%8C%8C
182) 「중력파 - 100년만에 증명된 아인슈타인의 예언」, 최영준, 과학동아, 2016.03.21

학자들은 중력의 상호작용 입자가 있다고 가정한다면, 그 입자를 중력자라고 부른다.

중력자가 아직까지 발견되지 않은 이유는, 중력장의 범위가 대단히 넓은데다 중력이 워낙 약한 힘이기 때문이다. 상호작용 입자가 존재한다 해도 그 미미한 힘을 검출하기가 쉽지 않다는 뜻이다.

학자들이 중력파에 큰 기대를 거는 것은 중력파가 중력자의 역할을 할지 모른다고 생각하기 때문이다. 현재 이 질문은 두 가지로 나뉜다.

첫째는 중력파가 중력자는 아니라는 것이다. 중력파가 중력자의 역할을 하지 않을 것으로 추정하는 이유는 다음과 같다.

먼저 중력파는 다른 물체와 거의 상호작용을 하지 않는다는 것이다.

그러나 천문학자들은 그 어렵다는 중력파를 검증한 것을 볼 때 즉 중력파를 검증할 실력을 갖고 있으므로 중력자가 있다면 분명히 검출되었을 것으로 생각한다.

특히 중력파는 단순히 진동현상에 가까우므로 중력의 매개체로 보기 어렵다는 시각도 있다. 중력파는 어떤 물체가 질량을 잃으면서 발생한 에너지가 공간을 진동시킨 것이다. 침대에 볼링공을 떨어뜨릴 때 침대 표면이 진동하는 것을 떠올리면 이해하기 쉬운데 볼링공의 낙하에너지가 침대 표면의 진동이라는 형태로 나타났다고 해서 그것이 에너지 전달의 매개체라고 보기엔 힘들다는 주장이다.

둘째는 중력파가 중력자일수도 있다는 설명이다.

이를 설명하는 이론으로 여분 차원이다. 여분 차원에서는 미시 세계에서 중력의 힘과 그 영향력이 판이하게 다르기 때문에, 중력파가 상호작용을 거의 하지 않는다는 특징을 뒤집을 수 있다는 것이다. 그런데 이것은 어디까지나 미시 세계에서의 이야기이므로 거시 세계를 미시 세계로 간주하여 적용해야만 한다는 걸림돌이 있다. 1km 길이의 막대를 충분히 멀리서 바라보면 0.1mm 길이의 막대로 보일 수 있으므로 이런 시각에서 중력파, 중력자들 다루어야 한다는 뜻이나 아직 어느 누구도 이 문제에 명쾌한 답을 주고 있는 것은 아니다. 계속적인 연구가 필요하다는 뜻이다.

참고문헌

「파란만장한 블랙홀 자서전」, 박석재, 과학동아, 1997년 5월

「우주는 모든 물질이 한 점에 모여 일으킨 대폭발의 결과」, 박석재, 『신동아』 2004년 신년호 특별부록

「21세기판 상대성이론 입문」, 뉴턴, 2004년 4월호

「블랙홀 둘러싼 거장과 신인의 싸움」,박진희, 과학동아, 2004년 9월

「사이언스誌 선정 '올해의 10大 과학뉴스'」, 이영완, 조선일보, 2004.12.16.

「[101년 만에 중력파 검출] 전 세계가 환호한 중력파 검출, 어떤 의미 있나」, 동아사이언스, 2016.02.12

「중력파 - 100년 만에 증명된 아인슈타인의 예언」, 최영준, 과학동아, 2016.03.21.

「중력파, 노벨상은 더 기다려」, 최성우, 더사이언스타임스, 2016.10.07

「블랙홀 관측 성공, "모든 걸 빨아들여" 영화 인터스텔라 속 모습과」, 수원일보, 2019.04.11.

「퀘이사」, 나무위키

www.namu.wiki/w/%EC%A4%91%EB%A0%A5%ED%8C%8C

www.namu.wiki/w/%EC%9D%B8%ED%84%B0%EC%8A%A4%ED%85%94%EB%9D%BC#s-6

www.scienceall.com/category/science_pedia/%eb%85%b8%eb%b2%a8-e-library/%eb%85%b8%eb%b2%a8%ec%83%81-%eb%ac%bc%eb%a6%ac%ed%95%99/

『판타스틱 사이언스』, 수 알렌, 웅진닷컴, 2005

『교양으로 읽는 과학의 모든 것』, 한국과학문화재단, 미래M&B, 2006

『물리법칙으로 이루어진 세상』, 정갑수, 양문, 2007

『열정의 과학자들』, 존 판던 외, 아이세움, 2010

노벨상 물리 2

노벨상이 알려주는 우주 1

초판 인쇄 2024년 4월 5일
초판 발행 2024년 4월 5일

저 자 이종호

발 행 인 김갑용
발 행 처 진한엠앤비

주 소 03745 서울시 서대문구 독립문로 14길 66 205호(냉천동 260)
전 화 02)364-8491(대) | 팩 스 02)319-3537
홈페이지 www.jinhanbook.co.kr
등록번호 제25100-2016-000019호 (등록일자 : 1993년 05월 25일)

편집디자인 알래스카인디고(주)
인쇄·제작 알래스카인디고(주)

I S B N 979-11-290-5231-5
정 가 18,000원